21世纪高职高专新概念规划教材

电工电子技术实验与实训

（第二版）

主　编　任万强

副主编　韩　超　董雪峰　郭雷岗　郭春英　曹　冰

主　审　杨春宏

内 容 提 要

本书是根据理工科非电类专业“电工电子技术实验”课程教学基本要求，结合编者多年教学、科研和生产实践经验编写的，可与任万强主编的《电工电子技术》配套使用。本书主要包括基本实验、应用及设计性实验、综合性实验等内容。附录部分包括常用电路元件简介、半导体分立器件性能简介、常用集成电路简介等内容。

本书内容丰富，具有综合性、趣味性，注重动手能力和工程意识的培养，可作为高职高专理工科非电类专业电工电子技术实验与实训教材，也可供相关专业工程技术人员参考。

本书提供电子教案，读者可以从中国水利水电出版社网站（www.waterpub.com.cn）或万水书苑网站（www.wsbookshow.com）免费下载。

图书在版编目（CIP）数据

电工电子技术实验与实训 / 任万强主编. -- 2版
. -- 北京 : 中国水利水电出版社, 2015.8（2024.9 重印）
21世纪高职高专新概念规划教材
ISBN 978-7-5170-3569-5

Ⅰ. ①电… Ⅱ. ①任… Ⅲ. ①电工技术－高等职业教育－教材②电子技术－高等职业教育－教材 Ⅳ. ①TM
②TN

中国版本图书馆CIP数据核字(2015)第206176号

策划编辑：石永峰　　责任编辑：魏渊源　　加工编辑：李　燕　　封面设计：李　佳

书　　名	21世纪高职高专新概念规划教材 电工电子技术实验与实训（第二版）
作　　者	主　编　任万强 副主编　韩　超　董雪峰　郭雷岗　郭春英　曹　冰 主　审　杨春宏
出版发行	中国水利水电出版社 （北京市海淀区玉渊潭南路 1 号 D 座　100038） 网址：www.waterpub.com.cn E-mail：mchannel@263.net（答疑） sales@mwr.gov.cn 电话：（010）68545888（营销中心）、82562819（组稿）
经　　售	北京科水图书销售有限公司 电话：（010）68545874、63202643 全国各地新华书店和相关出版物销售网点
排　　版	北京万水电子信息有限公司
印　　刷	三河市德贤弘印务有限公司
规　　格	170mm×227mm　16 开本　15.5 印张　289 千字
版　　次	2008 年 8 月第 1 版　2008 年 8 月第 1 次印刷 2015 年 8 月第 2 版　2024 年 9 月第 6 次印刷
印　　数	11001—13000 册
定　　价	28.00 元

前　　言

本书2008年出版了第一版，现为第二版。

该书充分体现了高职高专教学的特点，结合编者多年教学、科研和生产实践经验编写而成。全书结构上融理、实结合于一体，内容上深入浅出，通俗易懂。

本书在编写上以培养学生的实际能力为主线，强调内容的应用性和实用性，体现以“能力为本位”的编写指导思想，围绕如下能力点编写：①电气安全技术；②电工工具、仪器仪表使用能力；③电工材料、元器件的选用能力；④电气图的读图、安装、调试和排除故障的能力；⑤电子小产品的制作能力。全书由实验的基础知识、实验、综合实训及附录组成，编排上与教学相切合，内容涉及用电安全技术，常用电工工具、仪器仪表的使用，常用电工材料和电路元器件的选用，电气布线与焊接工艺，电气图的制图与读图，常见三相异步电动机控制线路的安装、调试与故障排除，电子小产品的设计与制作，电工电子技术的实践与训练等。

本书可与任万强主编的《电工电子技术》（理论教材）配套使用，也可单独使用。本书可作为高等专科学校、职业院校、本科院校的二级职业技术学院、民办高校的机电类专业及工科其他各专业电工电子课程的教材，也可作为培训机构进行电工、电子考证的培训教材，还可供从事电工电子技术工作的工程技术人员参考。

本书由郑州电力高等专科学校的任万强任主编，韩超、董雪峰、郭雷岗、郭春英及郑州铁路职业技术学院曹冰任副主编，任万强负责总体设计及统稿。参加本书编写的有任万强（实验基础知识、第一篇实验八～实验十）、韩超（第二篇实验一～实验七）、董雪峰（第一篇实验一～实验七）、郭雷岗（第二篇实验八～实验十五及附录）、郭春英（第三篇实训四～实训七）、曹冰（第三篇实训一～实训三）。

本书由常州工程职业技术学院的杨春宏主审。他对书稿进行了认真详尽的审阅，提出了许多很有价值的宝贵意见，在此表示深切的谢意。

本书的编写过程中得到了各级领导和各方面的大力支持，在此向他们表示衷心的感谢。另外，教材的编写参考了一些相关著作与资料，谨向书籍和文章的作者表示衷心的谢意，同时感谢出版社同志的大力支持和帮助。

由于水平有限，加之时间仓促，书中错误和不妥之处在所难免，恳切希望广大读者批评指正。

编　者

2015年6月于郑州

目　　录

第一篇　电工与电机实验

第二篇　电子实验

第三篇　综合实训

附　　录

实验基础知识

一、实验电源的分类和电源的参数

（一）实验电源的常用种类

（1）**直流电源**：常用的直流电源有干电池、蓄电池、直流发电机、直流稳压电源以及用交流电源整流后获得的直流电源等。实验室所用的直流电源一是通过直流稳压电源获得，二是可以从实验原理箱或实验台上的直流电源获得。

（2）**交流电源**：常用的交流电源是从供电网络经电力变压器而获得的工频（50Hz）交流电源，也可从实验台上的信号发生器获得各种频率的交流电源。

（二）直流电源的额定电压、额定电流

（1）**干电池**：1 号干电池的电压为 1.5V，电流约为 300mA；2 号干电池和 5 号干电池的电压都是 1.5V，电流比 1 号电池小。仪表用电池 6F22 的电压为 9V，10F20 的电压为 15V，其工作电流只有十几毫安到几十毫安。

（2）**直流发电机**：直流发电机的电压有 6V、12V、24V、36V、110V、220V 等多种，它们所提供的电流值有大有小，随用途而异。

（3）**整流电源**：整流电源的电压和电流随用途而定，电压可高可低、电流可大可小。如实验室的双路直流稳压电源，额定电压可在 0～30V 内调节，额定电流可提供 1～3A 范围内的任意值。

（三）交流电源的额定电压、额定电流

（1）**工频交流电源**：利用实验室中的单相调压器或三相调压器可将电网供给的线电压为 380V、相电压为 220V 的工频交流电调节至 0～400V 的线电压，其电流的大小由变压器的容量及负载共同决定。

（2）**中频交流电源**：中频交流电源电压一般为 220/380V，电源的大小根据中频交流发电机的容量而定。

（3）**音频交流电源**：音频交流电源电压可以在 0～160V 的范围内调节，但其最大输出功率只有 4～5W。一般可用低频信号发生器产生。

二、实验操作须知

生产现场中的设备都制定有严格的安全操作规程。在电工电子实验中，各种仪表、仪器也要遵照一定的操作规程使用。例如，调节电压用的单相和三相自耦调压器，在接通电源之前，调节手轮一定要放置在输出电压为零的位置。接通电源以后再调节手轮逐渐升高电压向负载输出电能；断开电源时，应先将手轮调节到零位置再断开电源。再如，电桥上的电源按钮开关和检流计按钮开关，测量完毕后应先断开检流计按钮开关再断开电源按钮开关。诸如此类的种种规则，在实验过程中必须严格遵守。实验时要严肃认真、小心谨慎，任何轻率举动或松懈麻痹都可能导致人身事故以及仪器、仪表或设备的损坏。

为了保证实验的顺利进行和人身与设备的安全，必须遵守以下实验操作规程。

（1）实验前认真预习实验指导书，学习实验室的有关规则。按时到达实验室，不得迟到、早退，未经主管部门同意，不得随意更改已定的实验时间。

（2）按学号建立实验小组，实验中要合理分工。每次实验均以小组为单位进行，每组 2 人，其中选 1 人负责。

（3）实验前应首先检查实验仪器设备的型号、规格、数量等，看是否与实验要求的设备相符，然后检查各仪器设备是否完好，如有问题，及时向教师提出以便处理。

（4）实验必须以严肃的态度进行，严格遵守实验室的有关规定和仪器设备的操作规程，出现问题应立即报告指导老师，不得自行处理，不得随意挪用与本次实验无关的设备及实验室的其他仪器设备。

（5）实验电路走线、布线应简洁明了，便于检查和测量。接线原则一般是先接串联支路或主回路，再接并联支路或辅助回路。导线长短粗细要合适，尽量短，少交叉，防止连线短路。接线处不宜过于集中于某一点，一般在一个连接点上尽量不要超过 3 条线。

（6）所有的实验仪器设备和仪表都要严格按规定的接法正确接入电路（例如，电流表及功率表的电流线圈一定要串接在电路中）。实验中要正确选择测量仪表的量程，一般使指针处在量程的 1/3 或 1/2 以上。正确选择各个仪器电流、电压的额定值，否则会造成严重事故。实验中提倡由一个同学先把电路接好，同组另一位同学仔细复查，确定无误后，再进行实验的流程。有些实验还必须经过指导教师的检查和批准后才能将电路与电源接通。

（7）实验操作时同组人员要注意配合，尤其做强电实验时要注意：手合电源，眼观全局，先看现象，再读数据。将可调电源电压缓慢上调到所需数值，发现异常现象（例如有声响、冒烟、打火、焦臭味及设备发烫等）应立即切断电源，分析原因，查找故障。

（8）读数前要调整好仪表的量程及刻度，读数时注意姿势正确，要求“眼、针、影成一线”。注意仪表指针位置，及时变换量程使指针指示于误差最小的范围内。变换量程时一般要在切断电源的情况下操作。

（9）所有实验测量数据应记在原始记录表上，数据记录尽量完整、清晰，力求表格化，使阅读者能够一目了然。在严格尊重原始记录的情况下合理取舍有效数字，实验报告上不得随意涂改，绘制表格和曲线要求用尺子或绘图工具，锻炼自己的技术报告书写能力，培养工程意识。

（10）完成实验后，要在实验室核对实验数据是否完整、合理，确定完整和合理后，交指导教师审阅后才能拆除实验线路（注意要先切断电源，后拆线），并将仪器设备、导线、实验用具整理归位，做好台面及实验环境的清洁和整理工作。

三、实验报告书写要求

实验报告是实验者将自己进行的实验及实验结果用文字作的综合性表述，也是工程上，技术报告的能力训练。实验报告要用简明的形式将实验结果完整和真实地表达出来，报告要求**字迹工整，简明扼要，文理通顺，图表清晰，结论正确，分析合理，讨论深入**。实验报告采用实验指导书上的规定格式或统一规格的报告纸，一般包括以下几项：

（1）实验题目。

（2）实验目的。

（3）实验仪器及设备。

（4）实验原理及实验电路图（或加连线图）。

（5）实验步骤、数据图表及计算分析结果。

（6）实验思考题和实验体会。

对实验数据的处理，要合理取舍有效数字。报告中的所有图表、曲线均按工程化要求绘制。波形曲线一律画在坐标纸上，比例要适中，坐标轴上应注明物理量的符号和单位。

实验报告一定要遵照教师规定的时间按时上交，经教师批改、登记后，统一放在实验室进行保管，以便于教学评估检查或有关人员查询。学生需要参考时，可向实验室提出借用。

四、测量误差与测量数据的处理

（一）测量误差

测量是指通过试验的方法去确定一个未知量的大小，这个未知量叫做“被测量”。一个被测量的实际值是客观存在的，但由于人们在测量中对客观认识的局限性、测量仪器的误差以及测量手段的不完善、测量条件发生变化、测量工作中的疏忽等原因，都会使测量结果与实际值存在差别，这个差别就是测量误差。

不同的测量对测量误差大小的要求往往是不同的。随着科学技术的进步，对减小测量误差提出了越来越高的要求。我们学习、掌握一定的误差理论和数据处理知识，目的是能进一步合理设计和组织实验，正确选用测量仪器，减小测量误差，得到接近被测量实际值的结果。

1. 仪表误差和准确度

对于各种电工指示仪表，不论其质量有多高，其测量结果与被测量的实际值之间总是存在一定的差值，这种差值称为仪表误差。仪表误差值的大小反映了仪表本身的准确程度。实际仪表的技术参数中，仪表的准确度用来表示仪表的基本误差。

（1）仪表误差的分类。

根据误差产生的原因，仪表误差可分为两大类。

1）**基本误差：**仪表在正常工作条件下（指规定温度、正确的放置方式、没有外电场和外磁场干扰等），因仪表结构、工艺等方面的不完善而产生的误差叫做基本误差。如仪表活动部分的摩擦、标尺分度不准、零件装配不当等原因造成的误差都是仪表的基本误差，基本误差是仪表的固有误差。

2）**附加误差：**仪表离开了规定的工作温度（指温度、放置方式、频率、外电场和外磁场等）而产生的误差，叫做附加误差。附加误差实际上是一种因工作条件改变而造成的额外误差。

（2）误差的表示。

仪表误差的表示方式有绝对误差、相对误差和引用误差三种。

1）**绝对误差：**仪表的指示值 A_x 与被测量的实际值 A_o 之间的差值，叫做绝对误差，用“△”表示。

$$\triangle=A_x-A_o$$

显然，绝对误差有正、负之分。正误差说明指示值比实际值偏大，负误差说明指示值比实际值偏小。

2）**相对误差**：绝对误差△与被测的实际值A_0比值的百分数，叫做相对误差，用“α”表示。

$$\alpha=\triangle/A_0\times100\%$$

由于测量大小不同的被测量时，不能简单地用绝对误差来判断其准确程度，因此在实际测量中通常采用相对误差来比较测量结果的准确程度。

3）**引用误差**：相对误差能表示测量结果的准确程度，但不能全面反映仪表本身的准确程度。同一块仪表，在测量不同的被测量时，其绝对误差虽然变化不大，但随着被测量的变化，仪表的指示值可在仪表的整个分度范围内变化。因此，对应于不同大小的被测量，其相对误差也是变化的。换句话说，每只仪表在全量程范围内各点的相对误差是不同的。为此，工程上采用引用误差来反映仪表的准确程度。

把绝对误差与仪表测量上限（满刻度值A_m）比值的百分数，称为引用误差γ_m。

$$\gamma_m=\triangle/A_m\times100\%$$

引用误差实际上是测量上限的相对误差。

（3）仪表的准确度。

指示仪表在测量值不同时，其绝对误差多少有些变化，为了使引用误差能包括整个仪表的基本误差，工程上规定以最大引用误差来表示仪表的准确度。

仪表的最大绝对误差$\triangle m$与仪表的量程A_m比值的百分数，叫做仪表的准确度K。

$$\pm K\%=\triangle_m/A_m\times100\%$$

一般情况下，测量结果的准确度就等于仪表的准确度。选择适当的仪表量程才能保证测量结果的准确性。

2. 测量误差分类及产生的原因

测量误差是指测量结果与被测量的实际值之间的差异。测量误差产生的原因，除了仪表的基本误差和附加误差的影响外，还有测量方法的不完善，测试人员操作技能和经验不足，以及人的感官差异等因素。

根据误差的性质，测量误差一般分为系统误差、偶然误差和疏忽误差三类。

1）**系统误差**：造成系统误差的原因一般有两个，一是由于测量标准度量器或仪表本身有误差，如分度不准、仪表的零位偏移等造成的系统误差；二是由于测量方法不完善，测量仪表安装或装配不当，外界环境变化以及测量人员操作技能和经验不足等造成的系统误差，如引用近似公式或接触电阻的影响所造成的误差。

2）**偶然误差**：偶然误差是一种大小和符号都不固定的误差。这种误差主要是由外界环境的偶发性变化引起的。在重复进行同一个量的测量过程中其结果往往不完全相同。

3）**疏忽误差**：这是一种严重歪曲测量结果的误差。它是因测量者在测量时的粗心造成的，如读数错误、记录错误等原因。

3. 减小测量误差的方法

1）对测量仪器、仪表进行校正，在测量中引用修正值，采用特殊方法测量，这些手段均能减小系统误差。

2）对同一被测量，重复多次测量，取其平均值作为被测量的值，可减小偶然误差。

3）以严肃认真的态度进行实验，细心记录实验数据，并及时分析实验结果的合理性，是可以摒弃疏忽误差的。

（二）测量数据的处理

在测量和数字计算中，该用几位数字来代表测量或计算结果是很重要的，它涉及有效数字和计算规则问题。

1. 有效数字的概念

在记录测量数值时，该用几位数字来表示呢？下面通过一个具体例子说明。设一个 0～100V 的电压表在两种测量情况下指示结果为：第一次指针指在 76~77 之间，可记作 76.5V，其中数字“76”是可靠的，称为可靠数字，最后一位数“5”是估计出来的不可靠数字（欠准数字），两者全称为有效数字。通常只允许保留一位不可靠数字。对于 76.5 这个数字来说，有效数字是三位。第二次指针指在 50V 的地方，应记为 50.0V，这也是三位有效数字。 数字“0”在数中可能不是有效数字，例如 76.5V 还可以写成 0.0765kV，这时前面的两个（0）仅与所用单位有关，不是有效数字，该数的有效数字仍为三位。对于读数末位的（0）不能任意增减，它是由测量设备的准确度来决定的。

2. 有效数字的运算规则

处理数字时，常常要运算一些精度不相等的数值。按照一定运算规则计算，既可以提高计算速度，也不会因数字过少而影响计算结果的精度。常用的运算规则如下：

1）加减运算时，计算结果所保留小数点后的位数，一般取与各数中小数点后面位数最少的相同。例如 13.6、0.056、1.666 相加，小数点后最少位数是一位（13.6），所以应将其余两个数修正到小数点后一位，然后相加，即

$$13.6+0.1+1.7=15.4$$

其结果应为 15.4。

为了减小误差，也可以在修正时多保留一位小数，即

$$13.6+0.06+1.67=15.3$$

2）乘除运算时，各因子及计算结果所保留的位数一般与小数位置无关，应以有效数字位数最少项为准，例如 0.12、1.057 和 23.41 相乘，有效数字位数最少的是两位（0.12），则

$$0.12 \times 1.06 \times 23.41 = 2.98$$

第一篇　电工与电机实验

实验一　验证基尔霍夫定律

一、实验目的

（1）学会用电流插头、插座测量各支路电流的方法。

（2）验证基尔霍夫定律的正确性，加深对基尔霍夫定律的理解。

二、实验原理

（1）基尔霍夫电流定律（KCL）：在集总电路中，任何时刻，对任一节点，所有流出（或流入）节点的支路电流的代数和恒等于零。即

$$\sum I = 0$$

同时规定：若流出节点的电流为正，则流入节点的电流为负。

（2）基尔霍夫电压定律（KVL）：在集总电路中，任何时刻，对任一回路，所有支路电压的代数和恒等于零。即

$$\sum U = 0$$

上式求和时，需要指定一个回路的绕行方向，凡支路电压的参考方向与回路的绕行方向相同者，该电压前面取“+”号；支路电压的参考方向与回路的绕行方向相反者，前面取“-”号。

三、实验仪器与设备

实验所需设备如表 1-1-1 所示。

表 1-1-1　实验仪器与设备

序号	名称	型号与规格	数量
1	直流可调稳压电源 1	0～30V	1
2	直流可调稳压电源 2	0～30V	1
3	直流电压表	0～200V	1
4	直流毫安表	0～200mV	1
5	验证基尔霍夫定律与叠加原理的实验线路板		1

四、实验注意事项

（1）所有需要测量的电压值，均以直流电压表测量的读数为准，不以电源表盘指示值为准。

（2）实验预习时，要对电路进行理论计算，测量电压、电流时，根据计算值合理选择挡位。不清楚测量值的范围时，可以先用高挡位，再选用合适的低挡位。

（3）用指针式电流表或电压表进行测量时，若指针反偏，此时必须调换极性，重新测量，此时指针应正偏，就可以读值了，注意记录正负号。

（4）如果假设电流参考方向如图 1-1-1（a）所示，那么，电流表指示正值时，电流记录为正。我们知道 $U_{AB}=U_A-U_B$，如果电压表接线如图 1-1-1（b）所示，那么，电压表指示为正值时，U_{AB} 记录为正。

（a）电流表　　（b）电压表

图 1-1-1　电流、电压表读数示例

（5）在实验台上用**电流插头**测量各支路电流时，要弄明白电流插头插入电流插座后，插头的两根线分别接到了电流插座的哪一端。应该注意仪表的极性及数据表格中“+”、“−”号的记录。电流插头的使用如图 1-1-2 所示。

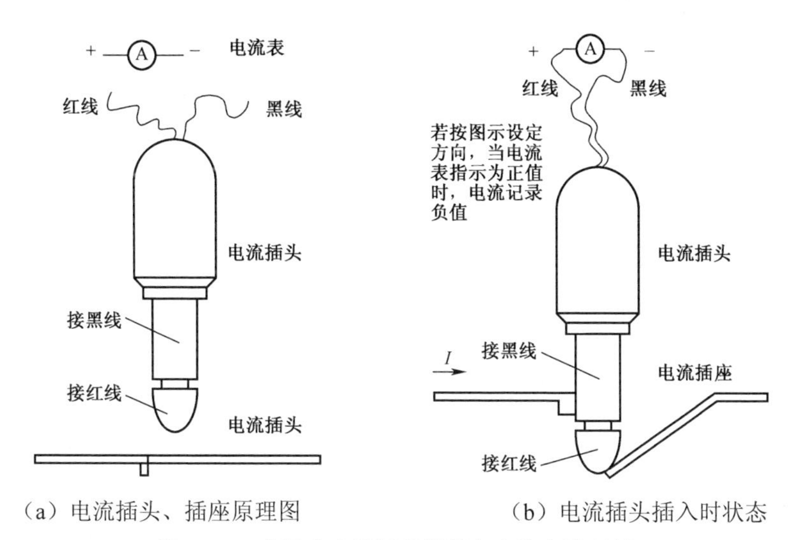

（a）电流插头、插座原理图　　（b）电流插头插入时状态

图 1-1-2　实验台电流插头测量各支路电流示例

（6）在图 1-1-3 所示的实验线路中，切换开关 S_1、S_2，切到 1 位置时，接通电源，切到 2 位置时，线路短路；切换开关 S_3，切到 1 位置时，330Ω电阻接入电路，切到 2 位置时，二极管 VD 接入电路。

（7）防止稳压电源两个输出端碰线短路。电源 E_1 或 E_2 不作用时，将切换开关 S_1、S_2 切到 2 位置，严禁用导线直接短接，这样会电压短路，烧坏电压源。

五、实验内容及步骤

实验线路如图 1-1-3 所示。

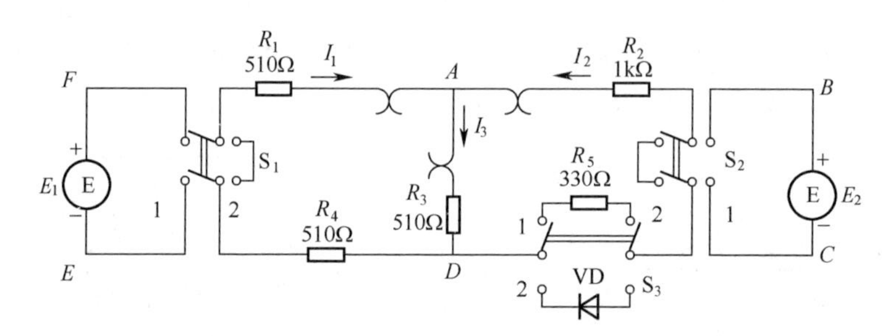

图 1-1-3 实验线路图

方法步骤如下：

（1）实验前先任意设定三条支路的电流参考方向，如图 1-1-3 中的 I_1、I_2、I_3。

（2）电源 E_1、E_2 分别并直流电压表，并调整电压分别为 6V、12V。

（3）分别将两路直流电压源接入电路。将切换开关 S_1、S_2、S_3 都切到位置 1 。

（4）熟悉电流插头和电流插座的结构，将电流插头接至毫安表的“+”、“−”两端，并根据设定的电流参考方向，确定所读数据的正负值。将电流插头分别插入三条支路的三个电流插座中，读出并记录电流值，填入表 1-1-2 中。

表 1-1-2 验证基尔霍夫电流定律（单位 mA）

测量项目	I_1	I_2	I_3	节点 A 电流 ΣI_A
计算值				
测量值				
相对误差				

（5）用直流电压表分别测量回路中的电源及电阻元件上的电压值，要理解电压表正、负指示的含义，实际电路中两个节点上电压的高低，记录数据时注意正、负，记录于表 1-1-3 中。

表 1-1-3　验证基尔霍夫电压定律（单位 V）

测量项目	U_{FE}	U_{FA}	U_{AD}	U_{AB}	U_{BC}	U_{CD}	U_{DE}	*FADEF* 回路 ΣU	*ABCDA* 回路 ΣU	*FBCEF* 回路 ΣU
计算值										
测量值										
相对误差										

（6）对电路中的节点 *A*，验证基尔霍夫电流定律（KCL），并计算产生的误差。分别对表 1-1-3 中的三个电压回路验证基尔霍夫电压定律（KVL），并计算产生的误差，填入表 1-1-3 中。

六、预习思考题

（1）根据图 1-1-3 的实验电路参数计算出待测的电流 I_1、I_2、I_3 和各电阻上的电压值，记入表中，以便实验测量时可正确地选定毫安表和电压表的量程、并计算相对误差。

（2）实验中，若用指针式万用表直流毫安挡测量各支路电流，什么情况下可能出现毫安表指针反偏？应如何处理？在记录数据时应注意什么？若用直流数字毫安表进行测量时，则会有什么显示呢？

七、实验报告要求

按实验基础知识（三）的要求书写实验报告，并完成以下各项要求。

（1）根据实验数据，选定实验电路中的一个节点 *A*，验证 KCL 的正确性。

（2）根据实验数据，选定实验电路中的任一个闭合回路，验证 KVL 的正确性。

（3）误差原因分析。

（4）根据实验数据表格，进行分析、比较，归纳，总结实验结论。

（5）写出心得体会。

实验二　验证叠加定理

一、实验目的

（1）验证叠加定理的正确性，加深对叠加定理的理解。

（2）验证线性电路的齐次性。

二、实验原理

（1）叠加定理是指由多个独立电源共同作用下的线性电路中，通过每一个元件的电流或其两端的电压，可以看成是由每一个独立电源单独作用时，在该元件上所产生的电流或电压的代数和。

（2）线性电路的齐次性是指当激励信号（某独立电源的值）增加或减小 K 倍时，电路的响应（即在电路中各电阻元件上所建立的电流和电压值）也将增加或减小 K 倍。

三、实验仪器与设备

实验所需仪器与设备如表 1-2-1 所示。

表 1-2-1　实验仪器与设备

序号	名称	型号与规格	数量
1	直流可调稳压电源 1	0～30V	1
2	直流可调稳压电源 2	0～30V	1
3	直流电压表	0～200V	1
4	直流毫安表	0～200mV	1
5	验证叠加原理的实验线路板		1

四、实验注意事项

（1）所有需要测量的电压值均以电压表测量的读数为准，不以电源表盘指示值为准。

（2）实验预习时，要对电路进行理论计算，测量电压、电流时，根据计算值合理选择挡位。不知道要测量值的范围时，可以先用高挡位，再选用合适的低挡位。

（3）用指针式电流表或电压表进行测量时，若指针反偏，此时必须调换极性，重新测量，此时指针正偏，就可以读值了，注意记录正负号。

（4）电压表和电流表的读数方法和记录值参见实验一。

（5）在图 1-2-1 所示的实验线路图中，切换开关 S_1、S_2，切到 1 位置时，接通电源，切到 2 位置时，线路短路；切换开关 S_3，切到 1 位置时，330Ω电阻接入电路，切到 2 位置时，二极管 VD 接入电路。

（6）防止稳压电源两个输出端碰线短路。电源 E_1 或 E_2 不作用时，将切换开关 S_1、S_2 切到 2 位置，不能切到 1 位置将电压调为零，也不能用导线直接短接。

五、实验内容及步骤

实验线路如图 1-2-1 所示。

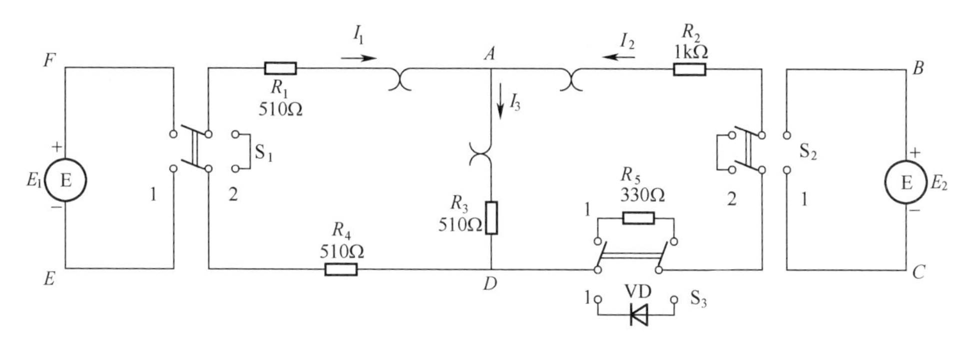

图 1-2-1　实验线路图

（1）在电源 E_1、E_2 两端分别并联直流数字电压表，并调整电压为 12V、6V，然后将两路直流电压源接入电路。

（2）令 E_1 电源单独作用：将切换开关 S_1、S_3 切到 1 位置，切换开关 S_2 切到 2 位置，用直流毫安表和直流电压表分别测量各支路电流及各电源、电阻元件两端的电压，数据记入表 1-2-2 中。

表 1-2-2　叠加定理的验证

测量项目 实验内容	I_1（mA）	I_2（mA）	I_3（mA）	U_{FE}（V）	U_{BC}（V）	U_{FA}（V）	U_{AB}（V）	U_{AD}（V）	U_{DE}（V）	U_{CD}（V）
E_1 单独作用（理论值）										
E_1 单独作用（测量值）										
E_2 单独作用（理论值）										
E_2 单独作用（测量值）										

续表

测量项目 实验内容	I_1（mA）	I_2（mA）	I_3（mA）	U_{FE}（V）	U_{BC}（V）	U_{FA}（V）	U_{AB}（V）	U_{AD}（V）	U_{DE}（V）	U_{CD}（V）
E_1、E_2共同作用（理论值）										
E_1、E_2共同作用（测量值）										
验证叠加定理										
$2E_2$单独作用（理论值）										
$2E_2$单独作用（测量值）										
验证线路齐次性										

（3）令 E_2 电源单独作用：将切换开关 S_2、S_3 切到 1 位置，切换开关 S_1 切到 2 位置，重复（2）中的测量并记录数据于表 1-2-2 中。

（4）令 E_1 和 E_2 电源共同作用：切换开关 S_1、S_2、S_3 都切到 1 位置，重复上述的测量并记录。

（5）将 E_2 的数值调至+12V，令 E_2 电源单独作用：将切换开关 S_2、S_3 切到 1 位置，切换开关 S_1 切到 2 位置，重复上述的测量并记录。

（6）将切换开关 S_3 切到 2 位置，即将 R_5（330Ω）换成二极管 IN4007，重复（1）～（5）的测量过程，数据记入表中（表可以仿 1-2-2 自己画出）。

（7）分析实验产生的误差。

六、预习思考题

（1）根据图 1-2-1 所示的实验电路参数，计算出各种情况下电流 I_1、I_2、I_3 的理论值和各电阻上的电压的理论值，记入表中，以便实验测量时可正确地选定毫安表和电压表的量程。

（2）叠加原理中 E_1、E_2 分别单独作用，在实验中应如何操作？可否直接将不作用的电源（E_1 或 E_2）调整到零或用导线短接？

（3）实验电路中，若有一个电阻器改为二极管，试问叠加原理的叠加性与齐次性还成立吗？为什么？

七、实验报告要求

按实验基础知识（三）的要求书写实验报告，并完成以下各项要求。

（1）误差原因分析。

（2）根据实验数据表格进行分析、比较和归纳。总结实验结论，即验证线性电路的叠加性与齐次性。

（3）各电阻器所消耗的功率能否用叠加原理计算得出？试用上述实验数据进行计算并作出结论。

（4）实验电路中，若有一个电阻改为二极管，试问叠加原理与齐次性还成立吗？并用“实验内容及步骤”中（6）的实验数据说明。

（5）写出心得体会。

实验三　有源二端网络等效参数的测定及戴维南定理的验证

一、实验目的

（1）掌握测量有源二端网络等效参数的一般方法。

（2）验证戴维南定理和诺顿定理的正确性，加深对该定理的理解。

二、实验原理

（1）有源二端网络：任何一个复杂的有源线性电路，如果仅研究其中一条支路的电压和电流，则可将电路的其余部分看作是一个有源二端网络（或称为有源一端口网络）。

（2）戴维南定理：任何一个线性有源网络，总可以用一个电压源与一个电阻的串联来等效代替，此电压源的电动势U_S等于这个有源二端网络的开路电压U_{OC}，其等效内阻R_0等于该网络中所有独立源均置零（理想电压源视为短接，理想电流源视为开路）时的等效电阻。

（3）有源二端网络的等效参数：开路电压U_{OC}（U_S）和等效内阻R_0。

（4）有源二端网络等效内阻R_0的测量方法。

1）开路电压、短路电流法测R_0。在有源二端网络输出端开路时，用电压表直接测其输出端的开路电压U_{OC}，然后再将其输出端短路，用电流表测其短路电流I_{SC}，则等效内阻为

$$R_0 = \frac{U_{OC}}{I_{SC}}$$

如果二端网络的内阻很小，不允许将外部电路直接短路。若将其输出端口短路，则易损坏其内部元件，因此不宜用此法，此时可以用伏安法测量。

2）伏安法测R_0。用电压表、电流表测出有源二端网络的外特性曲线，如图1-3-1所示。根据外特性曲线求出斜率$\mathrm{tg}\varphi$，则内阻

$$R_0 = \mathrm{tg}\varphi = \frac{\Delta U}{\Delta I} = \frac{U_{OC}}{I_{SC}}$$

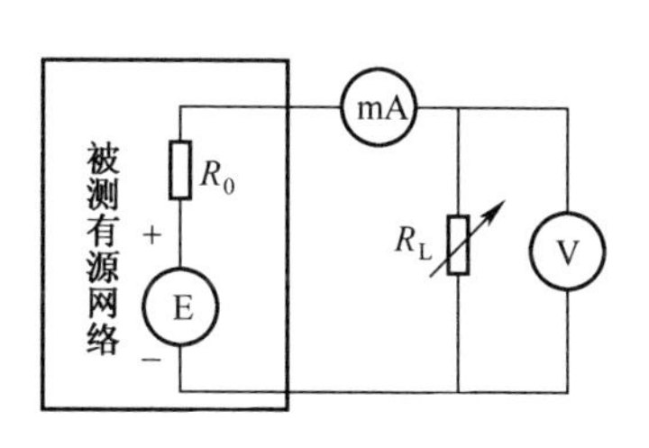

(a) 伏安法测 R_0 线路

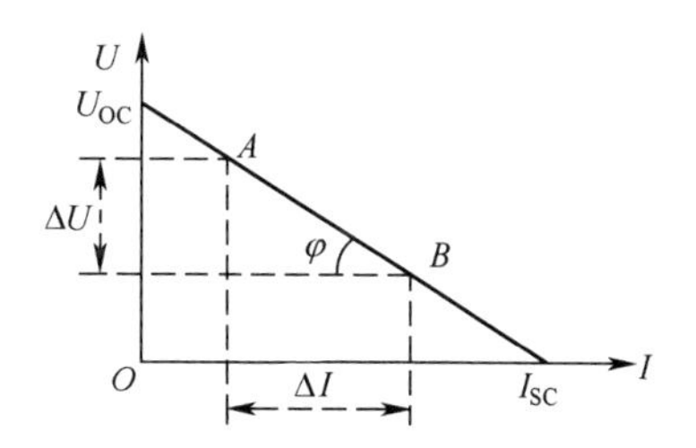

(b) 有源二端网络的外特性曲线

图 1-3-1　伏安法测 R_0

也可以先测量开路电压 U_{OC}，再测量电流为额定值 I_N 时的输出端电压值 U_N，则内阻为

$$R_0 = \frac{U_{OC} - U_N}{I_N}$$

3）半电压法测 R_0。如图 1-3-2 所示，先测出开路电压，再接入可调负载，调整负载电压为被测网络开路电压的一半时，负载电阻即为被测有源二端网络的等效内阻值。

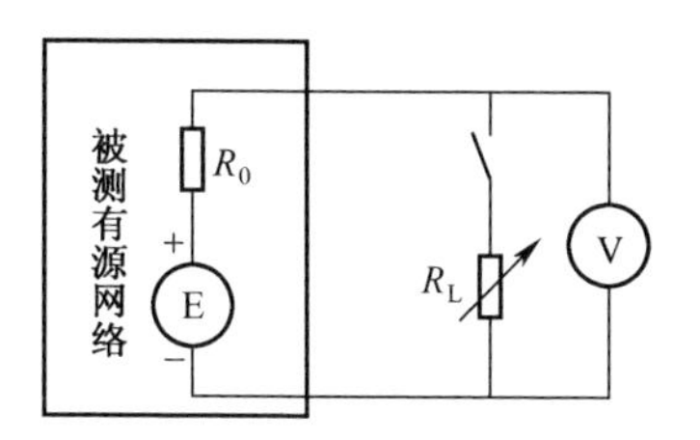

图 1-3-2　半电压法测 R_0

4）如果负载电阻不可调，等效电阻也可以算得出。如图 1-3-2 所示，测量含源一端口网络的开路电压 U_{OC} 后，在端口处接一负载电阻 R_L，然后再测出负载电阻的端电压 U_{RL}，则

$$U_{RL} = \left(\frac{U_{OC}}{R_0 + R_L}\right)R_L$$

$$R_0 = \left(\frac{U_{OC}}{U_{RL}} - 1\right)R_L$$

5）令有源一端口网络中的所有独立电源置零，然后在端口处加一给定电压 U，测得流入端口的电流 I，则

$$R_0 = \frac{U}{I}$$

（5）有源二端网络开路电压 U_{OC} 的测量方法。

1）开路电压法测 U_{OC} 参见第（4）点的 1）。

2）零示法测 U_{OC}。

在测量具有高内阻有源二端网络的开路电压时，用电压表直接测量。由于电压表本身的内阻，会引起较大的误差，为了消除电压表内阻的影响，往往采用零示法，如图 1-3-3 所示。

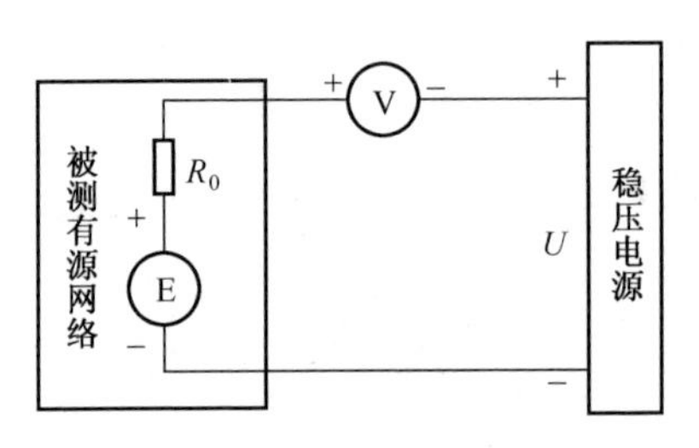

图 1-3-3 零示法测 U_{OC}

零示法测量原理是用一低内阻的稳压电源与被测有源二端网络进行比较，当稳压电源的输出电压与有源二端网络的开路电压相等时，电压表的读数将为 0，然后将电路断开，测量此时稳压电源的输出电压，即为被测有源二端网络的开路电压。

三、实验仪器与设备

实验所需仪器与设备如表 1-3-1 所示。

表 1-3-1 实验仪器与设备

序号	名称	规格	数量
1	可调直流稳压电源	0～30V	1
2	可调直流恒流源	0～500mA	1
3	直流数字电压表	0～200V	1
4	直流数字毫安表	0～200mA	1
5	万用表		1
6	可调电阻箱（负载）	0～99999.9Ω	1
7	电位器（等效内阻）	1kΩ/2W	1
8	戴维南定理实验电路板		1

四、实验注意事项

（1）测量时应注意电压表、电流表量程的更换。

（2）用万用表直接测 R_0 时，网络内的独立源必须先置零，以免损坏万用表。其次，欧姆挡必须经调零后再进行测量。

（3）网络内的电压源置零时，不可将稳压源短接，可以将稳压源拆除，然后短接电路。

（4）用零示法测量 U_{OC} 时，应先将稳压电源的输出调至接近于 U_{OC}，再按图1-3-3 测量。

（5）改接线路时要关掉电源。

五、实验内容及步骤

（1）用开路电压、短路电流法测定戴维南等效电路的 U_{OC}、R_0。

按图 1-3-4（a）接入稳压电源 U_S=12V 和恒流源 I_S=10mA，不接入 R_L，测出开路电压 U_{OC}（测 U_{OC} 时不接入毫安表）和短路电流 I_{SC}，并计算出 R_0，记入表1-3-2 中。

表 1-3-2　有源二端网络等效参数表

U_{OC}（V）	I_{SC}（mA）	$R_0=U_{OC}/I_{SC}$（Ω）

（2）负载实验按图 1-3-4（a）接入 R_L。改变 R_L 阻值，测量有源二端网络的外特性曲线，记入表 1-3-3 中。

表 1-3-3　有源二端网络等效参数

U（V）									
I（mA）									

（3）戴维南定理的验证。调整直流稳压电源值，调到步骤（1）所测得的开路电压 U_{OC} 的值，取按步骤（1）所得的等效电阻 R_0 值的一个电阻，二者相串联，如图 1-3-4（b）所示，仿照步骤（2）测其外特性，数据记入表 1-3-4 中。

表 1-3-4　有源二端网络等效参数

U（V）									
I（mA）									

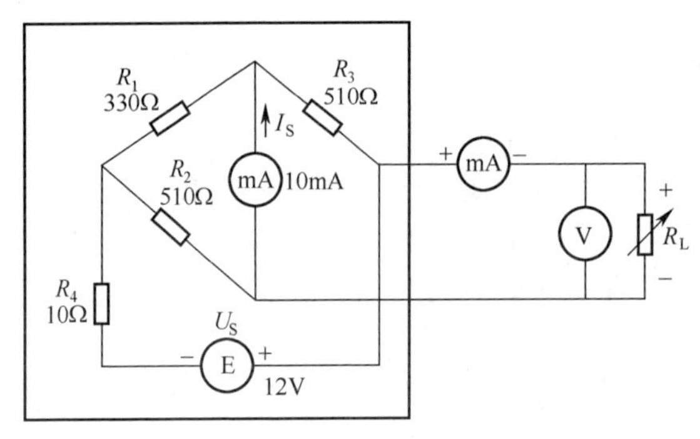

（a）被测有源二端网络

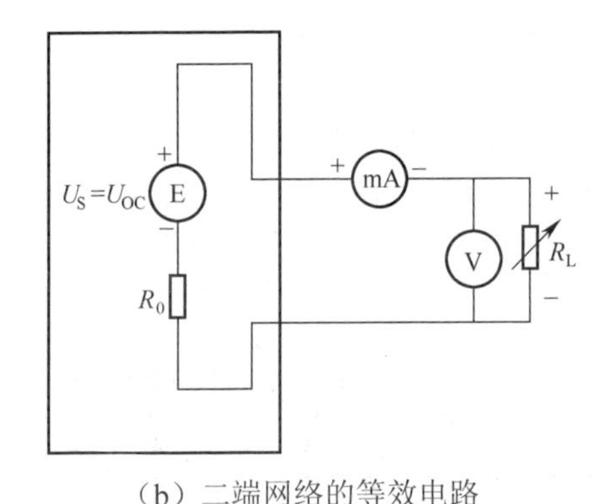

（b）二端网络的等效电路

图 1-3-4　戴维南定理的验证

比较表 1-3-3 和表 1-3-4，对戴维南定理进行验证。

（4）有源二端网络等效电阻（又称入端电阻）的直接测量法。如图 1-3-4（a）所示，将被测有源网络内的所有独立源置零：断开电流源 I_S，拆掉电压源 U_S，并在原电压源所接的两点用一根短路导线连接，然后用伏安法或者直接用万用表的欧姆挡去测定负载 R_L 开路时 A、B 两点间的电阻，此即为被测网络的等效内阻 R_0，或称网络的入端电阻 R_i。

六、预习思考题

（1）在求戴维南等效电路时，做短路实验，测 I_{SC} 的条件是什么？在本实验中可否直接作负载短路实验？请在实验前预先对线路图 1-3-4（a）作好计算，以便调整实验线路及测量时可准确地选取电压表和电流表的量程。

（2）说明测有源二端网络开路电压及等效内阻的几种方法，并比较其优缺点。

七、实验报告要求

按实验基础知识（三）的要求书写实验报告，并完成以下各项要求。

（1）根据“实验内容及步骤”中的（2）、（3）分别绘出曲线，验证戴维南定理的正确性，并分析产生误差的原因。

（2）根据“实验内容及步骤”中的（1）、（4）的方法测得的 U_{OC} 和 R_0 与预习时电路计算的结果作比较，你能得出什么结论。

（3）归纳、总结实验结果。

（4）写出心得体会。

实验四　用三表法测量电路等效参数

一、实验目的

（1）学会调压器的使用，学会功率表的线路连接方法及其使用。

（2）学会用交流电压表、交流电流表和低功率因数功率表测量元件的交流等效参数的方法。

（3）通过实验理解掌握电阻、电感和电容元件的功率因数。

二、原理说明

（1）三表法。正弦交流信号激励下的元件阻抗值，可以用交流电压表、交流电流表及功率表分别测量出元件两端的电压 U、流过该元件的电流 I 和它所消耗的功率 P，然后通过计算得到元件参数值，这种方法称为三表法，是用以测量 50Hz 交流电路参数的基本方法。

（2）计算所用到的基本公式：

阻抗的模　$|Z|=\dfrac{U}{I}$

电路的功率因数　$\cos\varphi=\dfrac{P}{UI}$；$\varphi=\cos^{-1}\dfrac{P}{UI}$

等效电阻　$R=\dfrac{P}{I^2}=|Z|\cos\varphi$

等效电抗　$X=|Z|\sin\varphi$

等效阻抗　$Z=R+\mathrm{j}X=|Z|\cos\varphi+\mathrm{j}|Z|\sin\varphi$

如果被测元件是电阻，则

$$R=\frac{U}{I}$$

如果被测元件是电感，则

$$R=|Z|\cos\varphi\text{；}\quad L=\frac{X_{\mathrm{L}}}{\omega}=\frac{|Z|\sin\varphi}{\omega}$$

$$X=X_{\mathrm{L}}=2\pi fL=\omega L$$

如果被测元件是电容，则

$$R=|Z|\cos\varphi\text{；}\quad C=\frac{1}{\omega X_{\mathrm{C}}}=\frac{1}{\omega|Z|\sin\varphi}$$

$$X=X_{\mathrm{C}}=\frac{1}{2\pi fC}=\frac{1}{\omega C}$$

（3）阻抗性质的判别方法。

方法一：可用在被测元件两端并联电容或将被测元件与电容串联的方法来判别。其原理如下：

1）在被测元件两端并联一只适当容量的实验电容，在被测元件两端电压不变的情况下，若电路中电流表的读数单调增大，则被测阻抗为容性，电流先减小后增大则被测阻抗为感性。

在图 1-4-1（a）中，Z 为待测定的元件，C' 为实验电容器。图（b）是图（a）的等效电路，图中 G、B 为待测阻抗 Z 的电导和电纳，B' 为并联电容 C' 的电纳。在端电压有效值不变的条件下，按下面两种情况进行分析：

①设 $B+B'=B''$，若 B' 增大，B'' 也增大，电路中电流 I 将单调上升，则可判断 B 为容性元件。

②设 $B+B'=B''$，若 B' 增大，B'' 先减小后再增大，电流 I 也是先减小后上升，如图 1-4-2 所示，则可判断 B 为感性元件。

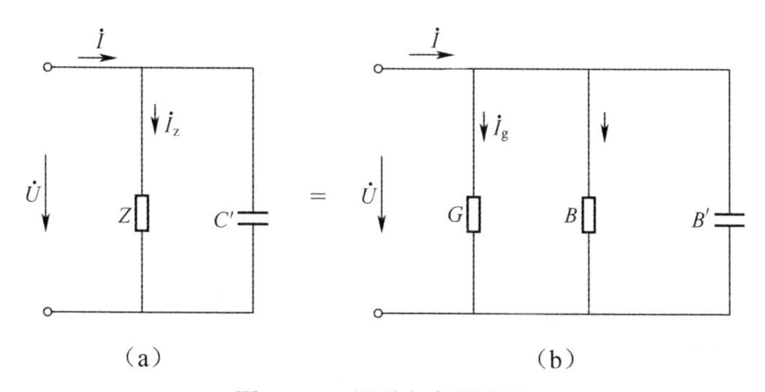

图 1-4-1 并联电容测量法

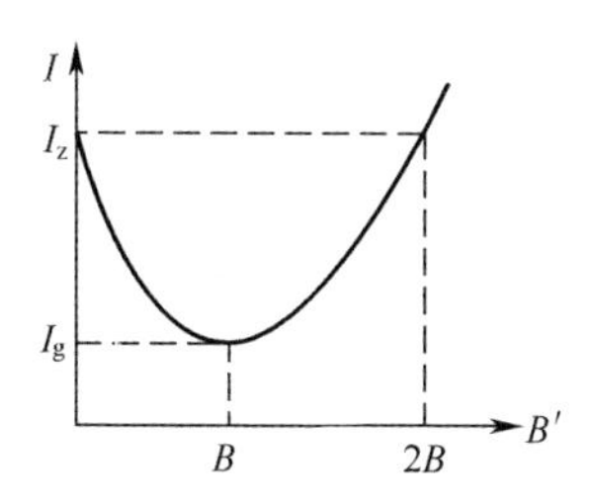

图 1-4-2 待测定的元件电纳 B 与试验电容器电纳 B' 的关系

由以上分析可见，当 B 为容性元件时，对并联电容 C' 值无特殊要求；而当 B 为感性元件时，$B'<|2B|$ 才有判定为感性的意义。$B'>|2B|$ 时，电流单调上升，与 B 为容性时相同，并不能说明电路是感性的。因此 $B'<|2B|$ 是判断电路性质的可靠条件，由此得判定条件为：

$$C'<\left|\frac{2B}{\omega}\right|$$

2）与被测元件串联一个适当容量的实验电容，若被测阻抗的端电压下降，则判为容性，端电压上升则为感性，判定条件为：

$$\frac{1}{\omega C'}<|2X|$$

式中，X 为被测阻抗的电抗值，C' 为串联实验电容值，此关系式可自行证明。

方法二：判断待测元件的性质，除上述借助于试验电容 C' 测定法外，还可以利用测量该元件的电流 i 与电压 u 之间的相位关系来判断。若 i 超前于 u，为容性；i 滞后于 u，则为感性。

三、实验仪器与设备

实验所需设备如表 1-4-1 所示。

表 1-4-1　实验设备

序号	名称	型号与规格	数量
1	交流电压表	0～500V	1
2	交流电流表	0～5A	1
3	功率表		1
4	自耦调压器		1
5	镇流器（电感线圈）	与 40W 日光灯配用	1
7	电容器	1μF，4.7μF/500V	1
8	白炽灯	15W/220V	3

四、实验注意事项

（1）本实验直接用市电 220V 交流电源供电，实验中要特别注意人身安全，不可用手直接触摸通电线路的裸露部分，以免触电，进实验室应穿绝缘鞋。

（2）实验时，必须严格遵守以下安全操作规程：自耦调压器在接通电源前，应将其手柄置在零位上，送电后，缓慢调节，注意电压表挡位，观察电压大小，应从零开始逐渐升高。每次改接实验线路，都必须先将其旋柄慢慢调回零位，电压表指示为零，断开电源，然后改接线。

（3）拆接线时，手不要接触裸露金属部位，一定要一根导线的两端同时拆接，防止导线一根接在电路中，另一根甩在一边，带电的寄生回路伤人或短路。

（4）功率表的使用。

1）选择合适的电压挡和电流挡，有的功率表电流挡的切换不是通过转换开关，而是通过两个电流线圈引出的四个接线端子进行串联或并联，从而获得两个不同的电流挡位，要弄清楚两个电流线圈的极性端及串并联接线方法，如图 1-4-3 所示，注意，串联取电流低挡位，并联取电流高挡位。

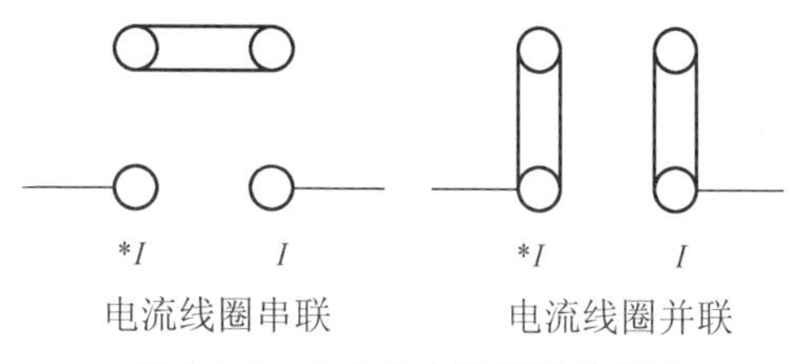

图 1-4-3 功率表电流端子的接线

2）功率表的接线必须注意极性端。

3）如果指示反偏转，可以切换功率表上的换向开关，调整极性。

4）功率表的读数。

满刻度有功功率值=电压挡值×电流挡值×额定功率因数

功率表的实际值=满刻度有功功率值÷总分格数×指针指示分格数

5）测量过程中，由于功率表不能监视电压、电流，注意电压表和电流表的读数，不要超过功率表电压、电流的量限。

6）测量过程中，注意防止电感线圈电流超过额定值而烧坏。

（5）电流表和电压表的使用要注意量程的选择。

五、实验内容及步骤

（1）按图 1-4-4 所示电路接线，并经指导教师检查后，方可接通市电电源。

（2）分别测量 15W 白炽灯（R）、40W 日光灯镇流器（L）和 4.7μF 电容器（C）的电压、电流和功率，记录于表 1-4-2 中，并分别计算其等效参数。

（3）测量 L、C 串联与并联后的电压、电流和功率，记录于表 1-4-2 中，并分别计算其等效参数。

（4）验证用串、并试验电容法判别负载性质的正确性。实验线路同图 1-4-4，但不必接功率表，按表 1-4-3 内容进行测量和记录。

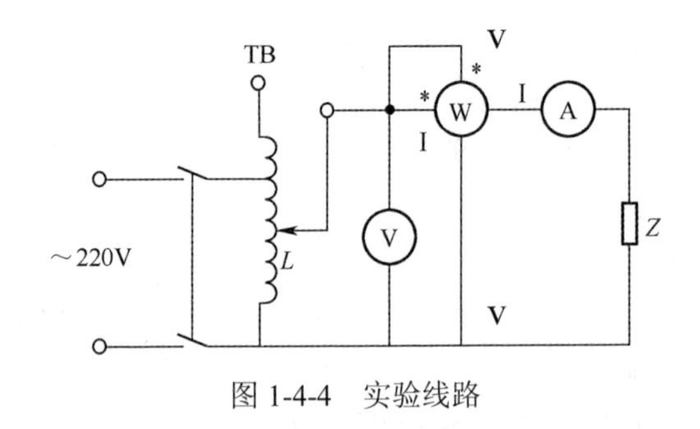

图 1-4-4　实验线路

表 1-4-2　三表法测量电路等效参数

被测阻抗	测量值			计算值		电路等效参数		
	U（V）	I（A）	P（W）	$\cos\varphi$	Z（Ω）	R（Ω）	L（mH）	C（μF）
15W 白炽灯 R								
电感线圈 L								
电容器 C								
L 与 C 串联								
L 与 C 并联								

表 1-4-3　串、并实验电容法判别负载性质

被测元件	串 1μF 电容		并 1μF 电容	
	串前端电压（V）	串后端电压（V）	并前电流（A）	并后电流（A）
R（三只 15W 白炽灯）				
C（4.7μF）				
L（1H）				

六、预习思考题

（1）在 50Hz 的交流电路中，测得一只铁心线圈的 P、I 和 U，如何算得它的阻值及电感量？

（2）如何用串联电容的方法来判别阻抗的性质？试用 I 随 X'_C（串联容抗）的变化关系作定性分析，试证明：串联试验时，C' 满足 $\frac{1}{\omega C'}<|2X|$。

七、实验报告要求

按实验基础知识（三）的要求书写实验报告，并完成以下各项要求。

（1）根据实验数据完成各项计算，求出元件参数。

（2）完成预习思考题。

（3）根据“实验内容及步骤”中（4）的观察测量结果分别作出等效电路图，计算出等效电路参数并判定负载的性质。

（4）写出心得体会。

实验五　正弦稳态交流电路相量的研究

一、实验目的

（1）研究正弦稳态交流电路中电压、电流相量之间的关系。

（2）掌握日光灯线路的接线。

（3）理解改善电路功率因数的意义并掌握其方法。

二、实验原理

（1）在单相正弦交流电路中，用交流电流表测得各支路的电流值，用交流电压表测得回路各元件两端的电压值，它们之间的关系满足相量形式的基尔霍夫定律，即$\Sigma\dot{I}=0$和$\Sigma\dot{U}=0$。

图 1-5-1（a）所示的 RC 串联电路，在正弦稳态信号 U 的激励下，U_R 与 U_C 保持90°的相位差，即当 R 阻值改变时，U_R 的相量轨迹是一个半圆。U、U_C 与 U_R 三者形成一个直角形的电压三角形，如图 1-5-1（b）所示。R 值改变时，可改变φ角的大小，从而达到移相的目的。

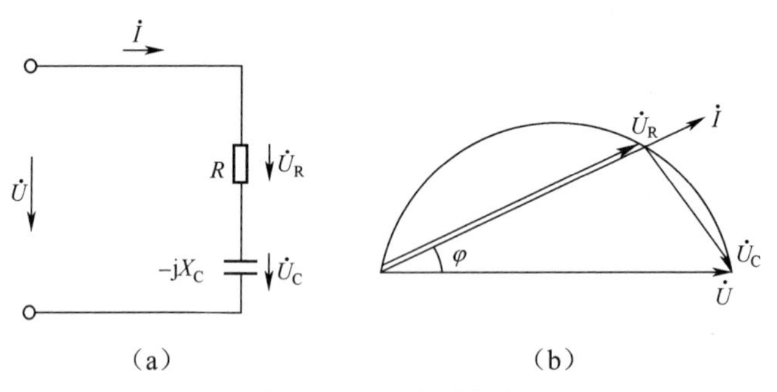

图 1-5-1　RC 串联电路

（2）日光灯线路原理如图 1-5-2 所示。

1）A 是日光灯管：它的内壁均匀地涂上一层荧光粉，两端各有一灯丝和电极，管内充有少量的惰性气体（如氩、氖等）及少量的水银，当灯丝预热后再在两极间加上一定电压，灯管就会点燃。

2）L 是镇流器：是一个铁心线圈，用来限制灯管电流及起动时产生足够的自感电动势使灯管点燃（日光灯镇流器的电感系数约为 1H，内阻约为 45Ω）。

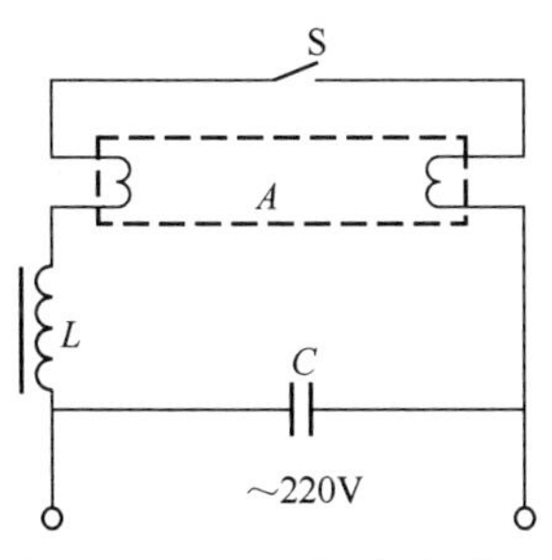

图 1-5-2　日光灯线路原理

3）S 是起动器：是一个小型辉光放电泡，泡内充惰性气体氖，装有两个电极，一个是固定电极，一个是倒 U 型可动电极，是由两种膨胀系数相差较大的金属片粘合在一起制成的。

4）C 是补偿电容器：用以改善电路的功率因数（$\cos\varphi$值）。

日光灯点燃原理：如图 1-5-2 所示，当电源接通时，电源电压（220V）全部加在起动器的两极上，两极间发生辉光放电，电极加热，可动电极内层金属片膨胀系数较大，热后趋于伸直，使触点闭合，将电路接通，两个灯丝开始预热，水银蒸发变为水银蒸气，为管子导通创造了条件，起动器触点闭合的同时，泡内两极间电压下降为零，无辉光，泡内冷却，双片收缩，触点断开（触点断开能产生火花，烧坏触点），在触点断开瞬间，镇流器两端产生很高的自感电动势加在灯管两端，水银蒸气电离，管内发生弧光放电，放射出紫外线，紫外线射在荧光粉上就产生了可见光，灯管点燃，点燃后的灯管电压只有 120V 左右，另一部分电压（180V 左右），降在镇流器上，由于灯管电压只有 120V 左右，不足以使起动器再次起动。

（3）提高功率因数的意义和方法。

1）提高功率因数的意义。在正弦交流电路中，一个无源二端网络（通常指负载），其吸收的有功功率 P 一般不等于视在功率 S，只有对纯电阻网络两者才能相等，有功功率与视在功率的关系为

$$P = UI\cos\varphi = S\cos\varphi$$

式中，$\cos\varphi$ 称为功率因数，φ 是功率因数角，即负载的阻抗角。φ 越大，功率因数 $\cos\varphi$ 越小。

对供电系统来说，用电设备大部分是感性的，如工矿企业中用的电动机、感应电炉、家庭生活中用的日光灯、电风扇、洗衣机等，都是感性负载，一般功率因数都较低，当电源电压、负载功率一定时，功率因数低，一方面使发电设备的容量不能被充分利用，另一方面还使输电线路电流较大从而引起线路损耗的增加，降低了输电效率，因此，提高用电负载的功率因数，对于降低电能损耗，提高电

源设备的利用率和供电质量具有重要的经济意义。

2）提高功率因数的方法。

要提高图 1-5-3（a）所示的感性负载的功率因数，又不能改变负载的工作状态，可采用在感性负载两端并联适当大小的电容器的办法，如图 1-5-3（b）所示，并联电容后的相量图如图 1-5-3（c）所示。由于电容支路的电流 I_C 超前电压 U 为 90°，抵消了一部分感性负载电路电流中的无功分量，使电路总电流 I 减小，从而提高了电路的功率因数。当电容量增加到一定值时，电容支路电流等于感性无功电流，总电流下降到最小值，此时，整个电路相当于电阻性，$\cos\varphi=1$。若再继续增加电容量，总电流 I 反而增大，整个电路相当于容性负载，功率因数反而下降。在实际中，并不要求将功率因数提高到 1。因为这样将增加电容设备的投资，而带来的经济效益并不显著。功率因数提高到什么数值为宜，应根据具体的技术、经济等综合指标来决定。

提高功率因数时所需并联电容器的电容值可由图 1-5-3（c）所示相量图得出，设将功率因数从 $\cos\varphi$ 提高到 $\cos\varphi'$，则所需电容值

$$C=\frac{P}{\omega U^2}=(\mathrm{tg}\varphi'-\mathrm{tg}\varphi)$$

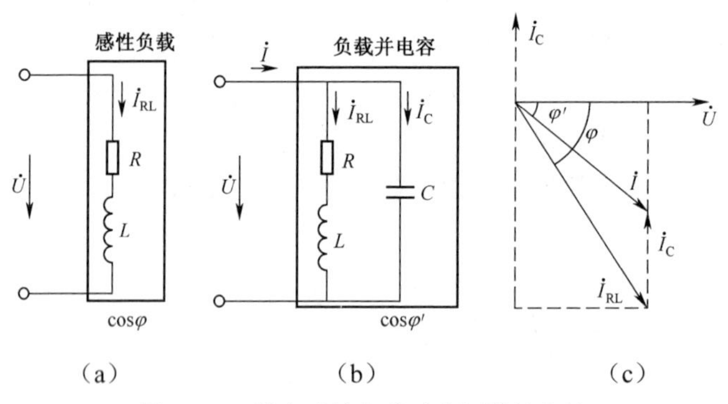

图 1-5-3　提高感性负载功率因数的方法

三、实验仪器与设备

实验所需仪器与设备如表 1-5-1 所示。

表 1-5-1　实验仪器与设备

序号	名称	型号与规格	数量
1	交流电压表	0～450V	1
2	交流电流表	0～5A	1

续表

序号	名称	型号与规格	数量
3	功率表		1
4	自耦调压器		1
5	镇流器、启辉器	与 40W 灯管配用	各 1
6	日光灯灯管	40W	1
7	电容器	1μF，2.2μF，4.7μF/500V	各 1
8	白炽灯及灯座	220V，15W	1~3
9	电流插座		3

四、实验注意事项

（1）本实验直接用市电 220V 交流电源供电，实验中要特别注意人身安全，不可用手直接触摸通电线路的裸露部分，以免触电，进实验室应穿绝缘鞋。

（2）功率表要正确接入电路，参见实验四。

（3）线路接线正确，日光灯不能启辉时，检查电源是否正常，检查启辉器接触是否良好或启辉器是否良好，检查日光灯管两端是否断线。

五、实验内容及步骤

（1）按图 1-5-1 接线，R 为 220V、15W 的白炽灯泡，C 为 4.7μF/450V 的电容器。经指导教师检查后，接通实验台电源，将自耦调压器输出调至 220V，记录 U、U_R、U_C 的值，填入表 1-5-2 中，验证电压三角形关系。

表 1-5-2　实验数据（一）

测量值			计算值		
U（V）	U_R（V）	U_C（V）	U'（与 U_R、U_C 组成 $Rt\Delta$）（$U'=\sqrt{U_R^2+U_C^2}$）	$\Delta U=U'-U$（V）	$\Delta U/U$（%）

（2）日光灯线路接线与测量。按图 1-5-4 接线。经指导教师检查后接通实验台电源，调节自耦调压器的输出，使其输出电压缓慢增大，直到日光灯启辉器点亮为止，记下三个表的指示值，然后将电压调至 220V，测量功率 P、电流 I、电压 U、U_L、U_A 等值，记入表 1-5-3 中，验证电压、电流相量关系。

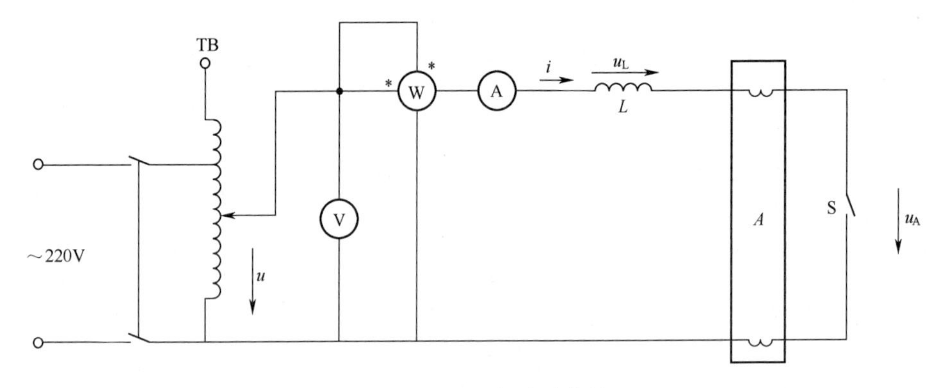

图 1-5-4　日光灯线路接线

表 1-5-3　实验数据（二）

测量值						计算值	
	P（W）	I（A）	U（V）	U_L（V）	U_A（V）	R（Ω）	$\cos\varphi$
启辉值							
正常工作值							

（3）并联电容改善电路功率因数。按图 1-5-5 接实验线路。经指导老师检查后，接通实验台电源，将自耦调压器的输出调至 220V，记录功率表、电压表读数，通过一只电流表和三个电流插座分别测得三条支路的电流，改变电容值，进行三次重复测量，数据记入表 1-5-4 中。

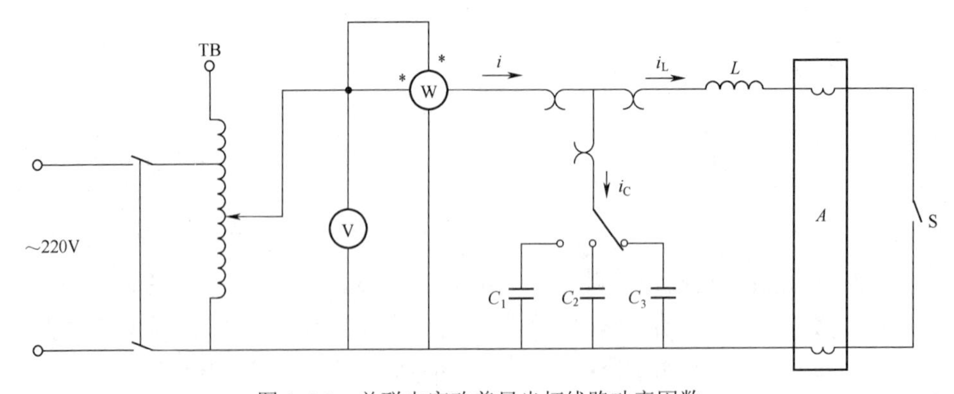

图 1-5-5　并联电容改善日光灯线路功率因数

表 1-5-4　实验数据（三）

并联电容值（μF）	测量值					计算值	
	P（W）	U（V）	I（A）	I_L（A）	I_C（A）	I'（A）	$\cos\varphi$
0							
1							
2.2							
4.7							

六、预习思考题

（1）了解日光灯的启辉原理。

（2）在日常生活中，当日光灯上缺少了启辉器时，人们常用一根导线将启辉器的两端短接一下，然后迅速断开，使日光灯点亮，或用一只启辉器去点亮多只同类型的日光灯，这是为什么？

（3）为了改善电路的功率因数，常在感性负载上并联电容器，此时增加了一条电流支路，试问电路的总电流是增大还是减小，此时感性元件上的电流和功率是否改变？

（4）提高线路功率因数为什么只采用并联电容器法，而不用串联法？所并的电容器是否越大越好？

（5）根据所给实验设备设计出合理的安装和测试电路，并画出线路图。

（6）并联电容数值不同，功率和功率因数有何变化？当并联电容超过一定数值时，功率因数为什么会变小？

七、实验报告要求

按实验基础知识（三）的要求书写实验报告，并完成以下各项要求。

（1）完成数据表格中的计算，进行必要的误差分析。

（2）根据实验数据分别绘出电压、电流相量图，验证相量形式的基尔霍夫定律。

（3）讨论改善电路功率因数的意义和方法。

（4）写出装接日光灯线路的心得体会。

实验六　三相交流电路电压、电流的测量

一、实验目的

（1）掌握三相负载星形联接、三角形联接的方法，充分理解三相四线供电系统中，中线的作用。

（2）验证这两种接法：线、相电压及线、相电流之间的关系。

二、实验原理

在三相电路中，无论是电源还是负载，都有星形和三角形两种联接方式，在星形连接中又包括有中线（三相四线制）和无中线（三相三线制）两种情况。三相负载接成星形（又称负载“Y”接线或“Y_0”接线），接成三角形（又称负载“△”接线）。

（1）负载作星形连接，如图 1-6-1（a）所示。

1）对于对称负载，即 $Z_A=Z_B=Z_C$，电路中存在以下关系

$$U_L=\sqrt{3}U_P \qquad I_L=I_P$$

$$U_{NN'}=0 \qquad I_N=0$$

即没有电流流过中线，在这种情况下，可以省去中线。

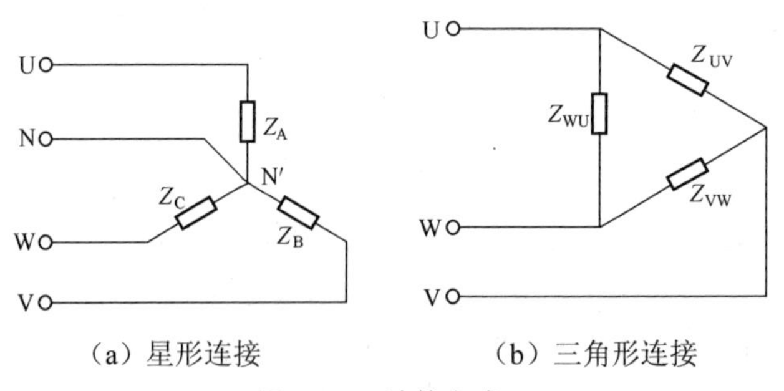

（a）星形连接　　（b）三角形连接

图 1-6-1　连接方式

2）对于不对称负载，即 $Z_A\neq Z_B\neq Z_C$。

有中线时，若忽略中线阻抗，各相负载电压相等，由于各相负载不对称，三相电流也不对称，中线电流将不为零

$$U_L=\sqrt{3}U_P \qquad I_L=I_P$$

$$U_{NN'}=0$$

$$\dot{I}_N=\dot{I}_A+\dot{I}_B+\dot{I}_C\neq 0$$

无中线时，就会出现负载中性点位移现象，各相负载电压不再相等，电压、电流关系如下：

$$\dot{U}_{UV}=\dot{U}_{UN'}-\dot{U}_{VN'} \qquad I_L=I_P$$

$$\dot{U}_{UW}=\dot{U}_{VN'}-\dot{U}_{WN'} \qquad U_L\neq\sqrt{3}U_P$$

$$\dot{U}_{WU}=\dot{U}_{WN'}-\dot{U}_{UN'} \qquad U_{NN'}\neq 0$$

所以，不对称三相负载作 Y 连接时，必须采用三相四线制接法，即 Y_0 接法。而且中线必须牢固联接，以保证三相不对称负载的每相电压维持对称不变。倘若中线断开，会导致三相负载电压的不对称，致使负载轻的那一相的相电压过高，使负载遭受损坏；负载重的一相相电压又过低，使负载不能正常工作。尤其是对于三相照明负载，无条件地一律采用 Y_0 接法。

（2）负载作三角形连接，如图 1-6-1（b）所示。

1）负载对称时，电路中存在以下关系：

$$U_L=U_P \qquad I_L=\sqrt{3}I_P$$

2）负载不对称，电路中电压电流关系如下：

$$\dot{I}_U=\dot{I}_{UV}-\dot{I}_{WU} \qquad U_L=U_P$$

$$\dot{I}_V=\dot{I}_{VW}-\dot{I}_{UV} \qquad I_L\neq\sqrt{3}I_P$$

$$\dot{I}_W=\dot{I}_{UW}-\dot{I}_{VW}$$

当不对称负载作△连接时，虽然 $I_L\neq\sqrt{3}I_P$，但只要电源的线电压 U_L 对称，加在三相负载上的电压仍是对称的，对各相负载工作没有影响。

三、实验仪器与设备

实验所需仪器与设备如表 1-6-1 所示。

表 1-6-1　实验仪器与设备

序号	名称	型号与规格	数量
1	交流电压表	0～500V	1
2	交流电流表	0～5A	1
3	万用表		1
4	三相自耦调压器		1
5	三相灯组负载	220V，15W 白炽灯	9
6	开关		3

四、实验注意事项

（1）本实验采用三相交流市电，线电压为 380V，应穿绝缘鞋进实验室。实验时要注意人身安全，不可触及导电部件，防止意外事故发生。

（2）每次接线完毕，同组同学应自查一遍，然后由指导教师检查后，方可接通电源，必须严格遵守先断电、再接线、后通电；先断电、后拆线的实验操作原则。

（3）星形负载作短路实验时，必须首先断开中线，以免发生短路事故。

（4）为避免烧坏灯泡，在作 Y 连接不平衡负载或缺相实验时，所加线电压应以最高相电压小于 240V 为宜。

（5）实验中不仅要记录仪表读数，还应注意灯泡的明暗变化。

五、实验内容及步骤

（1）三相负载星形连接（三相四线制供电）。按图 1-6-2 接实验电路，即三相灯组负载经三相自耦调压器接通三相对称电源。将三相调压器的旋柄置于输出为 0V 的位置（即逆时针旋到底）。经指导教师检查合格后，方可开启实验台电源，然后调节调压器的输出，使输出的三相线电压为 220V，并按下述内容完成各项实验，分别测量三相负载的线电压、相电压、线电流、相电流、中线电流、电源与负载中点间的电压。将所测得的数据记入表 1-6-2 中，并观察各相灯组亮暗的变化程度，特别要注意观察中线的作用。

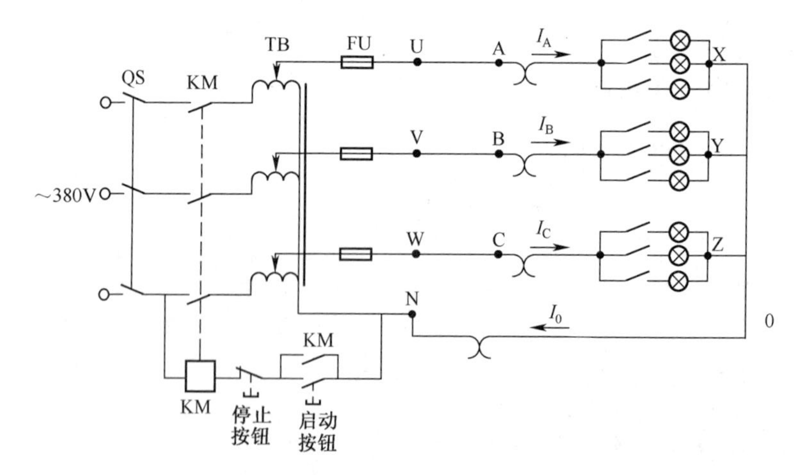

图 1-6-2 星形连接

表 1-6-2　实验测试数据（一）

负载情况	开灯盏数			线电流（A）			线电压（V）			相电压（V）			中线电流 I_0（A）	中点电压 U_{N0}（V）
	A相	B相	C相	I_A	I_B	I_C	U_{AB}	U_{BC}	U_{CA}	U_{A0}	U_{B0}	U_{C0}		
Y_0接平衡负载	3	3	3											
Y 接平衡负载	3	3	3											
Y_0接不平衡负载	1	2	3											
Y 接不平衡负载	1	2	3											
Y_0接 B 相断开	1		3											
Y 接 B 相断开	1		3											
Y 接 B 相短路	1		3											

（2）负载三角形连接（三相三线制供电）。按图 1-6-3 接线，经指导教师检查合格后接通三相电源，并调节调压器，使其输出线电压为 220V，并按表 1-6-3 的内容进行测试。

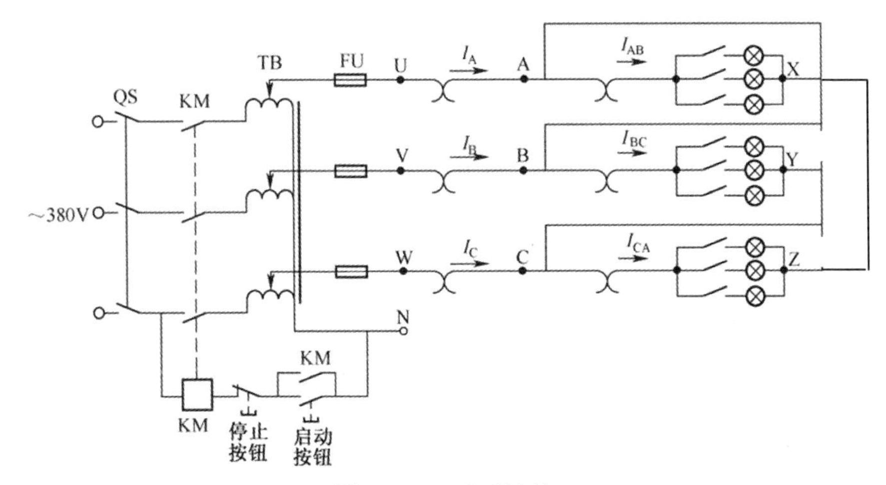

图 1-6-3　三角形连接

表 1-6-3　实验测试数据（二）

负载情况	开灯盏数			线电压=相电压（V）			线电流（A）			相电流（A）		
	A-B 相	B-C 相	C-A 相	U_{AB}	U_{BC}	U_{CA}	I_A	I_B	I_C	I_{AB}	I_{BC}	I_{CA}
三相平衡	3	3	3									
三相不平衡	1	2	3									

六、预习思考题

（1）三相负载根据什么条件作星形或三角形连接？

（2）复习三相交流电路有关内容，试分析三相星形连接不对称负载在无中线情况下，当某相负载开路或短路时会出现什么情况？如果接上中线，情况又如何？

（3）实验中为什么要通过三相调压器将 380V 的市电线电压降为 220V 的线电压使用？

（4）在不对称的情况下，有中线时，各相灯泡亮度是否一样？为什么？无中线时，各相灯泡亮度是否一样？为什么？

（5）在作三角形连接时，若某一相发生短路故障，将会出现什么情况？

（6）在不对称三相四线制电路中，能用二瓦计法测量三相功率吗？

七、实验报告要求

按实验基础知识（三）的要求书写实验报告，并完成以下各项要求。

（1）用实验测得的数据验证对称三相电路中的 $I_L = \sqrt{3}I_P$ 和 $U_L = \sqrt{3}U_P$ 关系。

（2）用实验数据和观察到的现象总结三相四线供电系统中，中线的作用。

（3）不对称三角形联接的负载，能否正常工作？实验是否能证明这一点？

（4）根据不对称负载三角形联接时的相电流值作相量图，并求出线电流值，然后与实验测得的线电流作比较并分析。

（5）写出心得体会。

实验七　互感电路的特性

一、实验目的

（1）学会互感电路同名端、互感系数以及耦合系数的测定方法。

（2）理解两个线圈相对位置的改变，以及用不同材料作线圈芯时对互感的影响。

二、实验原理

（1）同名端的定义。如图 1-7-1 所示，若两个线圈电流 i_1 与 i_2 恰使它们产生的磁通相互加强，则称两个电流的流入端为同名端，在电路图上以*号表示。

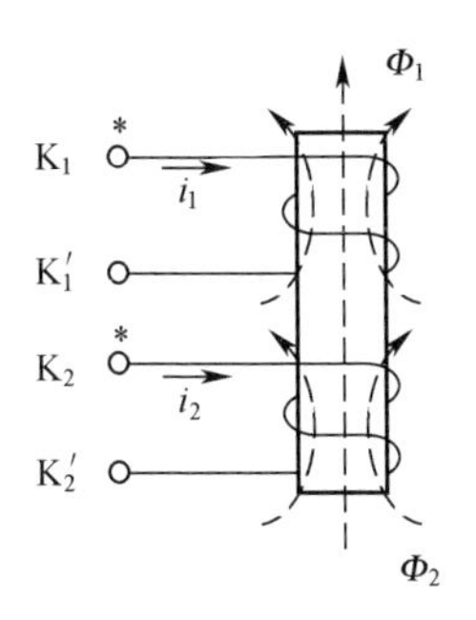

图 1-7-1　线圈同名端

（2）判断互感线圈同名端的方法。

1）根据同名端的定义判断。假如我们知道铁心线圈的缠绕方向，根据同名端的定义，可以判断 K_1、K_2 为同名端。

2）直流法。当电感线圈中的磁通发生变化时，在线圈中将产生感应电动势，感应电动势的产生总是要阻碍磁通的变化。所以，如图 1-7-2 所示，当开关 S 闭合瞬间，若毫安表的指针正偏，就可断定“1”、“3”为同名端；指针反偏，则“1”、“4”为同名端。

3）交流法。如图 1-7-3 所示，将两个绕组 N_1 和 N_2 的任意两端（如 2、4 端）连在一起，在其中的一个绕组（如 N_1）两端加一个交流电压，另一绕组（如 N_2）开路，用交流电压表分别测出端电压 U_{13}、U_{12} 和 U_{34}。若 U_{13} 是两个绕组端压之差，则 1、3 是同名端；若 U_{13} 是两绕组端电压之和，则 1、4 是同名端。

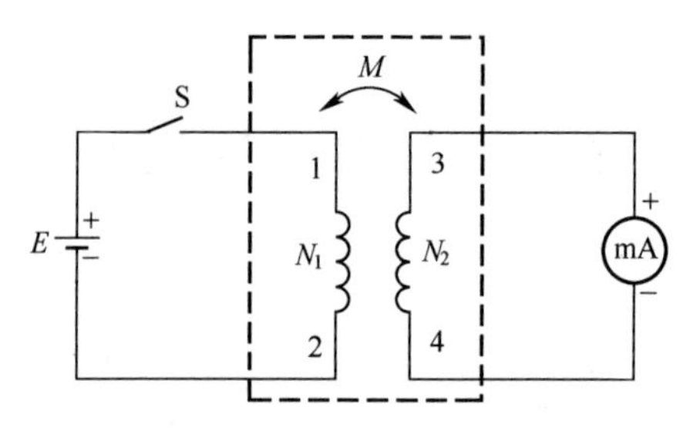

图 1-7-2　直流法测定同名端

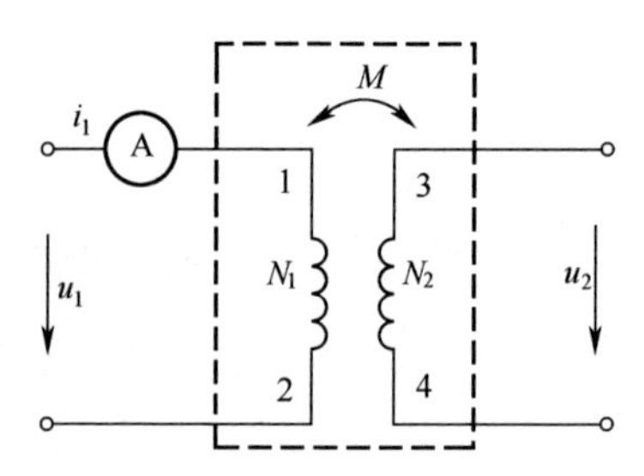

图 1-7-3　交流法测定同名端

（3）两线圈互感系数 M 的测定。在图 1-7-3 的 N_1 侧施加低压交流电压 U_1，测出 I_1 及 U_2。根据互感电势

$$E_{2M} \approx U_{20} = \omega M I_1 \tag{1-7-1}$$

可算得互感系数为

$$M = \frac{U_2}{\omega I_1} \tag{1-7-2}$$

（4）耦合系数 K 的测定。两个互感线圈耦合松紧的程度可用耦合系数 K 来表示

$$K = \frac{M}{\sqrt{L_1 L_2}} \tag{1-7-3}$$

如图 1-7-3 所示，先在 N_1 侧加低压交流电压 U_1，测出 N_2 侧开路时的电流 I_1；然后再在 N_2 侧加电压 U_2，测出 N_1 侧开路时的电流 I_2，求出各自的自感 L_1 和 L_2。

$$L_1 = \frac{U_1}{\omega I_1} \tag{1-7-4}$$

$$L_2 = \frac{U_2}{\omega I_2} \tag{1-7-5}$$

将 L_1 和 L_2 代入式（1-7-3），即可算得 K 值。

三、实验仪器与设备

实验所需仪器与设备如表 1-7-1 所示。

表 1-7-1　实验仪器与设备

序号	名称	型号与规格	数量
1	数字直流电压表	0～200V	1
2	数字直流电流表	0～200mA	2
3	交流电压表	0～500V	1
4	交流电流表	0～5A	1
5	空心互感线圈	N_1 为大线圈 N_2 为小线圈	1 对
6	自耦调压器		1
7	直流稳压电源	0～30V	1
8	电阻器	30Ω/8W 510Ω/2W	各 1
9	发光二极管	红或绿	1
10	粗、细铁棒、铝棒		各 1
11	变压器	36V/220V	1

四、实验注意事项

（1）整个实验过程中，注意电流线圈 N_1 和电流过线圈 N_2 的电流不得过大，以防线圈过热烧坏。

（2）测定同名端及其他测量数据的实验中，都应将小线圈 N_2 套在大线圈 N_1 中，并插入铁心。

（3）做交流实验前，首先要检查自耦调压器，要保证手柄置在零位。因实验时加在 N_1 上的电压很小，因此调节时要特别仔细、小心，要随时观察电流表的读数，不得超过规定值。

五、实验内容及步骤

（1）直流法测定互感线圈的同名端。实验线路如图 1-7-4 所示。先将 N_1 和 N_2 两线圈的 4 个接线端子编以 1、2 和 3、4 号。将 N_1、N_2 同芯地套在一起，并放入细铁棒。U 为可调直流稳压电源，调至 10V。流过 N_1 侧的电流不可超过 N_1 线圈的允许电流 0.4A。N_2 侧直接接入 200mA 量程的直流毫安表。将铁棒迅速地拔出和插入，观察毫安表读数正、负的变化，来判定 N_1 和 N_2 两个线圈的同名端。

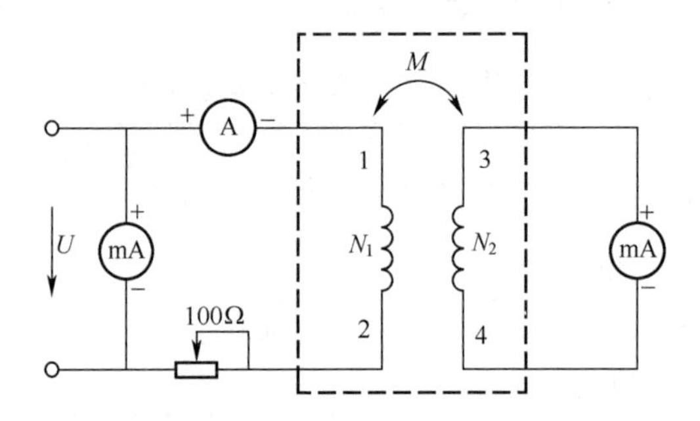

图 1-7-4 直流法测定互感线圈的同名端

（2）交流法测定互感线圈的同名端。实验线路如图 1-7-5 所示，将 N_2 放入 N_1 中，并在两线圈中插入铁棒。A 为 2.5A 以上量程的电流表，N_2 侧开路。

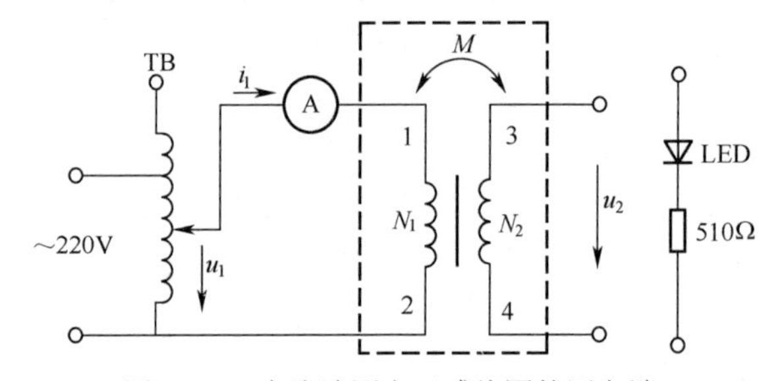

图 1-7-5 交流法测定互感线圈的同名端

接通电源前，应首先检查自耦调压器是否调至零位，确认后方可接通交流电源，令自耦调压器输出一个很低的电压（约 12V 左右，由于加在 N_1 上的电压很小，调压器调节要细心），使流过电流表的电流小于 N_1 线圈的允许电流 0.4A，然后用 0～30V 量程的交流电压表测量 U_{13}、U_{12}、U_{34}，判定同名端。拆去 2、4 连线，并将 2、3 相接，重复上述步骤，判定同名端。

（3）互感系数 M 的测定。拆除 2、3 连线，测 U_1、I_1、U_2，计算出 M。

（4）耦合系数 K 的测定。将低压交流加在 N_2 侧，电流串接在 N_2 线圈电路中，使流过 N_2 侧电流小于 N_2 线圈的允许电流 1A，N_1 侧开路，按步骤（2）测出 U_2、I_2、U_1。

用万用表的 $R\times1$ 挡分别测出 N_1 和 N_2 线圈的电阻值 R_1 和 R_2，最后计算 K 值。

（5）观察互感现象。在图 1-7-5 的 N_2 侧接入 LED 发光二极管与 510Ω串联的支路。

1）将铁棒慢慢地从两线圈中抽出和插入，观察 LED 亮度的变化及各电表读数的变化，记录现象。

2）改变两线圈间距，同时插入铁棒，观察 LED 亮度的变化及仪表读数。

3）改用铝棒替代铁棒，重复 1）、2）的步骤，观察 LED 的亮度变化，记录现象。

六、预习思考题

（1）用直流法判断同名端时，可否根据 S 断开瞬间毫安表指针的正、反偏来判断同名端？

（2）本实验用直流法判断同名端，还可以用插、拔铁心时观察电流表的正、负读数变化来确定，如何确定？这与实验原理中所叙述的方法是否一致？

七、实验报告要求

按实验基础知识（三）的要求书写实验报告，并完成以下各项要求。

（1）总结对互感线圈同名端、互感系数的实验测试方法。

（2）自拟测试数据表格，完成计算任务。

（3）解释实验中观察到的互感现象。

（4）写心得体会。

实验八　单相铁心变压器特性的测试

一、实验目的

（1）通过测量，计算变压器的各项参数。

（2）学会测绘变压器的空载特性与外特性。

二、实验原理

（1）变压器参数的计算公式。图 1-8-1 为测试变压器参数的电路。由各仪表读得变压器原边（AX，低压侧）的 U_1、I_1、P_1 及副边（ax，高压侧）的 U_2、I_2，并用万用表 $R\times1$ 挡测出原、副绕组的电阻 R_1 和 R_2，即可算得变压器的以下各项参数值：

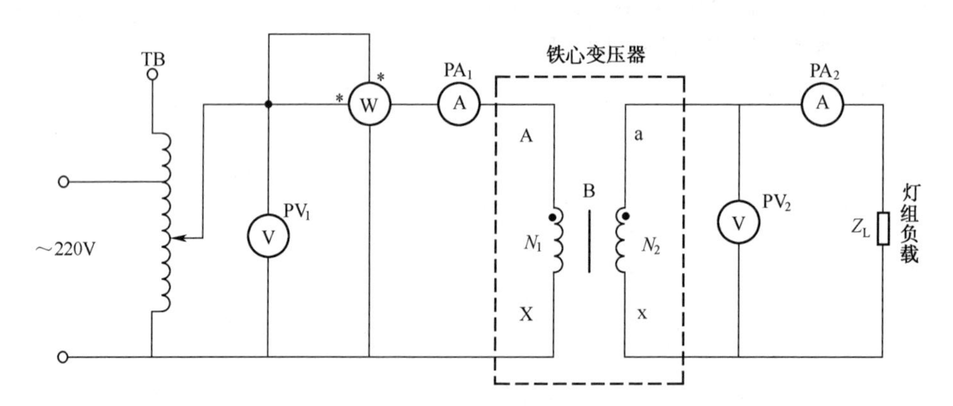

图 1-8-1　测试变压器参数的电路

电压比和电流比：$K_U = \dfrac{U_1}{U_2}$　　$K_I = \dfrac{I_1}{I_2}$

原边阻抗和副边阻抗：$Z_1 = \dfrac{U_1}{I_1}$　　$Z_2 = \dfrac{U_2}{I_2}$

功率因数：$\cos\varphi_2 \approx \cos\varphi_1 = \dfrac{P_1}{U_1 I_1}$

负载功率：$P_2 = U_2 I_2 \cos\varphi_2$

损耗功率：$P_0 = P_1 - P_2$

原边和副边线圈铜耗：$P_{Cu1} = I_1^2 R_1$　　$P_{Cu2} = I_2^2 R_2$

铁耗：$P_{Fe} = P_0 - (P_{Cu1} + P_{Cu2})$

（2）变压器空载特性测试。铁心变压器是一个非线性元件，铁心中的磁感应强度 B 决定于外加电压的有效值 U。当副边开路（即空载）时，原边的励磁电流 I_{10} 与磁场强度 H 成正比。在变压器中，副边空载时，原边电压与电流的关系称为变压器的空载特性，这与铁心的磁化曲线（B-H 曲线）是一致的。

空载实验通常是将高压侧开路，由低压侧通电进行测量，又因空载时功率因数很低，故测量功率时应采用低功率因数瓦特表。此外，因变压器空载时阻抗很大，故电压表应接在电流表外侧。

（3）变压器外特性测试。为了满足三组灯泡负载额定电压为 220V 的要求，故以变压器的低压（36V）绕组作为原边，220V 的高压绕组作为副边，即当作一台升压变压器使用。

在保持原边电压 U_1（36V）不变时，逐次增加灯泡负载（每只灯为 15W），测定 U_1、U_2、I_1 和 I_2，即可绘出变压器的外特性，即负载特性曲线 $U_2=f(I_2)$。

三、实验仪器与设备

实验所需仪器与设备如表 1-8-1 所示。

表 1-8-1　实验仪器与设备

序号	名称	型号与规格	数量
1	交流电压表	0～450V	2
2	交流电流表	0～5A	2
3	单相功率表	450V，5A	1
4	实验变压器	220V/36V，50VA	1
5	自耦调压器		1
6	白炽灯	220V，15W	5

四、实验注意事项

（1）本实验是将变压器作为升压变压器使用，并用调节调压器提供原边电压 U_1，故使用调压器时应首先调至零位，然后才可合上电源。此外，必须用电压表监视调压器的输出电压，防止被测变压器输出过高电压而损坏实验设备，且要注意安全，以防高压触电。

（2）由负载实验转到空载实验时，要注意及时变更仪表量程。

（3）遇异常情况，应立即断开电源，待处理好故障后，再继续实验。

五、实验内容及步骤

（1）用交流法判别变压器绕组的同名端。

（2）按图 1-8-1 线路接线，其中 A、X 为变压器的低压绕组，a、x 为变压器的高压绕组。电源经调压器接至低压绕组，高压绕组接 Z_L 即 15W 的灯组负载，经指导教师检查后方可进行实验。

（3）将调压器手柄置于输出电压为零的位置（逆时针旋到底），合上电源开关，并调节调压器，使其输出电压为 36V。令负载开路及逐次增加负载（最多亮 5 个灯泡），分别记下 5 个仪表的读数，记入自拟的数据表格，绘制变压器外特性曲线。实验完毕将调压器调回零位，断开电源。

当负载为 4 个及 5 个灯泡时，变压器已处于超载运行状态，很容易烧坏。因此，测试和记录应尽量快。实验时，可先将 5 个灯泡并联安装好，断开控制每个灯泡的相应开关，通电且电压调至规定值后，再逐一打开各个灯的开关，并记录仪表读数。待数据记录完毕后，立即用相应的开关断开各灯。

（4）将高压侧（副边）开路，确认调压器处在零位后，合上电源，调节调压器输出电压，使 U_1 从零逐次上升到 1.2 倍的额定电压（1.2×36V），分别记下各次测得的 U_1，空载电压 U_{20} 和空载电流 I_{10} 数据，记入自拟的数据表格，用 U_1 和 I_{10} 绘制变压器的空载特性曲线。

六、预习思考题

按实验基础知识（三）的要求书写实验报告，并完成以下各项要求。

（1）为什么本实验将低压绕组作为原边进行通电实验？此时，在实验过程中应注意什么问题?

（2）为什么变压器的励磁参数一定是在空载实验加额定电压的情况下求出？

七、实验报告要求

（1）根据实验内容自拟数据表格，绘出变压器的外特性和空载特性曲线。

（2）根据额定负载时测得的数据计算变压器的各项参数。

（3）写出心得体会。

实验九　三相鼠笼式异步电动机

一、实验目的

（1）熟悉三相鼠笼式异步电动机的结构和额定值。
（2）学习测量异步电动机绝缘的方法。
（3）学习三相异步电动机定子绕组首、末端的判别方法。
（4）掌握三相鼠笼式异步电动机的起动和反转方法。

二、实验原理

（1）三相鼠笼式异步电动机的结构。

异步电动机是基于电磁原理把交流电能转换为机械能的一种旋转电机。三相鼠笼式异步电动机的基本结构有定子和转子两大部分。定子主要由定子铁心、三相对称定子绕组和机座等组成，是电动机的静止部分。

三相定子绕组一般有六根引出线，出线端装在机座外面的接线盒内，如图1-9-1所示，根据三相电源电压的不同，三相定子绕组可以接成星形（Y）或三角形（△），然后与三相交流电源相连。转子主要由转子铁心、转轴、鼠笼式转子绕组、风扇等组成，是电动机的旋转部分。小容量鼠笼式异步电动机的转子绕组大都采用铝浇铸而成，冷却方式一般都采用扇冷式。

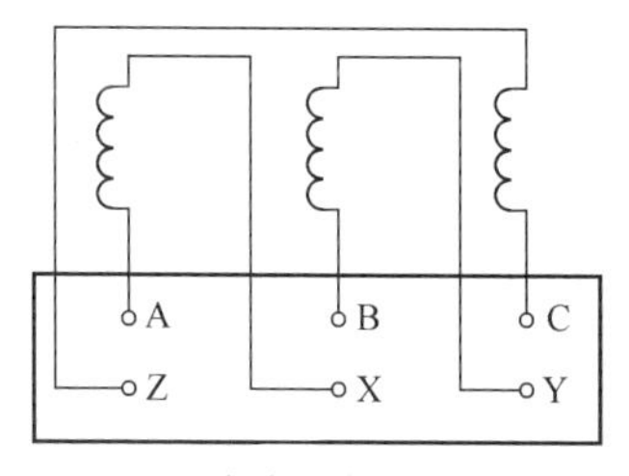

图1-9-1　三相定子绕组

（2）三相鼠笼式异步电动机的铭牌。三相鼠笼式异步电动机的额定值标记在电动机的铭牌上，如下所示为本实验装置三相鼠笼式异步电动机铭牌。

型号 DJ24	电压 380V/220V	接法 Y-△
功率 180W	电流 1.13A/0.65A	转速 1400 转/分
定额 连续		

其中：

1）功率：额定运行情况下，电动机轴上输出的机械功率。

2）电压：额定运行情况下，定子三相绕组应加的电源线电压值。

3）接法：定子三相绕组接法，当额定电压为 380V/220V 时，应为 Y-△接法。

4）电流：额定运行情况下，当电动机输出额定功率时，定子电路的线电流值。

（3）三相鼠笼式异步电动机使用前应作必要的检查。

1）机械检查。检查引出线是否齐全、牢靠，转子转动是否灵活、匀称、有否异常声响等。

2）绝缘检查。用兆欧表检查电机绕组间及绕组与机壳之间的绝缘性能，电动机的绝缘电阻可以用兆欧表进行测量。对额定电压 1kV 以下的电动机，其绝缘电阻值最低不得小于 1000Ω/V，测量方法如图 1-9-2 所示。一般 500V 以下的中小型电动机最低应具有 2MΩ的绝缘电阻。

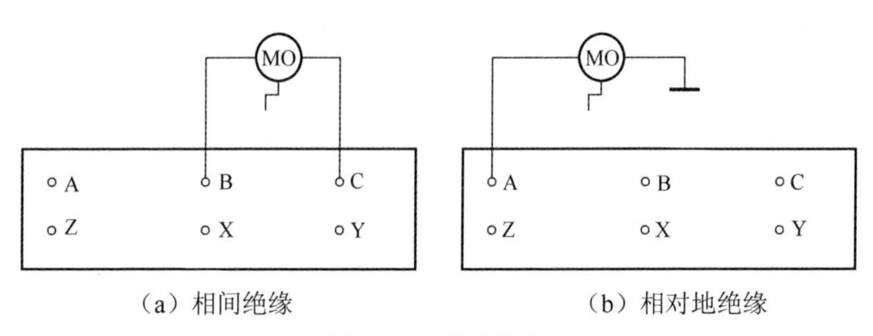

（a）相间绝缘　　（b）相对地绝缘

图 1-9-2　绝缘检查

3）接线检查。异步电动机三相定子绕组的六个出线端有三相首端和三相末端。一般，首端标以 A、B、C，末端标以 X、Y、Z，在接线时如果没有按照首、末端的标记来接，则当电动机起动时磁势和电流就会不平衡，因而引起绕组发热、振动、有噪音，甚至电动机不能起动因过热而烧毁。

定子绕组首、末端的判别方法如下：由于某种原因定子绕组六个出线端标记无法辨认，可以通过实验方法来判别其首、末端（即同名端）。用万用电表欧姆挡从六个出线端确定哪一对引出线是属于同一相的，分别找出三相绕组并标以符号，如 A、X；B、Y；C、Z。将其中的任意两相绕组串联，如图 1-9-3 所示。

将控制屏三相自耦调压器手柄置零位，开启电源总开关，按下起动按钮，接通三相交流电源。调节调压器输出，使在串联两相绕组出线端施以单相低电压

U=80～100V，测出第三相绕组的电压，如测得的电压值有一定读数，表示两相绕组的末端与首端相联，如图 1-9-3（a）所示。反之，如测得的电压近似为零，则两相绕组的末端与末端（或首端与首端）相联，如图 1-9-3（b）所示。用同样方法可测出第三相绕组的首、末端。

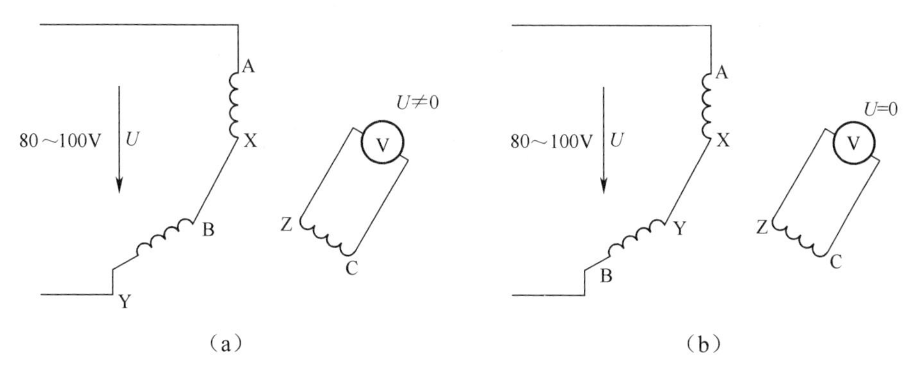

图 1-9-3　定子绕组首、末端的判别

（4）三相鼠笼式异步电动机的起动。鼠笼式异步电动机的直接起动电流可达额定电流的 4～7 倍，但持续时间很短，不致引起电动机过热而烧坏。但对容量较大的电动机，过大的起动电流会导致电网电压的下降而影响其他的负载正常运行，通常采用降压起动，最常用的是 Y-△换接起动，它可使起动电流减小到直接起动的 1/3。其使用的条件是正常运行必须作△接法。

（5）三相鼠笼式异步电动机的反转。异步电动机的旋转方向取决于三相电源接入定子绕组时的相序，故只要改变三相电源与定子绕组连接的相序即可使电动机改变旋转方向。

三、实验仪器与设备

实验仪器与设备如表 1-9-1 所示。

表 1-9-1　实验仪器与设备

序号	名称	型号与规格	数量
1	三相交流电源	380V、220V	1
2	三相鼠笼式异步电动机	DJ24	1
3	兆欧表	500V	1
4	交流电压表	0～500V	1
5	交流电流表	0～5A	1
6	万用电表		1

四、实验注意事项

（1）本实验系强电实验，接线前（包括改接线路）、实验后都必须断开实验线路的电源，特别改接线路和拆线时必须遵守“先断电，后拆线”的原则。电动机在运转时，电压和转速均很高，切勿触碰导电和转动部分，以免发生人身和设备事故。为了确保安全，学生应穿绝缘鞋进入实验室。接线或改接线路必须经指导教师检查后方可进行实验。

（2）起动电流持续时间很短，且只能在接通电源的瞬间读取电流表指针偏转的最大读数，（因指针偏转的惯性，此读数与实际的起动电流数据略有误差），如错过这一瞬间，须将电动机停下来，待停稳后，重新起动读取数据。

（3）单相（即缺相）运行时间不能太长，以免过大的电流导致电动机的损坏。

五、实验内容及步骤

（1）抄录三相鼠笼式异步电动机的铭牌数据，并观察其结构。

（2）用万用电表判别三相定子绕组。

（3）用串联两绕组加电压测量第三绕组感应电压的方法判别定子绕组的首、末端。

（4）用兆欧表测量电动机的绝缘电阻，记录于表 1-9-2 中。

表 1-9-2　电动机的绝缘电阻测量

各相（绕组）之间的绝缘电阻（MΩ）		绕组对地（机座）之间的绝缘电阻（MΩ）	
A－B		A－地	
B－C		B－地	
C－A		C－地	

（5）鼠笼式异步电动机的直接起动。

1）采用 380V 三相交流电源。将三相自耦调压器手柄置于输出电压为零的位置；根据电动机的容量选择交流电流表合适的量程。

开启控制屏上三相电源总开关，按起动按钮，此时自耦调压器原绕组端 U_1、V_1、W_1 得电，调节调压器输出使 U、V、W 端输出线电压为 380V，三相电压应基本平衡。保持自耦调压器手柄位置不变，按停止按钮，自耦调压器断电。

①按图 1-9-4 接线，电动机三相定子绕组接成 Y 接法；供电线电压为 380V。

②按控制屏上的起动按钮，电动机直接起动，观察起动瞬间电流冲击情况及电动机旋转方向，记录起动电流。当起动运行稳定后，将电流表量程切换至较小量程挡位上，记录空载电流。

③电动机稳定运行后，突然断开 U、V、W 中的任一相电源（注意小心操作，以免触电），观测电动机作两相运行时电流表的读数并记录之，再仔细倾听电动机的运行声音有何变化（可由指导教师作示范操作）。

④电动机起动之前先断开 U、V、W 中的任一相，作缺相起动，观测电流表读数并记录，观察电动机能否运行，再仔细倾听电动机有否发出异常的声响。

⑤实验完毕，按控制屏停止按钮，切断实验线路三相电源。

2）采用 220V 三相交流电源。调节调压器输出使输出线电压为 220V，电动机定子绕组接成△接法。

按图 1-9-5 接线，重复 1）中各项内容并记录。

3）异步电动机的反转。按图 1-9-6 所示电路接线，按起动按钮起动电动机，观察起动电流及电动机旋转方向是否反转。

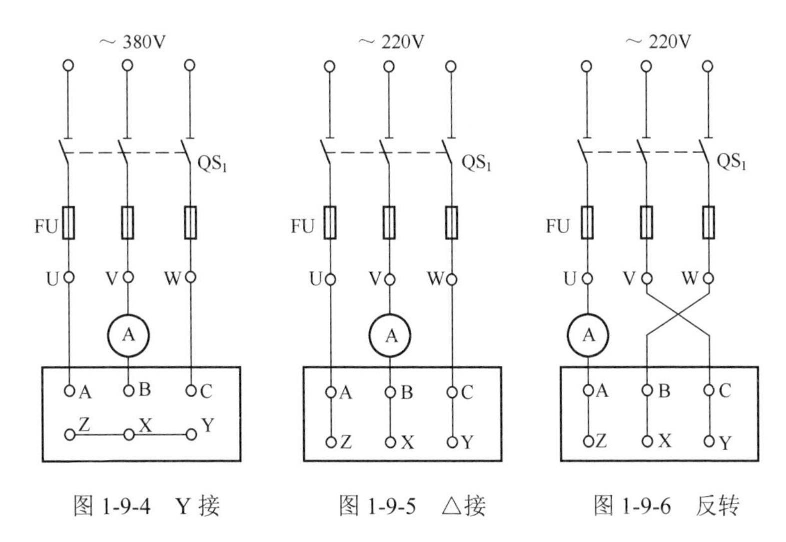

图 1-9-4　Y 接　　图 1-9-5　△接　　图 1-9-6　反转

实验完毕，将自耦调压器调回零位，按停止按钮，切断实验线路三相电源。

六、预习思考题

（1）如何判断异步电动机的六个引出线，如何连接成 Y 形或△形，又根据什么来确定该电动机为 Y 接或△接？

（2）缺相是三相电动机运行中的一大故障，在起动或运转时发生缺相，会出现什么现象？有何后果？

（3）电动机转子被卡住不能转动，如果定子绕组接通三相电源将会发生什么后果？

七、实验报告要求

按实验基础知识（三）的要求书写实验报告，并完成以下各项要求。

（1）总结对三相鼠笼式异步电动机的绝缘性能检查的结果，判断该电动机是否完好可用？

（2）对三相鼠笼式异步电动机的起动、反转及各种故障情况进行分析。

实验十　三相鼠笼式异步电动机正反转控制

一、实验目的

（1）通过对三相鼠笼式异步电动机正反转控制线路的安装接线，掌握由电气原理图接成实际操作电路的方法。

（2）加深对电气控制系统各种保护、自锁、互锁等环节的理解。

（3）学会分析、排除控制线路故障的方法。

二、实验原理

在鼠笼机正反转控制线路中，通过相序的更换来改变电动机的旋转方向。本实验给出两种不同的正、反转控制线路，如图 1-10-1 及图 1-10-2 所示，具有如下特点：

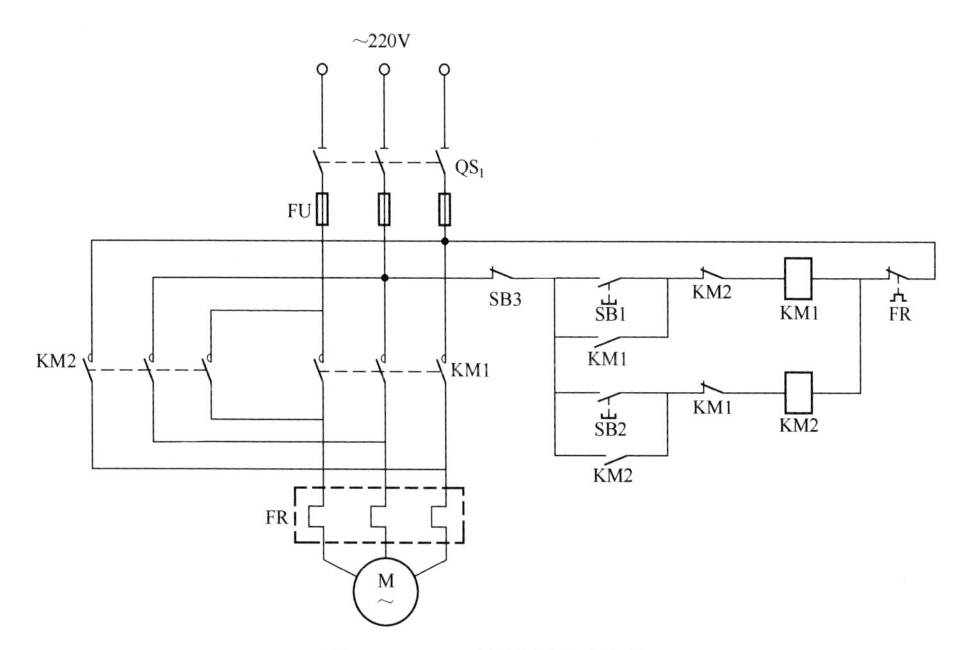

图 1-10-1　正反转控制实验线路

（1）电气互锁。为了避免接触器 KM1（正转）、KM2（反转）同时得电吸合造成三相电源短路，在 KM1（KM2）线圈支路中串接有 KM1（KM2）动断触头，它们保证了线路工作时 KM1、KM2 不会同时得电（如图 1-10-1 所示），以达到电气互锁目的。

（2）电气和机械双重互锁。除电气互锁外，可再采用复合按钮 SB1 与 SB2 组成的机械互锁环节（如图 1-10-2 所示），以求线路工作更加可靠。

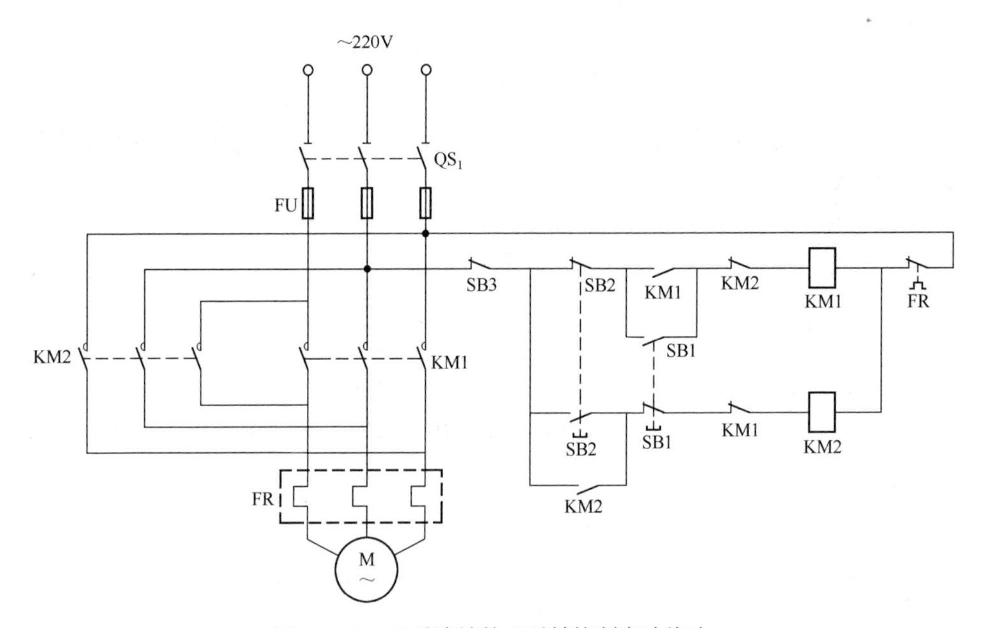

图 1-10-2 双重连锁的正反转控制实验线路

（3）线路具有短路、过载、失、欠压保护等功能。

三、实验仪器与设备

实验所需仪器与设备如表 1-10-1 所示。

表 1-10-1 实验仪器与设备

序号	名称	型号与规格	数量
1	三相交流电源	380/220V	
2	三相鼠笼式异步电动机	DJ24	1
3	交流接触器	JZC4-40	2
4	按钮		3
5	热继电器	D9305d	1
6	交流电压表	0～500V	1
7	万用电表		1

四、实验注意事项

（1）接通电源后，按起动按钮（SB1 或 SB2），接触器吸合，但电动机不转且发出“嗡嗡”声响；或者虽能起动，但转速很慢。这种故障大多是主回路一相断线或电源缺相。

（2）接通电源后，按起动按钮（SB1 或 SB2），若接触器通断频繁，且发出连续的劈啪声或吸合不牢，发出颤动声，此类故障的原因可能是：

1）线路接错，将接触器线圈与自身的动断触头串在一条回路上了。

2）自锁触头接触不良，时通时断。

3）接触器铁心上的短路环脱落或断裂。

4）电源电压过低或与接触器线圈电压等级不匹配。

五、实验内容及步骤

（1）熟悉设备，做好准备工作。

1）认识各电器的结构、抄录电动机及各电器铭牌数据。

2）认识图形符号、接线方法，并用万用电表欧姆挡检查各电器线圈、触头是否完好。

3）鼠笼机接成△接法，实验线路电源端接三相自耦调压器输出端 U、V、W，供电线电压为 220V。

（2）接触器连锁的正反转控制线路。按图 1-10-1 接线，经指导教师检查后，方可进行通电操作。

1）开启控制屏电源总开关，按起动按钮，调节调压器输出，使输出线电压为 220V。

2）按正向起动按钮 SB1，观察并记录电动机的转向和接触器的运行情况。

3）按反向起动按钮 SB2，观察并记录电动机和接触器的运行情况。

4）按停止按钮 SB3，观察并记录电动机的转向和接触器的运行情况。

5）再按 SB2，观察并记录电动机的转向和接触器的运行情况。

6）实验完毕，按控制屏停止按钮，切断三相交流电源。

（3）接触器和按钮双重联锁的正反转控制线路。按图 1-10-2 接线，经指导教师检查后，方可进行通电操作。

1）按控制屏起动按钮，接通 220V 三相交流电源。

2）按正向起动按钮 SB1，电动机正向起动，观察电动机的转向及接触器的动作情况。按停止按钮 SB3，使电动机停转。

3）按反向起动按钮 SB2，电动机反向起动，观察电动机的转向及接触器的动作情况。按停止按钮 SB3，使电动机停转。

4）按正向（或反向）起动按钮，电动机起动后，再去按反向（或正向）起动按钮，观察有何情况发生？

5）电动机停稳后，同时按正、反向两只起动按钮，观察有何情况发生？

6）失压与欠压保护。按起动按钮 SB1（或 SB2）电动机起动后，按控制屏停止按钮，断开实验线路三相电源，模拟电动机失压（或零压）状态，观察电动机与接触器的动作情况，随后再按控制屏上的起动按钮，接通三相电源，但不按 SB1（或 SB2），观察电动机能否自行起动？

重新起动电动机后，逐渐减小三相自耦调压器的输出电压，直至接触器释放，观察电动机是否自行停转。

7）过载保护。打开热继电器的后盖，当电动机起动后，人为拨动双金属片模拟电动机过载情况，观察电机、电器动作情况。

注意：此项内容较难操作且危险，有条件可由指导教师作示范操作。

实验完毕，将自耦调压器调回零位，按控制屏停止按钮，切断实验线路电源。

六、预习思考题

（1）在电动机正、反转控制线路中，为什么必须保证两个接触器不能同时工作？采用哪些措施可解决此问题？这些方法有何利弊？最佳方案是什么？

（2）在控制线路中，短路、过载、失、欠压保护等功能是如何实现的？在实际运行过程中，这几种保护有何意义？

七、实验报告及要求

按实验基础知识（三）的要求书写实验报告，并完成以下各项要求。

（1）画出异步电动机正反转控制线路的电气原理图，分析起动和停止的操作过程。

（2）对三相鼠笼机电气控制系统各种保护、自锁、互锁等环节进行分析。

第二篇　电子实验

实验一　常用电子仪器的使用

一、实验目的

（1）学习电子电路实验中常用的电子仪器：如示波器、函数信号发生器、直流稳压电源、交流毫伏表、频率计等的主要技术指标、性能及正确使用方法。

（2）初步掌握用双踪示波器观察正弦信号波形和读取波形参数的方法。

二、实验原理

在模拟电子电路实验中，经常使用的电子仪器有示波器、函数信号发生器、直流稳压电源、交流毫伏表及频率计等。它们和万用电表一起，可以完成对模拟电子电路的静态和动态工作情况的测试。

实验中要对各种电子仪器进行综合使用，可按照信号流向，以连线简捷、调节顺手、观察与读数方便等原则进行合理布局，各仪器与被测实验装置之间的布局与连接如图 2-1-1 所示。接线时应注意，为防止外界干扰，各仪器的公共接地端应连接在一起，称共地。信号源和交流毫伏表的引线通常用屏蔽线或专用电缆线，示波器接线使用专用电缆线，直流电源的接线用普通导线。

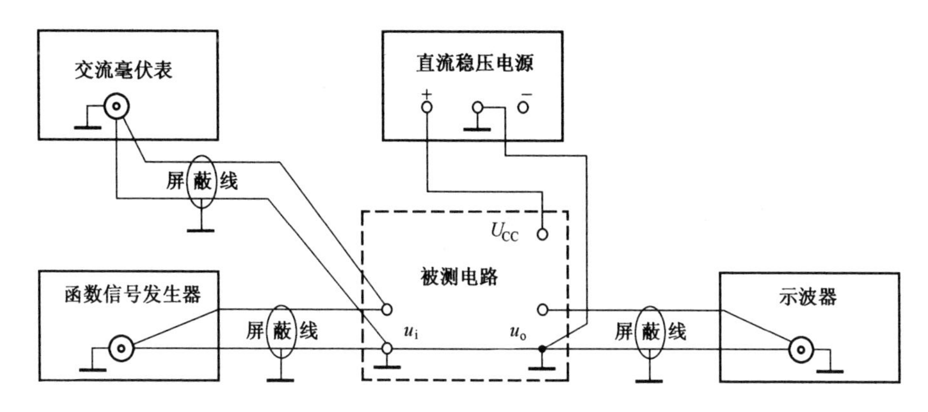

图 2-1-1　模拟电子电路中常用电子仪器布局图

1. 示波器

示波器是一种用途很广的电子测量仪器，它既能直接显示电信号的波形，又能对电信号进行各种参数的测量。双踪示波器可同时显示两路信号的波形，以便比较相位关系。现以 COS5020 型双踪示波器（如图 2-1-2 所示）为例，着重指出下列几点：

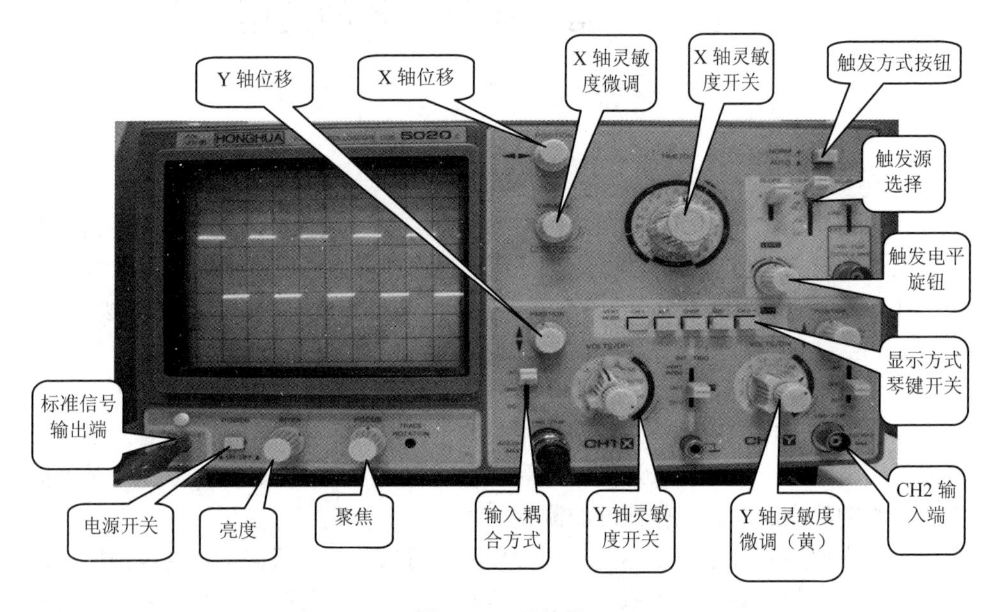

图 2-1-2 示波器

（1）寻找扫描光迹。将示波器 Y 轴显示方式置 CH1 或 CH2，输入耦合方式开关置 GND，触发方式开关置“自动”。开机预热后，若在显示屏上不出现扫描基线，可按下列操作去找到扫描线：①适当调节亮度旋钮；②适当调节“Y 轴位移”和“X 轴位移”旋钮，使扫描光迹位于屏幕中央。

（2）双踪示波器一般有 5 种显示方式，即 CH1、CH2、ADD 三种单踪显示方式和“交替”（ALT）、“断续”（CHOP）两种双踪显示方式。“交替”显示一般适合输入信号频率较高时使用。“断续”显示一般适合输入信号频率较低时使用。

（3）为了显示稳定的被测信号波形，“触发源选择”（SOURCE）开关一般选为“内”触发（INT），使扫描触发信号取自示波器内部的 Y 轴通道。

有时，由于被测信号频率较低，选择了较慢的扫描速率，显示屏上将会出现闪烁的波形，但波形不在 X 轴方向左右移动，这样的现象仍属于稳定显示。

（4）在测量幅值时，应注意将“Y 轴灵敏度微调”旋钮置于“校准”位置，即顺时针旋转到底，在测量周期和频率时，应注意将“X 轴扫速微调”旋钮置于

“校准”位置，即顺时针旋到底，且听到关的声音。还要注意“扩展”旋钮（拉×10）的位置。

根据被测波形在屏幕坐标刻度上垂直方向所占的格数（div 或 cm）与“Y 轴灵敏度”开关指示值（V/div）的乘积，即可算得信号幅值的实测值。

根据被测信号波形一个周期在屏幕坐标刻度水平方向所占的格数（div 或 cm）与“扫速”开关指示值（t/div）的乘积，即可算得信号频率的实测值。

2. 交流毫伏表

交流毫伏表只能在其工作频率范围之内，用来测量正弦交流电压的有效值。信号从输入端输入，量程开关所指电压刻度为满偏值。为了防止过载而损坏，测量前一般先把量程开关置于量程较大位置上，然后在测量中逐挡减小量程。在实验中，通常交流信号都要用毫伏表测量（如图 2-1-3 所示）。

图 2-1-3　交流毫伏表

3. 函数信号发生器

函数信号发生器（如图 2-1-4 所示）也称信号源，用作电路的输入信号。可按需要输出正弦波、方波、三角波三种信号波形。通过输出幅度调节旋钮，可使输出电压在毫伏级到伏级范围内连续调节。函数信号发生器的输出信号频率可以通过频率分挡开关（F1、F2、F3）和频率调节旋钮进行调节。

函数信号发生器作为信号源，它的输出端不允许短路。

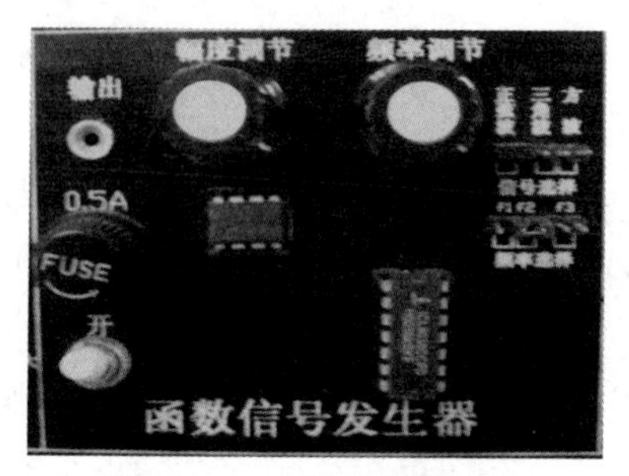

图 2-1-4　函数信号发生器

4. 频率计

频率计（如图 2-1-5 所示）用来测量信号的频率。“输入选择开关”置“内”表示测量设备自身的信号发生器输出频率（内部已接通），置“外”表示测量输入端信号频率。

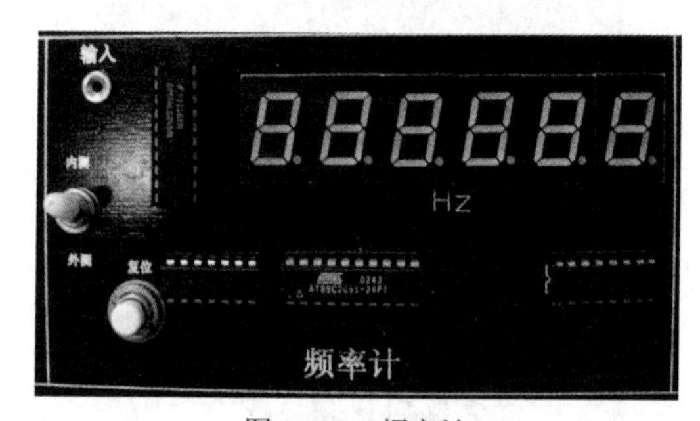

图 2-1-5　频率计

三、实验设备与器件

函数信号发生器，双踪示波器，交流毫伏表，频率计。

四、实验内容

（1）用机内校正信号对示波器进行自检。

1）扫描基线调节。将示波器的显示方式开关置于“单踪”显示（CH1 或 CH2），输入耦合方式开关置 GND，触发方式开关置于“自动”。开启电源开关后，调节“辉度”、“聚焦”、“辅助聚焦”等旋钮，使荧光屏上显示一条细而且亮度适中的扫描基线，然后调节“X 轴位移”（⇄）和“Y 轴位移”（⇅）旋钮，使扫描线位于屏幕中央，并且能上下左右移动自如。

2）测试“校准信号”波形的幅度、频率。将示波器的“校准信号”通过专用电缆线引入选定的 Y 通道（CH1 或 CH2），将 Y 轴输入耦合方式开关置于 AC 或

DC，触发源选择开关置“内”，内触发源选择开关置 CH1 或 CH2。调节“X 轴灵敏度”开关（t/div）和“Y 轴灵敏度”开关（V/div），使示波器显示屏上显示出一个或数个周期稳定的方波波形，调节触发电平旋钮使波形稳定（各按钮、开关如图 2-1-2 所示位置）。当波器显示屏上显示出稳定的方波波形后，调节各按钮开关，熟悉其作用。

①校准“校准信号”幅度。将“Y 轴灵敏度微调”旋钮置“校准”位置，“Y 轴灵敏度”开关置适当位置，读取校正信号幅度，记入表 2-1-1 中。

$$U=\text{V/div}（挡位）\times \text{Y 轴格数}$$

表 2-1-1　实验测量数据（一）

	标准值	实测值
幅度 Up-p（V）	0.5V	
频率 f（kHz）	1000kHz	

注：不同型号示波器标准值有所不同，请按所使用示波器将标准值填入表格中。

②校准“校准信号”频率。将“X 轴灵敏度”微调旋钮置“校准”位置，“扫速”开关置适当位置，读取校准信号周期，记入表 2-1-1 中。

$$T=\text{t/div}（挡位）\times \text{X 轴格数}$$

（2）用示波器和交流毫伏表测量信号参数。

调节函数信号发生器有关旋钮，使输出频率分别为 1kHz、100kHz，有效值均为 1V（交流毫伏表测量值）的正弦波信号。

改变示波器“X 轴灵敏度”开关及“Y 轴灵敏度”开关等位置， 测量信号源输出电压频率及峰峰值，记入表 2-1-2。

表 2-1-2　实验测量数据（二）

信号电压频率	示波器测量值		信号电压毫伏表读数（V）	示波器测量值	
	周期（ms）	频率（Hz）		峰峰值（V）	有效值（V）
1kHz			1		
100kHz			1		

（3）测量两波形间相位差。

1）按图 2-1-6 连接实验电路，将函数信号发生器的输出电压调至频率为 10kHz、幅值为 2V 的正弦波，经 RC 移相网络获得频率相同但相位不同的两路信

号 u_i 和 u_2，分别加到双踪示波器的 CH1 和 CH2 输入端。

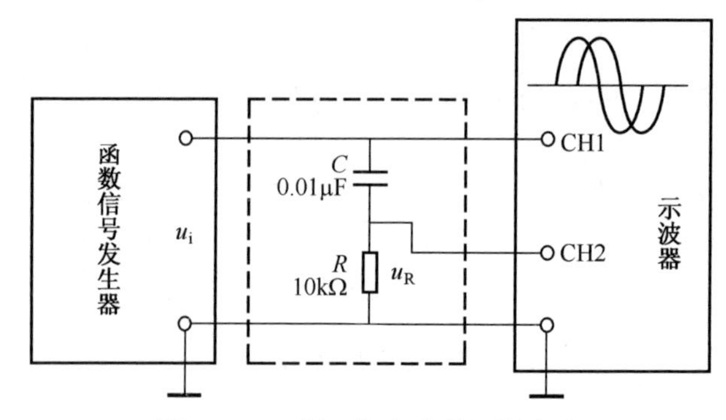

图 2-1-6　两波形间相位差测量电路

2）把显示方式开关置“交替”（ALT）挡位，内触发源选择开关置 CH1 或 CH2，调节触发电平、“X 轴灵敏度”开关及 Y 轴灵敏度开关位置，使在荧屏上显示出易于观察的两个相位不同的正弦波形 u_1 及 u_2，如图 2-1-7 所示。根据两波形在水平方向差距 X 及信号周期 X_T，则可求得两波形相位差。

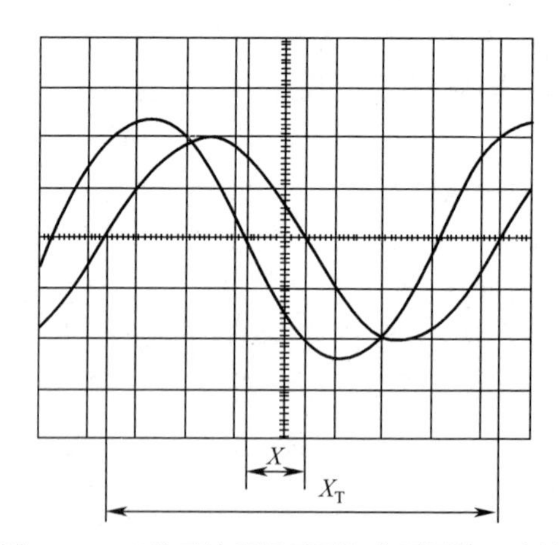

图 2-1-7　双踪示波器显示两相位不同的正弦波

$$\theta = \frac{X(\text{div})}{X_T(\text{div})} \times 360^\circ$$

式中　X_T——一周期所占格数；

X——两波形在 X 轴方向差距格数。

记录两波形相位差于表 2-1-3 中。

表 2-1-3　实验测量数据（三）

一周期格数	两波形 X 轴差距格数	相位差	
		实测值	计算值
X_T=	X=	θ=	θ=

为读数和计算方便，可适当调节扫速开关及微调旋钮，使波形一周期占整数格。

五、实验预习要求

（1）认真阅读实验指导书中有关示波器部分内容。

（2）已知 C=0.01μF、R=10kΩ，计算图 2-1-6 中 RC 移相网络的阻抗角θ。

六、实验报告要求

按实验基础知识（三）的要求书写实验报告，并完成以下各项要求：

（1）整理实验数据，并进行分析。

（2）问题讨论。

1）如何操纵示波器有关旋钮，以便从示波器显示屏上观察到稳定、清晰的波形？

2）用双踪显示波形，并要求比较相位时，为在显示屏上得到稳定波形，应怎样选择下列开关的位置？

①显示方式选择（CH1；CH2；ADD；交替；断续）

②触发方式（常态；自动）

③触发源选择（内；外）

④内触发源选择（CH1、CH2、交替）

（3）函数信号发生器有哪几种输出波形？它的输出端能否短接？

（4）交流毫伏表是用来测量正弦波电压还是非正弦波电压？它的表头指示值是被测信号的什么数值？它是否可以用来测量直流电压的大小？

实验二　晶体管共射极单管放大器

一、实验目的

（1）学会放大器静态工作点的调试方法，分析静态工作点对放大器性能的影响。

（2）掌握放大器电压放大倍数、输入电阻、输出电阻及最大不失真输出电压的测试方法。

（3）熟悉常用电子仪器及模拟电路实验设备的使用。

二、实验原理

图 2-2-1 所示为电阻分压式工作点稳定单管放大器实验电路图。它的偏置电路采用 R_{B1} 和 R_{B2} 组成的分压电路，并在发射极中接有电阻 R_E，以稳定放大器的静态工作点。当在放大器的输入端加入输入信号 u_i 后，在放大器的输出端便可得到一个与 u_i 相位相反，幅值被放大了的输出信号 u_o，从而实现了电压放大。

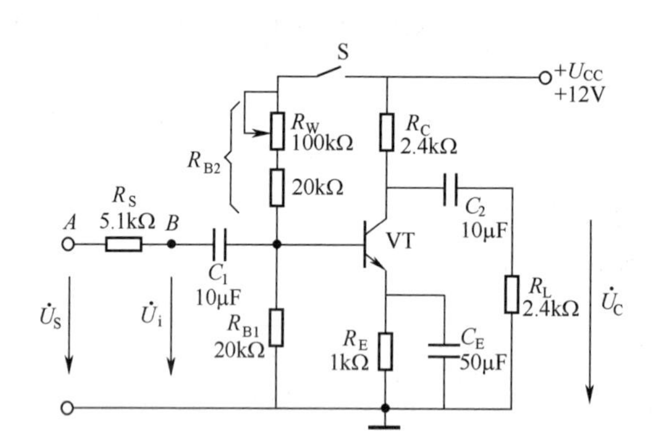

图 2-2-1　共射极单管放大器实验电路

在图 2-2-1 所示的电路中，当流过偏置电阻 R_{B1} 和 R_{B2} 的电流远大于晶体管 VT 的基极电流 I_B 时（一般 5～10 倍），则它的静态工作点可用下式估算

$$U_B \approx \frac{R_{B1}}{R_{B1}+R_{B2}} U_{CC}$$

$$I_E \approx \frac{U_B - U_{BE}}{R_E} \approx I_C$$

$$U_{CE}=U_{CC}-I_C(R_C+R_E)$$

电压放大倍数

$$A_V=-\beta\frac{R_C\ //\ R_L}{r_{be}}$$

输入电阻

$$R_i=R_{B1}//R_{B2}//r_{be}$$

输出电阻

$$R_o\approx R_C$$

由于电子器件性能的分散性比较大，因此在设计和制作晶体管放大电路时，离不开测量和调试技术。在设计前应测量所用元器件的参数，为电路设计提供必要的依据，在完成设计和装配以后，还必须测量和调试放大器的静态工作点和各项性能指标。一个优质的放大器必定是理论设计与实验调整相结合的产物。因此，除了学习放大器的理论知识和设计方法外，还必须掌握必要的测量和调试技术。

放大器的测量和调试一般包括放大器静态工作点的测量与调试，消除干扰与自激振荡及放大器各项动态参数的测量与调试等。

1. 放大器静态工作点的测量与调试

（1）静态工作点的测量。测量放大器的静态工作点，应在输入信号 u_i=0 的情况下进行，即将放大器输入端与地端短接，然后选用量程合适的直流毫安表和直流电压表，分别测量晶体管的集电极电流 I_C 以及各电极对地的电位 U_B、U_C 和 U_E。一般实验中，为了避免断开集电极，所以采用测量电压 U_E 或 U_C，然后算出 I_C 的方法，例如，只要测出 U_E，即可用 $I_C\approx I_E=\frac{U_E}{R_E}$ 算出 I_C（也可根据 $I_C=\frac{U_{CC}-U_C}{R_C}$，由 U_C 确定 I_C），同时也能算出 $U_{BE}=U_B-U_E$，$U_{CE}=U_C-U_E$。

为了减小误差，提高测量精度，应选用内阻较高的直流电压表。

（2）静态工作点的调试。放大器静态工作点的调试是指对管子集电极电流 I_C（或 U_{CE}）的调整与测试。

静态工作点是否合适，对放大器的性能和输出波形都有很大影响。如工作点偏高，放大器在加入交流信号以后易产生饱和失真，此时 u_o的负半周将被削底，如图 2-2-2（a）所示；如工作点偏低则易产生截止失真，即 u_o的正半周被缩顶（一般截止失真不如饱和失真明显），如图 2-2-2（b）所示。这些情况都不符合不失真放大的要求。所以在选定工作点以后还必须进行动态调试，即在放大器的输入端加入一定的输入电压 u_i，检查输出电压 u_o的大小和波形是否满足要求。如不满足，则应调节静态工作点的位置。

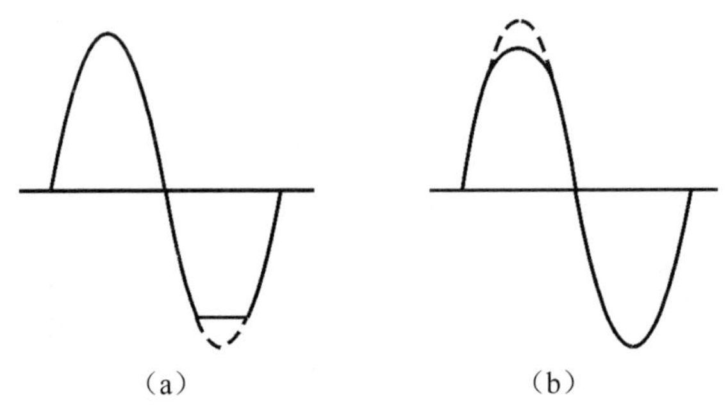

图 2-2-2　静态工作点对 u_o 波形失真的影响

改变电路参数 U_{CC}、R_C、R_B（R_{B1}、R_{B2}）都会引起静态工作点的变化，如图 2-2-3 所示。但通常多采用调节偏置电阻 R_{B2} 的方法来改变静态工作点，如减小 R_{B2}，则可使静态工作点提高等。

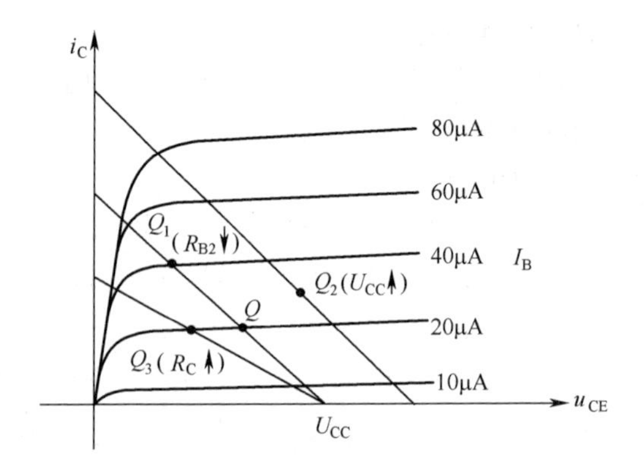

图 2-2-3　电路参数对静态工作点的影响

最后还要说明的是，上面所说的工作点“偏高”或“偏低”不是绝对的，应该是相对信号的幅度而言，如输入信号幅度很小，即使工作点较高或较低也不一定会出现失真。所以确切地说，产生波形失真是信号幅度与静态工作点设置配合不当所致。如需满足较大信号幅度的要求，静态工作点最好尽量靠近交流负载线的中点。

2. 放大器动态指标测试

放大器动态指标包括电压放大倍数、输入电阻、输出电阻、最大不失真输出电压（动态范围）和通频带等。

（1）电压放大倍数 A_V 的测量。调整放大器到合适的静态工作点，然后加入输入电压 u_i，在输出电压 u_o 不失真的情况下，用交流毫伏表测出 u_i 和 u_o 的有效值 U_i 和 U_o，则

$$A_V = \frac{U_o}{U_i}$$

（2）输入电阻 R_i 的测量。为了测量放大器的输入电阻，按图 2-2-4 所示电路在被测放大器的输入端与信号源之间串入一已知电阻 R，在放大器正常工作的情况下，用交流毫伏表测出 U_S 和 U_i，则根据输入电阻的定义可得

$$R_i = \frac{U_i}{I_i} = \frac{U_i}{\frac{U_R}{R}} = \frac{U_i}{U_S - U_i}R$$

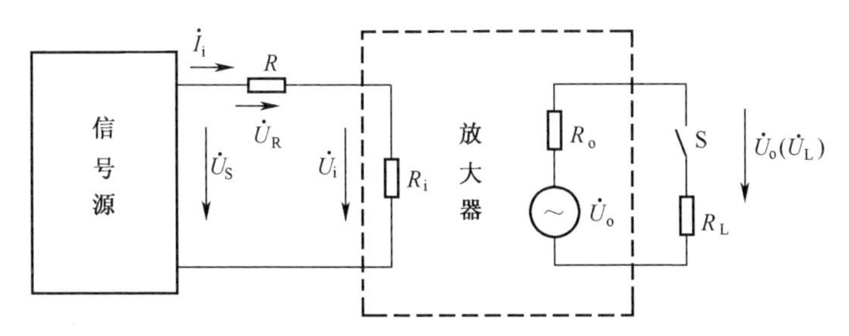

图 2-2-4　输入、输出电阻测量电路

测量时应注意下列几点：

1）由于电阻 R 两端没有电路公共接地点，所以测量 R 两端电压 U_R 时必须分别测出 U_S 和 U_i，然后按 U_R=U_S−U_i 求出 U_R 值。

2）电阻 R 的值不宜取得过大或过小，以免产生较大的测量误差，通常取 R 与 R_i 为同一数量级为好，本实验可取 R=1～2kΩ。

（3）输出电阻 R_o 的测量。按图 2-2-4 所示电路，在放大器正常工作条件下，测出输出端不接负载 R_L 的输出电压 U_o 和接入负载后的输出电压 U_L，根据

$$U_L = \frac{R_L}{R_o + R_L}U_o$$

即可求出

$$R_o = \left(\frac{U_o}{U_L} - 1\right)R_L$$

在测试中应注意，必须保持 R_L 接入前后输入信号的大小不变。

（4）最大不失真输出电压 U_{OPP} 的测量（最大动态范围）。如上所述，为了得到最大动态范围，应将静态工作点调在交流负载线的中点。为此在放大器正常工作情况下，逐步增大输入信号的幅度，并同时调节 R_W（改变静态工作点），用示波器观察 u_o，当输出波形同时出现削底和缩顶现象（如图 2-2-5 所示）时，说明静态工作点已调在交流负载线的中点。然后反复调整输入信号，使波形输出幅度

最大，且无明显失真时，用交流毫伏表测出 U_o（有效值），则动态范围等于 $2\sqrt{2}U_o$。或用示波器直接读出 U_{OPP} 来。

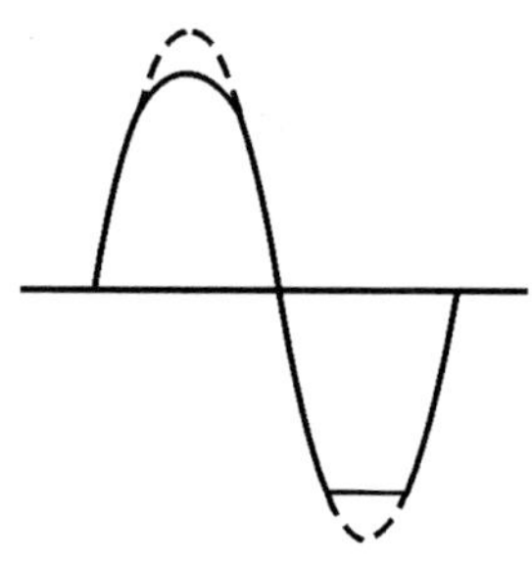

图 2-2-5 静态工作点正常，输入信号太大引起的失真

（5）放大器幅频特性的测量。放大器的幅频特性是指放大器的电压放大倍数 A_u 与输入信号频率 f 之间的关系曲线。单管阻容耦合放大电路的幅频特性曲线如图 2-2-6 所示，A_{um} 为中频电压放大倍数，通常规定电压放大倍数随频率变化下降到中频放大倍数的 $1/\sqrt{2}$ 倍，即 $0.707A_{um}$ 所对应的频率分别称为下限频率 f_L 和上限频率 f_H，则通频带 $f_{BW}=f_H-f_L$（如图 2-2-6 所示）。

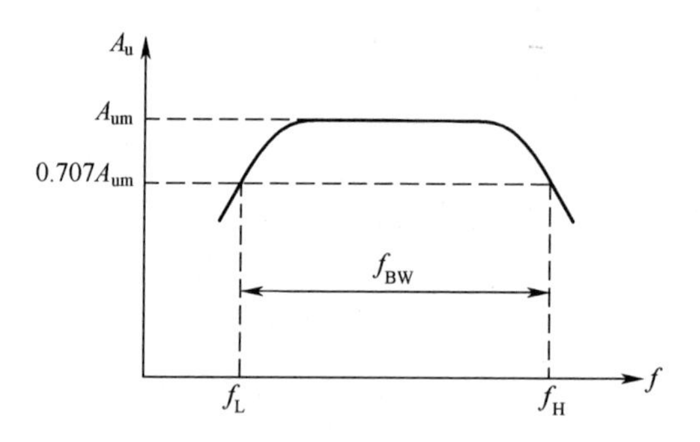

图 2-2-6 幅频特性曲线

放大器的幅率特性就是测量不同频率信号时的电压放大倍数 A_u。为此，可采用前述测 A_u 的方法，每改变一个信号频率，测量其相应的电压放大倍数，测量时应注意取点要恰当，在低频段与高频段应多测几点，在中频段可以少测几点。此外，在改变频率时，要保持输入信号的幅度不变，且输出波形不得失真。

三、实验设备与器件

（1）+12V 直流电源。

（2）函数信号发生器。

（3）双踪示波器。

（4）交流毫伏表。

（5）直流电压表。

（6）直流毫安表。

（7）频率计。

（8）万用表。

（9）晶体三极管 3DG6×1（β=50～100）或 9011×1（引脚排列如图 2-2-7 所示）。

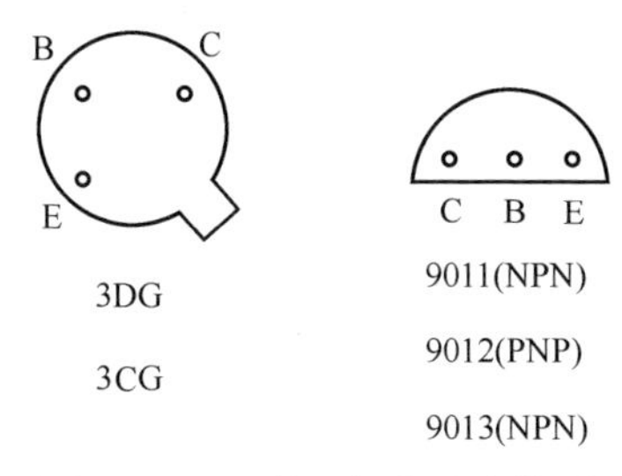

图 2-2-7　晶体三极管引脚排列

（10）电阻、电容若干。

四、实验内容

实验电路如图 2-2-1 所示。各电子仪器可按实验一中图 2-1-1 所示方式连接，为防止干扰，各仪器的公共端必须连在一起，即电路的“地”、设备的“地”和电源的负极连在一起。同时信号源、交流毫伏表和示波器的引线应采用屏蔽线，屏蔽线的外包金属网（黑色夹子）应接在公共接地端上。实验过程中，切忌电源短路。

1．调试静态工作点

接通+12V 电源，接通开关 S，调节 R_W，使 I_C=2.0mA（即 U_E=2.0V），用数字万用表直流电压挡测量 U_B、U_E、U_C 及用电阻挡测量 R_{B2} 值（测量电阻时要将开关 S 断开）。将结果记入表 2-2-1 中。

表 2-2-1　实验测量数据（一）　　I_C=2mA

测量值				计算值		
U_B（V）	U_E（V）	U_C（V）	R_{B2}（kΩ）	U_{BE}（V）	U_{CE}（V）	I_C（mA）

2. 测量电压放大倍数

在放大器输入端加入频率为 1kHz 的正弦信号 u_S，调节函数信号发生器的输出旋钮使放大器输入电压 U_i=20mV，同时用示波器观察放大器输出电压 u_o 波形，在波形不失真的条件下用交流毫伏表测量下述三种情况下的 U_o 值，并用双踪示波器观察 u_o 和 u_i 的相位关系，记入表 2-2-2 中。

表 2-2-2 实验测量数据（二） I_C=2.0mA U_i=20mV

R_C（kΩ）	R_L（kΩ）	U_o（V）	A_V	观察记录一组 u_o 和 u_i 波形
2.4	∞			u_i — t　　u_o — t
1.2	∞			
2.4	2.4			

注：R_C 由 2.4kΩ变为 1.2kΩ时，可在原 2.4kΩ电阻上并联一个 2.4kΩ电阻。

3. 观察静态工作点对电压放大倍数的影响

置 R_C=2.4kΩ，R_L=∞，U_i=20mV，调节 R_W，用示波器监视输出电压波形，在 u_o 不失真的条件下，测量数组 I_C 和 U_o 值，记入表 2-2-3 中。

表 2-2-3 实验测量数据（三） R_C=2.4kΩ R_L=∞ U_i=20mV

I_C（mA）	1.0	1.5	2.0	2.5	3.0
U_o（V）					
A_V					

测量 I_C 时，要先将信号源输出旋钮旋至零（即使 U_i=0）。

4. 观察静态工作点对输出波形失真的影响

置 R_C=2.4kΩ，R_L=2.4kΩ，U_i=0，调节 R_W 使 I_C=2.0mA，测出 U_{CE} 值（直流），再逐步加大输入信号，使输出电压 u_o 足够大但不失真，然后保持输入信号不变，分别增大和减小 R_W，使波形出现失真，绘出 u_o 的波形，并测出失真情况下的 I_C 和 U_{CE} 值，记入表 2-2-4 中。每次测 I_C 和 U_{CE} 值时都要将信号源的输出旋钮旋至零。

表 2-2-4 实验测量数据（四） R_C=2.4kΩ R_L=∞ U_i=0mV

I_C（mA）	U_{CE}（V）	u_o 波形	失真情况	管子工作状态
		u_o — t		

续表

I_C（mA）	U_{CE}（V）	u_o波形	失真情况	管子工作状态
2.0		u_o — t		
		u_o — t		

5. 测量最大不失真输出电压

置 R_C=2.4kΩ，R_L=2.4kΩ，按照实验原理第 2 点的（4）中所述方法，同时调节输入信号的幅度和电位器 R_W，用示波器和交流毫伏表测量 U_{OPP} 及 U_o 值，记入表 2-2-5 中。

表 2-2-5 实验测量数据（五） R_C=2.4kΩ R_L=2.4kΩ

I_C（mA）	U_{im}（mV）	U_{om}（V）	U_{OPP}（V）

6. 测量输入电阻和输出电阻

置 R_C=2.4kΩ，R_L=2.4kΩ，I_C=2.0mA。输入 f=1kHz 的正弦信号，在输出电压 u_o 不失真的情况下，用交流毫伏表测出 U_S、U_i 和 U_L 记入表 2-2-6 中。

保持 U_S 不变，断开 R_L，测量输出电压 U_o，记入表 2-2-6。

表 2-2-6 实验测量数据（六） I_C=2mA R_C=2.4kΩ R_L=2.4kΩ

U_S（mV）	U_i（mV）	R_i（kΩ）		U_L（V）	U_o（V）	R_o（kΩ）	
		测量值	计算值			测量值	计算值

7. 测量幅频特性曲线

取 I_C=2.0mA，R_C=2.4kΩ，R_L=2.4kΩ。保持输入信号 u_i 的幅度不变，改变信号源频率 f，逐点测出相应的输出电压 U_o，记入表 2-2-7 中。

为了信号源频率 f 取值合适，可先粗测一下，找出中频范围，然后再仔细读数。

表 2-2-7 实验测量数据（七） U_i=20mV

	f_l	f_o	f_n
f（kHz）			
U_o（V）			
$A_V=U_o/U_i$			

说明：本实验内容较多，其中 6、7 可作为选作内容。

五、实验预习要求

（1）阅读教材中有关单管放大电路的内容并估算实验电路的性能指标。

假设：3DG6 的β=100，R_{B1}=20kΩ，R_{B2}=60kΩ，R_C=2.4kΩ，R_L=2.4kΩ。

估算放大器的静态工作点及电压放大倍数 A_V。

（2）能否用直流电压表直接测量晶体管的 U_{BE}？为什么实验中要采用测 U_B、U_E，再间接算出 U_{BE} 的方法？

（3）怎样测量 R_{B2} 阻值？

（4）当调节偏置电阻 R_{B2}，使放大器输出波形出现饱和或截止失真时，晶体管的管压降 U_{CE} 怎样变化？

（5）改变静态工作点对放大器的输入电阻 R_i 有否影响？改变外接电阻 R_L 对输出电阻 R_o 是否有影响？

（6）测试中，能否将函数信号发生器、交流毫伏表、示波器中任一仪器的两个测试端子接线换位（即各仪器的接地端不再连在一起），为什么？

六、实验报告要求

按实验基础知识（三）的要求书写实验报告，并完成以下各项要求：

（1）列表整理测量结果，并把实测的静态工作点、电压放大倍数、输入电阻、输出电阻之值与理论计算值比较（取一组数据进行比较），分析产生误差原因。

（2）总结 R_C、R_L 及静态工作点对放大器电压放大倍数、输入电阻、输出电阻的影响。

（3）讨论静态工作点变化对放大器输出波形的影响。

（4）分析讨论在调试过程中出现的问题。

实验三　负反馈放大器

一、实验目的

加深理解放大电路中引入负反馈的方法和负反馈对放大器各项性能指标的影响。

二、实验原理

负反馈在电子电路中有着非常广泛的应用，虽然它使放大器的放大倍数降低，但能在多方面改善放大器的动态指标，如稳定放大倍数，改变输入、输出电阻，减小非线性失真和展宽通频带等。因此，几乎所有的实用放大器都带有负反馈。

负反馈放大器有 4 种组态，即电压串联、电压并联、电流串联和电流并联。本实验以电压串联负反馈为例，分析负反馈对放大器各项性能指标的影响。

（1）图 2-3-1 为带有负反馈的两级阻容耦合放大电路，在电路中通过 R_f 把输出电压 u_o 引回到输入端，加在晶体管 VT_1 的发射极上，在发射极电阻 R_{F1} 上形成反馈电压 u_f。根据反馈的判断法可知，它属于电压串联负反馈。主要性能指标如下：

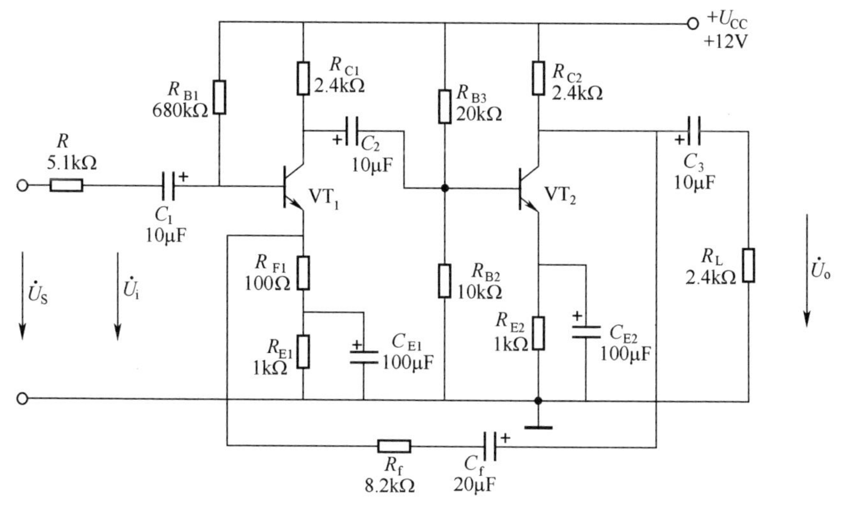

图 2-3-1　带有电压串联负反馈的两级阻容耦合放大器

1）闭环电压放大倍数。

$$A_{Vf}=\frac{A_V}{1+A_VF_V}$$

式中　$A_V=U_o/U_i$——基本放大器（无反馈）的电压放大倍数，即开环电压放大倍数；

$1+A_VF_V$——反馈深度，它的大小决定了负反馈对放大器性能改善的程度。

2）反馈系数。

$$F_V=\frac{R_{F1}}{R_f+R_{F1}}$$

3）输入电阻。

$$R_{if}=(1+A_VF_V)R_i$$

式中　R_i——基本放大器的输入电阻。

4）输出电阻。

$$R_{of}=\frac{R_o}{1+A_{Vo}F_V}$$

式中　R_o——基本放大器的输出电阻；

A_{Vo}——基本放大器 $R_L=\infty$ 时的电压放大倍数。

（2）本实验还需要测量基本放大器的动态参数，怎样实现无反馈而得到基本放大器？不能简单地断开反馈支路，而是要去掉反馈作用，但又要把反馈网络的影响（负载效应）考虑到基本放大器中去。为此：

1）在画基本放大器的输入回路时，因为是电压负反馈，所以可将负反馈放大器的输出端交流短路，即令 $u_o=0$，此时 R_f 相当于并联在 R_{F1} 上。

2）在画基本放大器的输出回路时，由于输入端是串联负反馈，因此需将反馈放大器的输入端（VT_1 管的射极）开路，此时（R_f+R_{F1}）相当于串接在 VT_1 管的发射极上。可近似认为 R_f 并接在 R_{F1} 上。

根据上述规律，就可得到所要求的如图 2-3-2 所示的基本放大器。

三、实验设备与器件

（1）+12V 直流电源。

（2）函数信号发生器。

（3）双踪示波器。

（4）频率计。

（5）交流毫伏表。

（6）直流电压表。

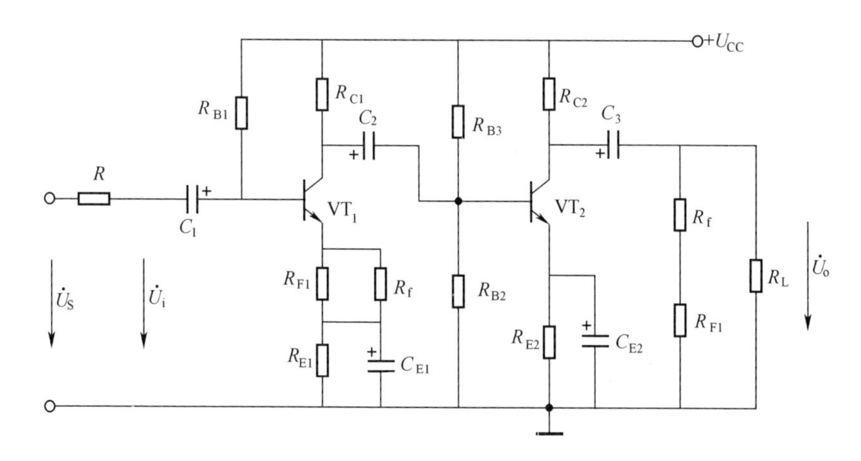

图 2-3-2 基本放大器

（7）晶体三极管 3DG6×2（β=50～100）或 9011×2。

（8）电阻、电容若干。

四、实验内容

1. 测量静态工作点

按图 2-3-1 连接实验电路，取 U_{CC}=+12V，U_i=0，用直流电压表分别测量第一级、第二级的静态工作点，记入表 2-3-1。

表 2-3-1 实验测量数据（一）

	U_B（V）	U_E（V）	U_C（V）	I_C（mA）
第一级				
第二级				

2. 测试基本放大器的各项性能指标

将实验电路按图 2-3-2 改接，即把 R_f 断开后分别并在 R_{F1} 和 R_L 上，其他连线不动。

（1）测量中频电压放大倍数 A_V，输入电阻 R_i 和输出电阻 R_o。

1）以 f=1kHz，U_S 约 5mV 正弦信号输入放大器，用示波器监视输出波形 u_o，在 u_o 不失真的情况下，用交流毫伏表测量 U_S、U_i、U_L，记入表 2-3-2。

2）保持 U_S 不变，断开负载电阻 R_L（注意，R_f 不要断开），测量空载时的输出电压 U_o，记入表 2-3-2 中。

表 2-3-2 实验测量数据（二）

基本放大器	U_S（mV）	U_i（mV）	U_L（V）	U_o（V）	A_V	R_i（kΩ）	R_o（kΩ）
负反馈放大器	U_S（mV）	U_i（mV）	U_L（V）	U_O（V）	A_{Vf}	R_{if}（kΩ）	R_{of}（kΩ）

（2）测量通频带。接上 R_L，保持（1）中的 U_S 不变，然后增加和减小输入信号的频率，找出上、下限频率 f_H 和 f_L，记入表 2-3-3 中。

表 2-3-3 实验测量数据（三）

基本放大器	f_L（kHz）	f_H（kHz）	Δf（kHz）
负反馈放大器	f_{Lf}（kHz）	f_{Hf}（kHz）	Δf_f（kHz）

3. 测试负反馈放大器的各项性能指标

将实验电路恢复为图 2-3-1 所示的负反馈放大电路。适当加大 U_S（约 10mV），在输出波形不失真的条件下，测量负反馈放大器的 A_{Vf}、R_{if} 和 R_{of}，记入表 2-3-2 中；测量 f_{Hf} 和 f_{Lf}，记入表 2-3-3 中。

4. 观察负反馈对非线性失真的改善

（1）实验电路改接成基本放大器形式，在输入端加入 f=1kHz 的正弦信号，输出端接示波器，逐渐增大输入信号的幅度，使输出波形开始出现失真，记下此时的波形和输出电压的幅度。

（2）再将实验电路改接成负反馈放大器形式，增大输入信号幅度，使输出电压幅度的大小与（1）相同，比较有负反馈时输出波形的变化。

五、实验预习要求

（1）复习教材中有关负反馈放大器的内容。

（2）按实验电路 2-2-1 估算放大器的静态工作点（取 $\beta_1=\beta_2=100$）。

（3）怎样把负反馈放大器改接成基本放大器？为什么要把 R_f 并接在输入和输出端？

（4）估算基本放大器的 A_V、R_i 和 R_o；估算负反馈放大器的 A_{Vf}、R_{if} 和 R_{of}，

并验算它们之间的关系。

（5）如按深负反馈估算，则闭环电压放大倍数 A_{Vf} 为多少？与测量值是否一致？为什么？

（6）如输入信号存在失真，能否用负反馈来改善？

（7）怎样判断放大器是否存在自激振荡？如何进行消振？

注：如果实验装置上有放大器的固定实验模块，则可参考实验二中的图 2-2-1 进行实验。

六、实验报告要求

按实验基础知识（三）的要求书写实验报告，并完成以下各项要求：

（1）将基本放大器和负反馈放大器动态参数的实测值和理论估算值列表进行比较。

（2）根据实验结果总结电压串联负反馈对放大器性能的影响。

实验四　集成运算放大器的运算电路

一、实验目的

（1）研究由集成运算放大器组成的比例、加法、减法和积分等基本运算电路的功能。

（2）了解运算放大器在实际应用时应考虑的一些问题。

二、实验原理

集成运算放大器是一种具有高电压放大倍数的直接耦合多级放大电路。当外部接入不同的线性或非线性元器件组成输入和负反馈电路时，可以灵活地实现各种特定的函数关系。在线性应用方面，可组成比例、加法、减法、积分、微分、对数等模拟运算电路。

1. 理想运算放大器特性

在大多数情况下，将运放视为理想运放，就是将运放的各项技术指标理想化，满足下列条件的运算放大器称为理想运放。

开环电压增益　　$A_{uo}=\infty$

输入阻抗　　$r_i=\infty$

输出阻抗　　$r_o=0$

带宽　　$f_{BW}=\infty$

失调与漂移均为零等。

理想运放在线性应用时的两个重要特性：

1）输出电压 U_o 与输入电压之间满足关系式 $U_o=A_{uo}(U_+-U_-)$。

由于 $A_{uo}=\infty$，而 U_o 为有限值，因此，$U_+-U_-\approx 0$。即 $U_+\approx U_-$，称为“虚短”。

2）由于 $r_i=\infty$，故流进运放两个输入端的电流可视为零，即 $I_{IB}=0$，称为“虚断”。这说明运放对其前级吸取电流极小。

上述两个特性是分析理想运放应用电路的基本原则，可简化运放电路的计算。

2. 基本运算电路

（1）反相比例运算电路。电路如图 2-4-1 所示。对于理想运放，该电路的输出电压与输入电压之间的关系为 $U_o=-\dfrac{R_F}{R_1}U_i$。

为了减小输入级偏置电流引起的运算误差，在同相输入端应接入平衡电阻 $R_2=R_1//R_F$。

（2）反相加法电路。电路如图 2-4-2 所示，输出电压与输入电压之间的关系为

$$U_o=-(\frac{R_F}{R_1}U_{i1}+\frac{R_F}{R_2}U_{i2}) \qquad R_3=R_1//R_2//R_F$$

（3）同相比例运算电路。图 2-4-3（a）是同相比例运算电路，它的输出电压与输入电压之间的关系为

$$U_o=(1+\frac{R_F}{R_1})U_i \qquad R_2=R_1//R_F$$

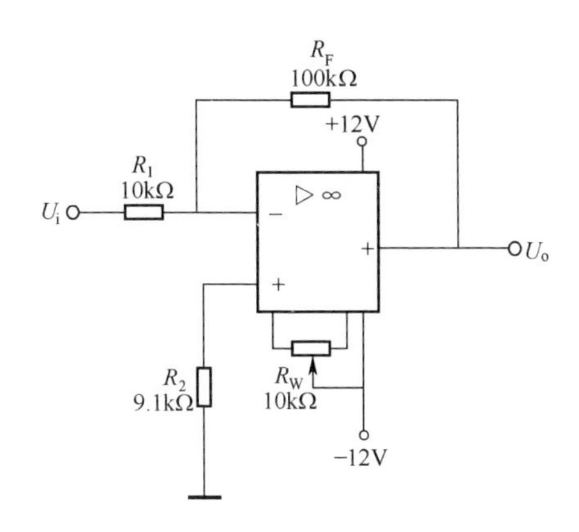

图 2-4-1 反相比例运算电路

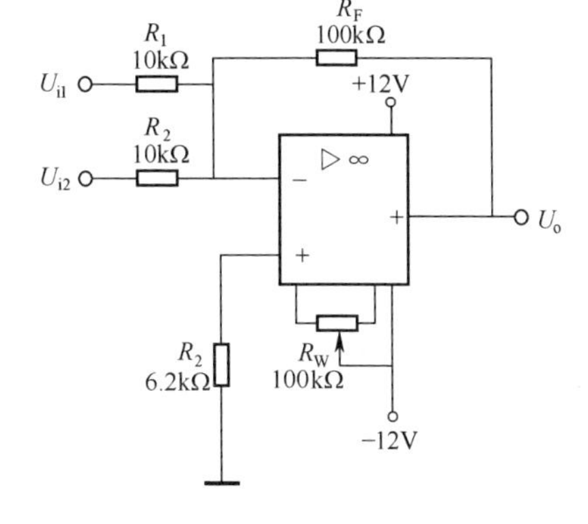

图 2-4-2 反相加法运算电路

当 $R_1\to\infty$ 时，$U_o=U_i$，即得到如图 2-4-3（b）所示的电压跟随器。图中 $R_2=R_F$，用以减小漂移和起保护作用。一般 R_F 取 10kΩ，R_F 太小起不到保护作用，太大则影响跟随性。

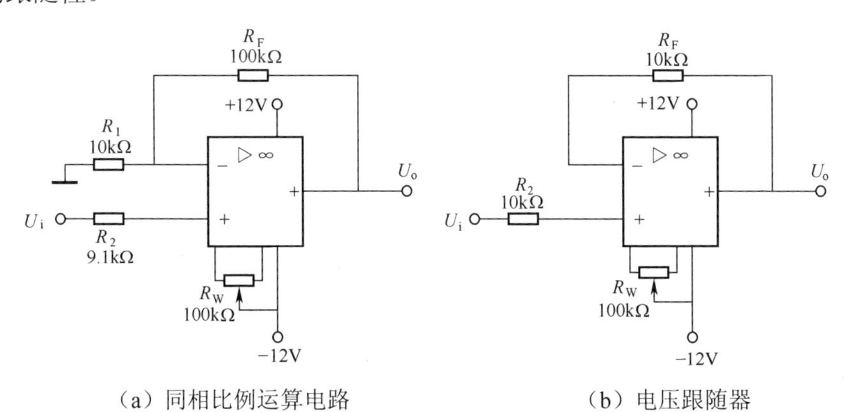

（a）同相比例运算电路　　（b）电压跟随器

图 2-4-3 同相比例运算电路

（4）差动放大电路（减法器）。对于图 2-4-4 所示的减法运算电路，当 $R_1=R_2$，$R_3=R_F$ 时，有如下关系式

$$U_o = \frac{R_F}{R_1}(U_{i2} - U_{i1})$$

（5）积分运算电路。反相积分电路如图 2-4-5 所示。在理想化条件下，输出电压 u_o 等于

$$u_o(t) = -\frac{1}{R_1 C}\int_0^t u_i \mathrm{d}t + u_C(0)$$

式中，$u_C(0)$是 t=0 时刻电容 C 两端的电压值，即初始值。

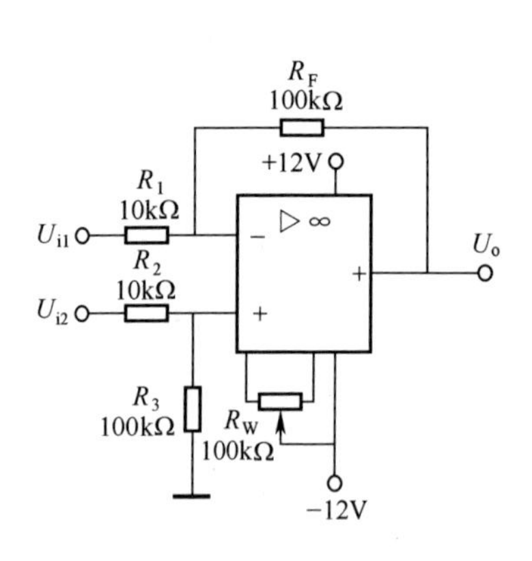

图 2-4-4　减法运算电路图

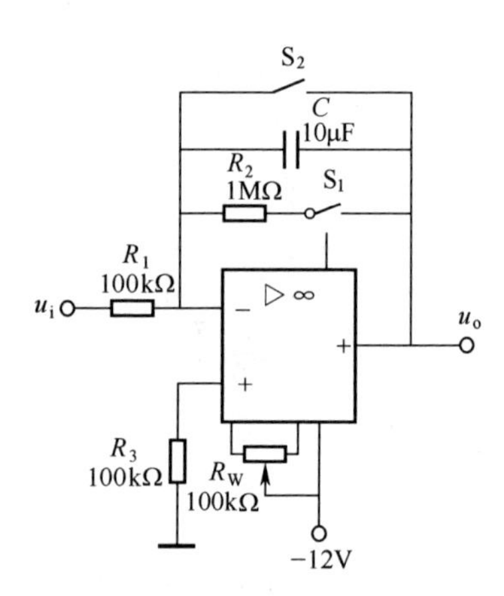

图 2-4-5　积分运算电路

如果 $u_i(t)$是幅值为 E 的阶跃电压，并设 $u_C(0)$=0，则

$$u_o(t) = -\frac{1}{R_1 C}\int_0^t E\mathrm{d}t = -\frac{E}{R_1 C}t$$

即输出电压 $u_o(t)$随时间增长而线性下降。显然 RC 的数值越大，达到给定的 U_o 值所需的时间就越长。积分输出电压所能达到的最大值受集成运放最大输出范围的限制。

在进行积分运算之前，首先应对运放调零。为了便于调节，将图 2-4-5 中 S_1 闭合，即通过电阻 R_2 的负反馈作用帮助实现调零。但在完成调零后，应将 S_1 打开，以免因 R_2 的接入造成积分误差。S_2 的设置一方面为积分电容放电提供通路，同时可实现积分电容初始电压 $u_C(0)$=0，另一方面，可控制积分起始点，即在加入信号 u_i 后，只要 S_2 一打开，电容就将被恒流充电，电路也就开始进行积分运算。

三、实验设备与器件

（1）±12V 直流电源。
（2）函数信号发生器。
（3）交流毫伏表。
（4）直流电压表。
（5）集成运算放大器μA741×1，电阻、电容若干。

四、实验内容

实验前要看清运放组件各引脚的位置；切忌正、负电源极性接反和输出端短路，否则将会损坏集成块。集成运算放大器μA741 的引脚排列如图 2-4-6 所示。

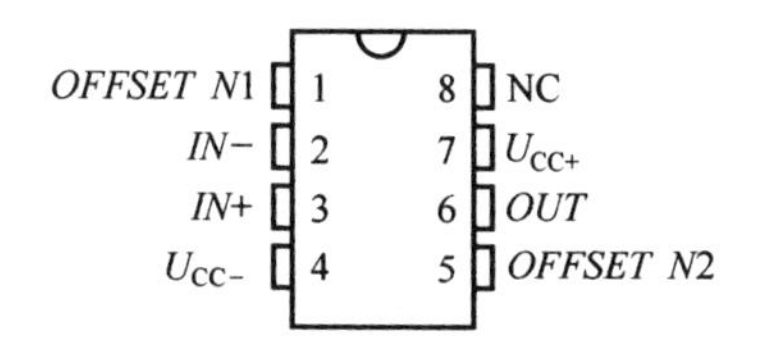

图 2-4-6　放大器引脚排列

1. 反相比例运算电路

（1）按图 2-4-1 连接实验电路，接通±12V 电源，电路输入端对地短路，进行调零。

电源接法：分别调整两组电源至 12V，然后两组电源串联并将串联线接地，一组的正极为+12V，另一组的负极为−12V，如图 2-4-7 所示。

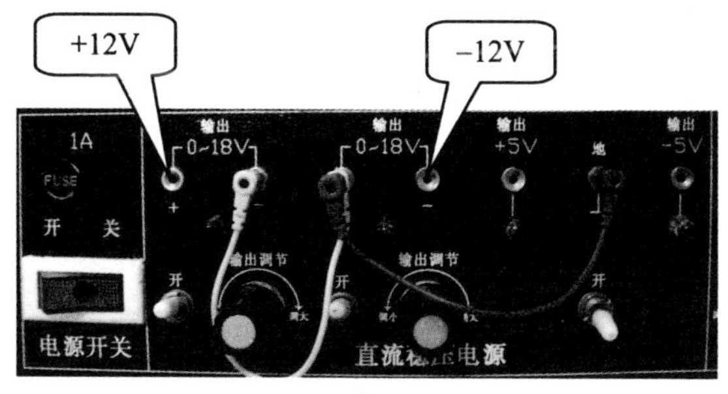

图 2-4-7　反相比例运算电路

注意：每接一个电路都要先进行调零，即输入端接地，调节 R_W 使输出电压为零。

（2）输入信号采用直流信号源，实验时要注意选择合适的直流信号幅度以确保集成运放工作在线性区（使输出电压小于 10V），用直流电压表测量一组输入电压 U_i 及输出电压 U_o，记入表 2-4-1 中。

表 2-4-1　实验测量数据（一）

U_i（V）			
U_o（V）			

（3）输入 f=1000Hz，U_i=0.5V 的正弦交流信号，测量相应的 U_o，并用示波器观察 u_o 和 u_i 的相位关系，记入表 2-4-2 中。

表 2-4-2　实验测量数据（二）　　U_i=0.5V，f=1000Hz

U_i（V）	U_o（V）	u_i 波形	u_o 波形	A_V	
				实测值	计算值
0.5		t	t		

2. 同相比例运算电路

（1）按图 2-4-3（a）连接实验电路。实验步骤同内容 1，将结果记入表 2-4-3 中。

表 2-4-3　实验测量数据（三）

U_i（V）			
U_o（V）			

（2）将图 2-4-3（a）中的 R_1 断开，得图 2-4-3（b）电路，重复内容（1）。

3. 反相加法运算电路

（1）按图 2-4-2 连接实验电路并调零。

（2）输入信号采用两组直流信号源，用直流电压表测量输入电压 U_{i1}、U_{i2} 及输出电压 U_o，记入表 2-4-4 中。

表 2-4-4　实验测量数据（四）

U_{i1}（V）			
U_{i2}（V）			
U_o（V）			

4. 减法运算电路

（1）按图 2-4-4 连接实验电路，并调零和消振。

（2）实验步骤同 3，记入表 2-4-5 中。

表 2-4-5　实验测量数据（五）

U_{i1}（V）			
U_{i2}（V）			
U_o（V）			

5. 积分运算电路

实验电路如图 2-4-5 所示。

（1）打开 S_2，闭合 S_1，对运放输出进行调零。

（2）调零完成后，再打开 S_1，闭合 S_2，使 $u_C(0)=0$。

（3）预先调好直流输入电压 $U_i=0.5V$，接入实验电路，再打开 S_2，然后用直流电压表测量输出电压 U_o，每隔 5 秒读一次 U_o，记入表 2-4-6 中，直到 U_o 不继续明显增大为止。

表 2-4-6　实验测量数据（六）

t（s）	0	5	10	15	20	25	30	……
U_o（V）								

五、实验预习要求

（1）复习集成运放线性应用部分内容，并根据实验电路参数计算各电路输出电压的理论值。

（2）在反相加法器中，如 U_{i1} 和 U_{i2} 均采用直流信号，并选定 $U_{i2}=-1V$，当考虑到运算放大器的最大输出幅度（±12V）时，$|U_{i1}|$ 的大小不应超过多少伏？

（3）在积分电路中，如 $R_1=100k\Omega$，$C=4.7\mu F$，求时间常数。假设 $U_i=0.5V$，问要使输出电压 U_o 达到 5V，需多长时间（设 $u_C(0)=0$）？

（4）为了不损坏集成块，实验中应注意什么问题？

六、实验报告要求

按实验基础知识（三）的要求书写实验报告，并完成以下各项要求：

（1）整理实验数据，画出波形图（注意波形间的相位关系）。

（2）将理论计算结果和实测数据相比较，分析产生误差的原因。

（3）分析讨论实验中出现的现象和问题。

实验五　集成运算放大器的波形发生器

一、实验目的

（1）学习用集成运放构成正弦波、方波和三角波发生器。

（2）学习波形发生器的调整和主要性能指标的测试方法。

二、实验原理

由集成运放构成的正弦波、方波和三角波发生器有多种形式，本实验选用最常用的，线路比较简单的几种电路加以分析。

1. RC 桥式正弦波振荡器（文氏电桥振荡器）

图 2-5-1 所示为 RC 桥式正弦波振荡器。其中 RC 串、并联电路构成正反馈支路，同时兼作选频网络，R_1、R_2、R_W 及二极管等元件构成负反馈和稳幅环节。调节电位器 R_W 可以改变负反馈深度，以满足振荡的振幅条件和改善波形。利用两个反向并联二极管 VD_1、VD_2 正向电阻的非线性特性实现稳幅。VD_1、VD_2 采用硅管（温度稳定性好），且要求特性匹配，才能保证输出波形的正、负半周对称。R_3 的接入是为了削弱二极管非线性的影响，以改善波形失真。

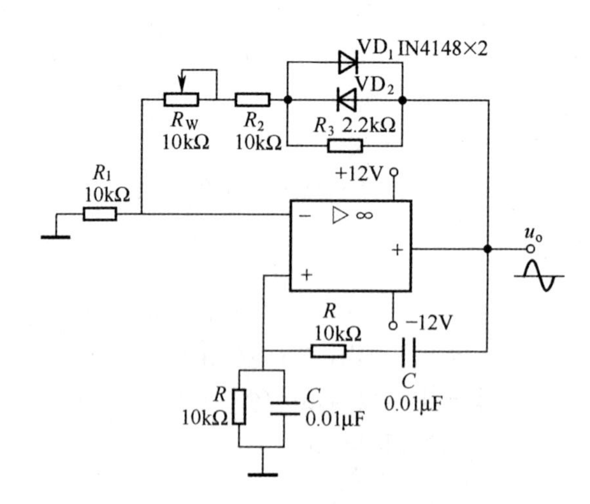

图 2-5-1　RC 桥式正弦波振荡器

电路的振荡频率

$$f_o = \frac{1}{2\pi RC}$$

起振的幅值条件

$$\frac{R_f}{R_1} \geqslant 2$$

式中 $R_f=R_W+R_2+(R_3//r_D)$，r_D 为二极管正向导通电阻。

调整反馈电阻 R_f（调节 R_W），使电路起振，且波形失真最小。如不能起振，则说明负反馈太强，应适当加大 R_f。如波形失真严重，则应适当减小 R_f。

改变选频网络的参数 C 或 R，即可调节振荡频率。一般采用改变电容 C 作频率量程切换，调节 R 作量程内的频率细调。

2. 方波发生器

由集成运放构成的方波发生器和三角波发生器，一般均包括比较器和 RC 积分器两大部分。如图 2-5-2 所示为由滞回比较器及简单 RC 积分电路组成的方波——三角波发生器。它的特点是线路简单，但三角波的线性度较差，主要用于产生方波或对三角波要求不高的场合。

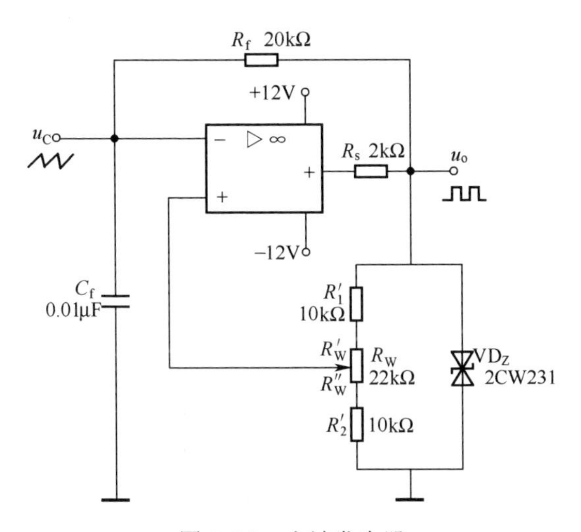

图 2-5-2　方波发生器

电路振荡频率 $f_o = \dfrac{1}{2R_f C_f \ln(1+\dfrac{2R_2}{R_1})}$

式中 $R_1 = R_1' + R_W'$　　$R_2 = R_2' + R_W''$

方波输出幅值 $U_{om}=\pm U_Z$

三角波输出幅值 $U_{Cm}=\dfrac{R_2}{R_1+R_2}U_Z$

调节电位器 R_W（即改变 R_2/R_1），可以改变振荡频率，但三角波的幅值也随之变化。如果要互不影响，可通过改变 R_f（或 C_f）来实现振荡频率的调节。

3. 三角波和方波发生器

如把滞回比较器和积分器首尾相接形成正反馈闭环系统，如图 2-5-3 所示，则比较器 A_1 输出的方波经积分器 A_2 积分可得到三角波，三角波又触发比较器自动翻转形成方波，这样即可构成三角波和方波发生器。图 2-5-4 所示为方波和三角波发生器输出波形图。由于采用运放组成的积分电路，因此可实现恒流充电，使三角波线性大大改善。

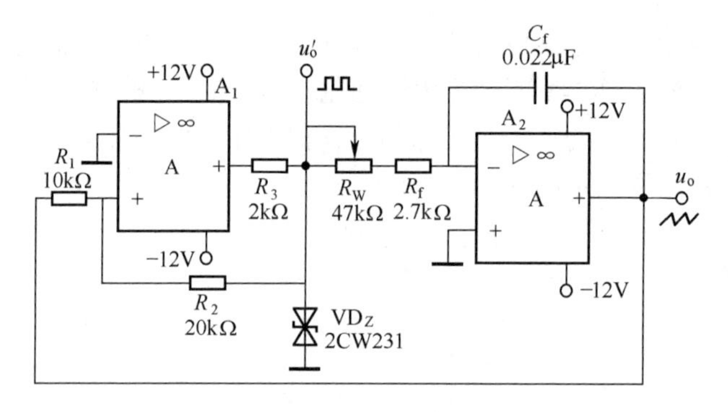

图 2-5-3 三角波、方波发生器

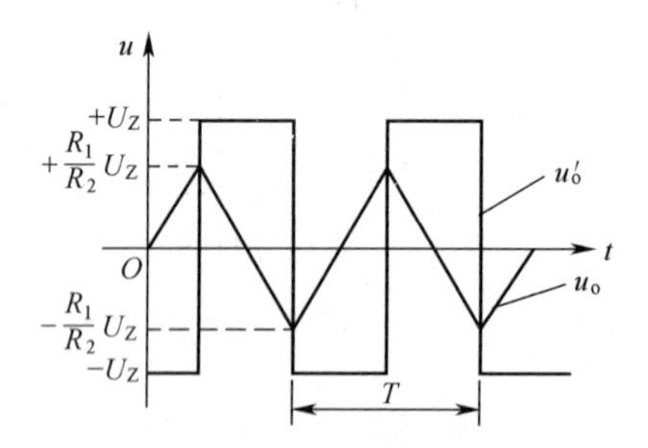

图 2-5-4 方波、三角波发生器输出波形图

电路振荡频率 $f_o=\dfrac{R_2}{4R_1(R_f+R_W)C_f}$

方波幅值 $U'_{om}=\pm U_Z$

三角波幅值$U_{om}=\dfrac{R_1}{R_2}U_Z$

调节 R_W 可以改变振荡频率，改变比值 $\dfrac{R_1}{R_2}$ 可调节三角波的幅值。

三、实验设备与器件

（1）±12V 直流电源。
（2）双踪示波器。
（3）交流毫伏表。
（4）频率计。
（5）集成运算放大器μA741×2。
（6）二极管 IN4148×2。
（7）稳压管 2CW23 1×1。
（8）电阻、电容若干。

四、实验内容

1. RC 桥式正弦波振荡器

按图 2-5-1 连接实验电路。

（1）接通±12V 电源，调节电位器 R_W，使输出波形从无到有，从正弦波到出现失真。描绘 u_o 的波形，记下临界起振、正弦波输出及失真情况下的 R_W 值，将数据记录在表 2-5-1 中，并分析负反馈强弱对起振条件及输出波形的影响。

表 2-5-1 实验数据（一）

	临界起振	正弦波	失真
R_W			

分析结果：__________________________________。

（2）调节电位器 R_W，使输出电压 u_o 幅值最大且不失真，用交流毫伏表分别测量输出电压 U_o、反馈电压 U_+和 U_-，将数据记录在表 2-5-2 中，并分析研究振荡的幅值条件。

表 2-5-2 实验数据（二）

U_o	U_+	U_-

分析结果：__________________________________。

（3）用示波器或频率计测量振荡频率 f_o，将数据记录在表 2-5-3 中，并与理论值进行比较。

表 2-5-3 实验数据（三）

	理论值	实测值
f_o		

（4）断开二极管 VD_1、VD_2，重复（2）的内容，将测试结果与（2）进行比较。分析 VD_1、VD_2 的稳幅作用。

（5）RC 串并联网络幅频特性观察。将 RC 串并联网络与运放断开，由函数信号发生器注入3V左右正弦信号，并用双踪示波器同时观察RC串并联网络输入、输出波形。保持输入幅值（3V）不变，从低到高改变频率，当信号源达某一频率时，RC 串并联网络输出将达最大值（约 1V），且输入、输出同相位。此时的信号源频率为

$$f = f_0 = \frac{1}{2\pi RC}$$

2. 方波发生器

按图 2-5-2 连接实验电路。

（1）将电位器 R_W 调至中心位置，用双踪示波器观察并描绘方波 u_o 及三角波 u_C 的波形（注意对应关系），测量其幅值及频率，将数据记录在表 2-5-4 中。

表 2-5-4 实验数据（四）

幅值	频率	频率范围

（2）改变 R_W 动点的位置，观察 u_o、u_C 幅值及频率变化情况。把动点调至最上端和最下端，测出频率范围，记录之。

（3）将 R_W 恢复至中心位置，将一只稳压管短接，观察 u_o 波形，分析 VD_Z 的限幅作用。

3. 三角波和方波发生器

按图 2-5-3 连接实验电路。

（1）将电位器 R_W 调至合适位置，用双踪示波器观察并描绘三角波输出 u_o 及方波输出 u_o'，测其幅值、频率及 R_W 值，记录之。

（2）改变 R_W 的位置，观察对 u_o、u_o' 幅值及频率的影响。

（3）改变 R_1（或 R_2），观察对 u_o、u_o' 幅值及频率的影响。

五、预习要求

（1）复习有关 RC 正弦波振荡器、三角波及方波发生器的工作原理，并估算图 2-5-1、图 2-5-2、图 2-5-3 电路的振荡频率。

（2）为什么在 RC 正弦波振荡电路中要引入负反馈支路？为什么要增加二极管 VD_1 和 VD_2？它们是怎样稳幅的？

（3）电路参数变化对图 2-5-2、图 2-5-3 产生的方波和三角波频率及电压幅值有什么影响？（或者怎样改变图 2-5-2、图 2-5-3 电路中方波及三角波的频率及幅值？）

（4）怎样测量非正弦波电压的幅值？

六、实验报告要求

按实验基础知识（三）的要求书写实验报告，并完成以下各项要求：

1．正弦波发生器

（1）列表整理实验数据，画出波形，把实测频率与理论值进行比较。

（2）根据实验分析 RC 振荡器的振幅条件。

（3）讨论二极管 VD_1、VD_2 的稳幅作用。

2．方波发生器

（1）列表整理实验数据，在同一坐标纸上，按比例画出方波和三角波的波形图（标出时间和电压幅值）。

（2）分析 R_W 变化时，对 u_o 波形的幅值及频率的影响。

（3）讨论 VD_Z 的限幅作用。

3．三角波和方波发生器

（1）整理实验数据，把实测频率与理论值进行比较。

（2）在同一坐标纸上，按比例画出三角波及方波的波形，并标明时间和电压幅值。

（3）分析电路参数变化（R_1、R_2 和 R_W）对输出波形频率及幅值的影响。

实验六　集成运算放大器的电压比较器

一、实验目的

（1）掌握电压比较器的电路构成及特点。

（2）学会测试比较器的方法。

二、实验原理

电压比较器是集成运放非线性应用电路，它将一个模拟量电压信号和一个参考电压相比较，在二者幅度相等的附近，输出电压将产生跃变，相应输出高电平或低电平。比较器可以组成非正弦波形变换电路及应用于模拟与数字信号转换等领域。

如图 2-6-1 所示为一最简单的电压比较器，U_R 为参考电压，加在运放的同相输入端，输入电压 u_i 加在反相输入端。

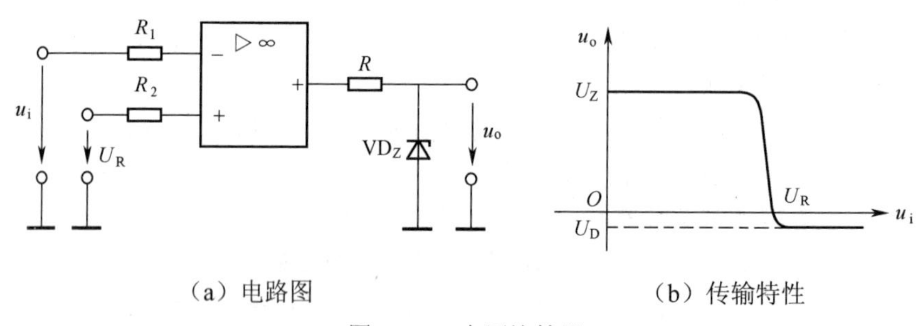

（a）电路图　　（b）传输特性

图 2-6-1　电压比较器

当 $u_i < U_R$ 时，运放输出高电平，稳压管 VD_Z 反向稳压工作。输出端电位被其箝位在稳压管的稳定电压 U_Z，即 $u_o=U_Z$。

当 $u_i > U_R$ 时，运放输出低电平，VD_Z 正向导通，输出电压等于稳压管的正向压降 U_D，即 $u_o=-U_D$。

因此，以 U_R 为界，当输入电压 u_i 变化时，输出端反映出两种状态：高电位和低电位。

表示输出电压与输入电压之间关系的特性曲线，称为传输特性。如图 2-6-1（b）所示为（a）图比较器的传输特性。

常用的电压比较器有过零比较器、具有滞回特性的过零比较器、双限比较器（又称为窗口比较器）等。

1. 过零比较器

如图 2-6-2 所示电路为加限幅电路的过零比较器，VD_Z 为限幅稳压管。信号从运放的反相输入端输入，参考电压为零，从同相端输入。当 $U_i>0$ 时，输出 $U_o=-(U_Z+U_D)$，当 $U_i<0$ 时，$U_o=+(U_Z+U_D)$。其电压传输特性如图 2-6-2（b）所示。

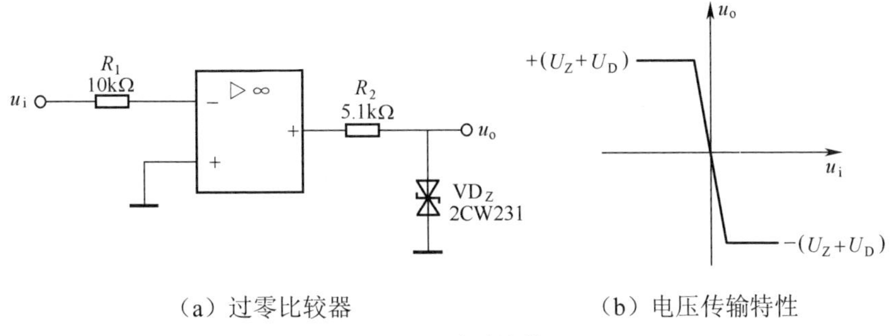

（a）过零比较器　　（b）电压传输特性

图 2-6-2　过零比较器

过零比较器结构简单，灵敏度高，但抗干扰能力差。

2. 滞回比较器

图 2-6-3 为具有滞回特性的过零比较器。过零比较器在实际工作时，如果 u_i 恰好在过零值附近，则由于零点漂移的存在，u_o 不断由一个极限值转换到另一个极限值，这在控制系统中，对执行机构将是很不利的。为此，就需要输出特性具有滞回现象。如图 2-6-3 所示，从输出端引一个电阻分压正反馈支路到同相输入端，若 u_o 改变状态，Σ 点也随着改变电位，使过零点离开原来位置。当 u_o 为正（记作 U_+），$U_\Sigma=\dfrac{R_2}{R_f+R_2}U_+$，则当 $u_i>U_\Sigma$ 后，u_o 即由正变负（记作 U_-），此时 U_Σ 变为 $-U_\Sigma$。故只有当 u_i 下降到 $-U_\Sigma$ 以下，才能使 u_o 再度回升到 U_+，于是出现如图 2-6-3（b）所示的滞回特性。

$-U_\Sigma$ 与 U_Σ 的差别称为回差。改变 R_2 的数值可以改变回差的大小。

3. 窗口（双限）比较器

简单的比较器仅能鉴别输入电压 u_i 比参考电压 U_R 高或低的情况，窗口比较电路是由两个简单的比较器组成，如图 2-6-4 所示，它能指示出 u_i 值是否处于 U_R^+ 和 U_R^- 之间。如 $U_R^-<U_i<U_R^+$，窗口比较器的输出电压 U_o 等于运放的正饱和输出电压（$+U_{omax}$），如果 $U_i<U_R^-$ 或 $U_i>U_R^+$，则输出电压 U_o 等于运放的负饱和输出电压（$-U_{omax}$）。

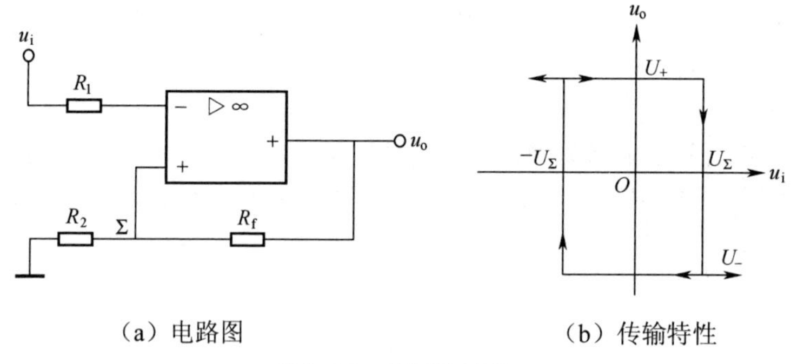

（a）电路图　　（b）传输特性

图 2-6-3　滞回比较器

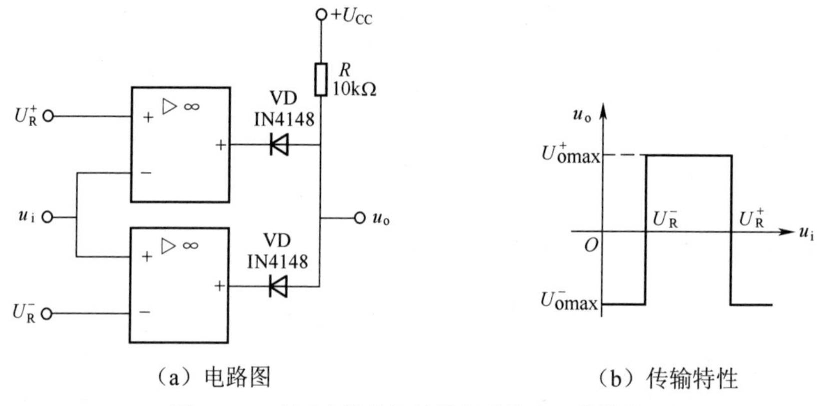

（a）电路图　　（b）传输特性

图 2-6-4　由两个简单比较器组成的窗口比较器

三、实验设备与器件

（1）±12V 直流电源。

（2）函数信号发生器。

（3）双踪示波器。

（4）直流电压表。

（5）交流毫伏表。

（6）运算放大器μA741×2。

（7）稳压管 2CW231×1。

（8）二极管 4148×2。

（9）电阻等。

四、实验内容

1. 过零比较器

实验电路如图 2-6-2 所示。

（1）接通±12V 电源。

（2）测量 u_i 悬空时的 U_o 值。

（3）u_i 输入 500Hz、幅值为 2V 的正弦信号，观察 $u_i \to u_o$ 波形并记录。

（4）改变 u_i 幅值，测量传输特性曲线。

2. 反相滞回比较器

实验电路如图 2-6-5 所示。

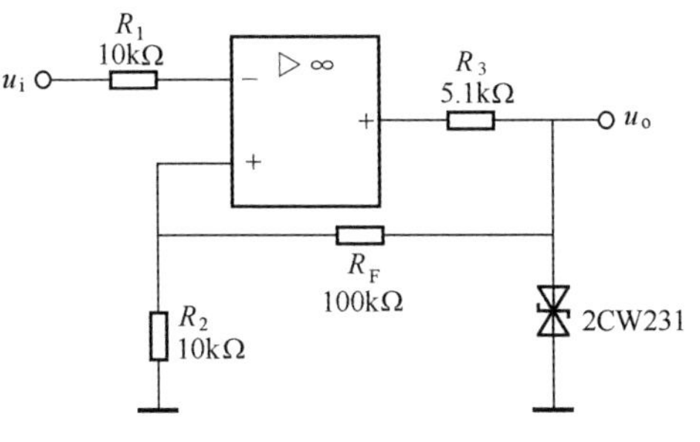

图 2-6-5　反相滞回比较器

（1）按图接线，u_i 接+5V 可调直流电源，测出 u_o 由 $+U_{omax} \to -U_{omax}$ 时 u_i 的临界值。

（2）同上，测出 u_o 由 $-U_{omax} \to +U_{omax}$ 时 u_i 的临界值。

（3）u_i 接 500Hz，峰值为 2V 的正弦信号，观察并记录 $u_i \to u_o$ 波形。

（4）将分压支路 100kΩ电阻改为 200kΩ，重复上述实验，测定传输特性。

3. 同相滞回比较器

实验线路如图 2-6-6 所示。

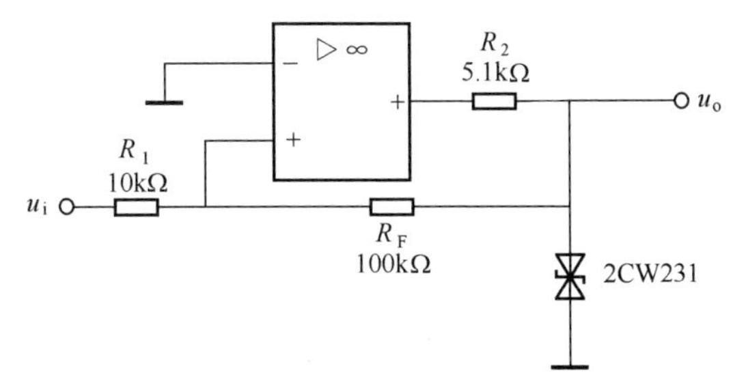

图 2-6-6　同相滞回比较器

（1）参照反相滞回比较器，自拟实验步骤及方法。

（2）将结果与实验内容 2 进行比较。

4. 窗口比较器

参照图 2-6-4 自拟实验步骤和方法测定其传输特性。

五、实验预习要求

（1）复习教材有关比较器的内容。

（2）画出各类比较器的传输特性曲线。

（3）若要将图 2-6-4 中的窗口比较器的电压传输曲线的高、低电平对调，应如何改动比较器电路？

六、实验报告要求

按实验基础知识（三）的要求书写实验报告，并完成以下各项要求：

（1）整理实验数据，绘制各类比较器的传输特性曲线。

（2）总结几种比较器的特点，阐明它们的应用。

实验七　OTL 功率放大器

一、实验目的

（1）进一步理解 OTL 功率放大器的工作原理。
（2）学会 OTL 电路的调试及主要性能指标的测试方法。

二、实验原理

如图 2-7-1 所示为 OTL 低频功率放大器。其中由晶体三极管 VT_1 组成推动级（也称前置放大级），VT_2、VT_3 是一对参数对称的 NPN 和 PNP 型晶体三极管，它们组成互补推挽 OTL 功放电路。由于每个管子都接成射极输出器形式，因此具有输出电阻低、负载能力强等优点，适合于作功率输出级。VT_1 管工作于甲类状态，它的集电极电流 I_{C1} 由电位器 R_{W1} 进行调节。I_{C1} 的一部分流经电位器 R_{W2} 及二极管 VD，给 VT_2、VT_3 提供偏压。调节 R_{W2}，可以使 VT_2、VT_3 得到合适的静态电流而工作于甲、乙类状态，以克服交越失真。静态时要求输出端中点 A 的电位 $U_A = \frac{1}{2}U_{CC}$，可以通过调节 R_{W1} 来实现，又由于 R_{W1} 的一端接在 A 点，因此在电路中引入交、直流电压并联负反馈，一方面能够稳定放大器的静态工作点，同时也改善了非线性失真。

当输入正弦交流信号 u_i 时，经 VT_1 放大、倒相后同时作用于 VT_2、VT_3 的基极，u_i 的负半周使 VT_2 管导通（VT_3 管截止），有电流通过负载 R_L，同时向电容 C_o 充电，在 u_i 的正半周，VT_3 导通（VT_2 截止），则已充好电的电容器 C_o 起着电源的作用，通过负载 R_L 放电，这样在 R_L 上就得到完整的正弦波。

C_2 和 R 构成自举电路，用于提高输出电压正半周的幅度，以得到大的动态范围。

OTL 电路的主要性能指标如下：

（1）最大不失真输出功率 P_{om}。

理想情况下，$P_{om} = \frac{U_{CC}^2}{8R_L}$，在实验中可通过测量 R_L 两端的电压有效值来求得实际的 $P_{om} = \frac{U_o^2}{R_L}$。

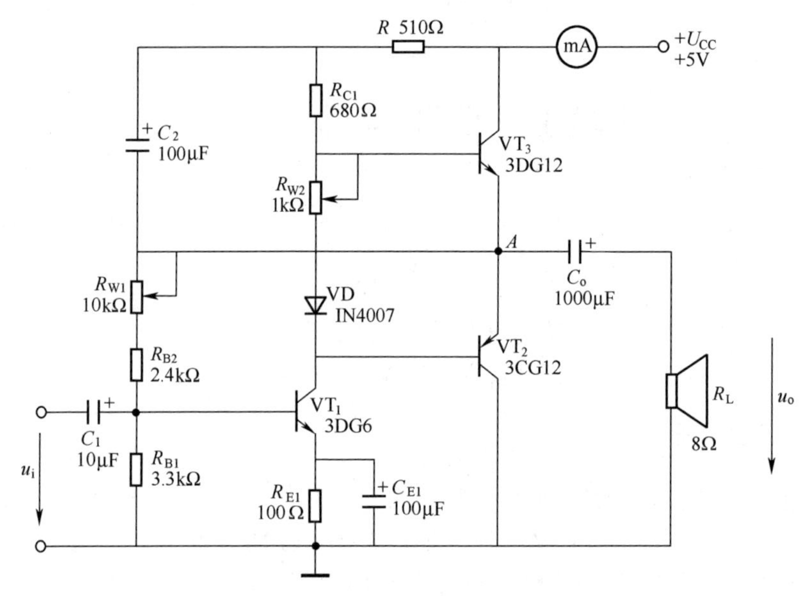

图 2-7-1　OTL 功率放大器实验电路

（2）效率η。

$$\eta = \frac{P_{om}}{P_E}100\%$$

式中　P_E——直流电源供给的平均功率。

理想情况下，η_{max}=78.5%。在实验中，可测量电源供给的平均电流 I_{dC}，从而求得 $P_E=U_{CC}I_{dC}$，负载上的交流功率已用上述方法求出，因而也就可以计算实际效率了。

3. *频率响应*

见本篇实验二的部分内容。

4. *输入灵敏度*

输入灵敏度是指输出最大不失真功率时，输入信号 U_i之值。

三、实验设备与器件

（1）+5V 直流电源。

（2）函数信号发生器。

（3）双踪示波器。

（4）交流毫伏表。

（5）直流电压表。

（6）直流毫安表。

（7）频率计。

（8）晶体三极管 3DG6（9011）、3DG12（9013）、3CG12（9012），晶体二极管 IN4007。

（9）8Ω扬声器、电阻、电容若干。

四、实验内容

在整个测试过程中，电路不应有自激现象。

1. 静态工作点的测试

按图 2-7-1 连接实验电路，将输入信号旋钮旋至零（u_i=0），电源进线中串入直流毫安表，电位器 R_{W2} 置最小值，R_{W1} 置中间位置。接通+5V 电源，观察毫安表指示，同时用手触摸输出级管子，若电流过大或管子温升显著，应立即断开电源检查原因（如 R_{W2} 开路，电路自激，或输出管性能不好等）。如无异常现象，可开始调试。

（1）调节输出端中点电位 U_A。调节电位器 R_{W1}，用直流电压表测量 A 点电位，使 $U_A = \frac{1}{2}U_{CC}$。

（2）调整输出极静态电流及测试各级静态工作点。调节 R_{W2}，使 VT_2、VT_3 管的 $I_{C2}=I_{C3}$=5～10mA。从减小交越失真角度而言，应适当加大输出极静态电流，但该电流过大会使效率降低，所以一般以 5～10mA 左右为宜。由于毫安表是串在电源进线中，因此测得的是整个放大器的电流，但一般 VT_1 的集电极电流 I_{C1} 较小，从而可以把测得的总电流近似当作末级的静态电流。如要准确得到末级静态电流，则可从总电流中减去 I_{C1} 之值。

调整输出级静态电流的另一种方法是动态调试法。先使 R_{W2}=0，在输入端接入 f=1kHz 的正弦信号 u_i。逐渐加大输入信号的幅值，此时，输出波形应出现较严重的交越失真（注意：没有饱和和截止失真），然后缓慢增大 R_{W2}，当交越失真刚好消失时，停止调节 R_{W2}，恢复 u_i=0，此时直流毫安表读数即为输出级静态电流。一般数值也应在 5～10mA 左右，如过大，则要检查电路。输出极电流调好以后，测量各级静态工作点，记入表 2-7-1。

表 2-7-1　实验数据（一）　　$I_{C2}=I_{C3}$=5～10mA　U_A=2.5V

	VT_1	VT_2	VT_3
U_B（V）			
U_C（V）			
U_E（V）			

注意：

- 在调整 R_{W2} 时，一是要注意旋转方向，不要调得过大，更不能开路，以免损坏输出管。
- 将输出管静态电流调好，如无特殊情况，不得随意旋动 R_{W2} 的位置。

2. 最大输出功率 P_{om} 和效率 η 的测试

（1）测量 P_{om}。输入端接 f=1kHz 的正弦信号 u_i，输出端用示波器观察输出电压 u_o 波形。逐渐增大 u_i，使输出电压达到最大不失真输出，用交流毫伏表测出负载 R_L 上的电压 U_{om}，则

$$P_{om}=\frac{U_{om}^2}{R_L}$$

（2）测量η。当输出电压为最大不失真输出时，读出直流毫安表中的电流值，此电流即为直流电源供给的平均电流 I_{dC}（有一定误差），由此可近似求得 $P_E=U_{CC}I_{dC}$，再根据上面测得的 P_{om}，即可求出 $\eta=\frac{P_{om}}{P_E}$。

3. 输入灵敏度测试

根据输入灵敏度的定义，只要测出输出功率 $P_o=P_{om}$ 时的输入电压值 U_i 即可。

4. 频率响应的测试

测试方法同实验二，记入表 2-7-2。

表 2-7-2 实验数据（二） U_i=10mV

			f_L			f_0			f_H		
f（Hz）						1000					
U_o（V）											
A_V											

在测试时，为保证电路的安全，应在较低电压下进行，通常取输入信号为输入灵敏度的 50%。在整个测试过程中，应保持 U_i 为恒定值，且输出波形不得失真。

5. 研究自举电路的作用

（1）测量有自举电路，且 $P_o=P_{omax}$ 时的电压增益 $A_V=\frac{U_{om}}{U_i}$。

（2）将 C_2 开路，R 短路（无自举），再测量 $P_o=P_{omax}$ 的 A_V。

用示波器观察（1）、（2）两种情况下的输出电压波形，并将以上两项测量结果进行比较，分析研究自举电路的作用。

6. 噪声电压的测试

测量时将输入端短路（u_i=0），观察输出噪声波形，并用交流毫伏表测量输出电压，即为噪声电压 U_N，本电路若 U_N＜15mV，即满足要求。

五、实验预习要求

（1）复习有关 OTL 工作原理的部分内容。

（2）为什么引入自举电路能够扩大输出电压的动态范围？

（3）交越失真产生的原因是什么？怎样克服交越失真？

（4）电路中电位器 R_{W2} 如果开路或短路，对电路工作有何影响？

（5）为了不损坏输出管，调试中应注意什么问题？

（6）如电路有自激现象，应如何消除？

六、实验报告要求

按实验基础知识（三）的要求书写实验报告，并完成以下各项要求：

（1）整理实验数据，计算静态工作点、最大不失真输出功率 P_{om}、效率 η 等，并与理论值进行比较。画出频率响应曲线。

（2）分析自举电路的作用。

（3）讨论实验中发生的问题及解决办法。

实验八　集成稳压器

一、实验目的

（1）研究集成稳压器的特点和性能指标的测试方法。

（2）了解集成稳压器扩展性能的方法。

二、实验原理

随着半导体工艺的发展，稳压电路也制成了集成器件。由于集成稳压器具有体积小、外接线路简单、使用方便、工作可靠和通用性等优点，因此在各种电子设备中的应用十分普遍，基本上取代了由分立元件构成的稳压电路。集成稳压器的种类很多，应根据设备对直流电源的要求进行选择。对于大多数电子仪器、设备和电子电路来说，通常是选用串联线性集成稳压器。在这种类型的器件中，又以三端式稳压器的应用最为广泛。

W7800、W7900 系列三端式集成稳压器的输出电压是固定的，在使用中不能进行调整。W7800 系列三端式稳压器输出正极性电压，一般有 5V、6V、9V、12V、15V、18V、24V 七个档次，输出电流最大可达 1.5A（加散热片）。 同类型 78M 系列稳压器的输出电流为 0.5A，78L 系列稳压器的输出电流为 0.1A。若要求负极性输出电压，则可选用 W7900 系列稳压器。

图 2-8-1 所示为 W7800 系列的外形和接线图。它有三个引出端：

输入端（不稳定电压输入端）　标以“1”

输出端（稳定电压输出端）　标以“3”

公共端　标以“2”

除固定输出三端稳压器外，还有可调式三端稳压器，后者可通过外接元件对输出电压进行调整，以适应不同的需要。

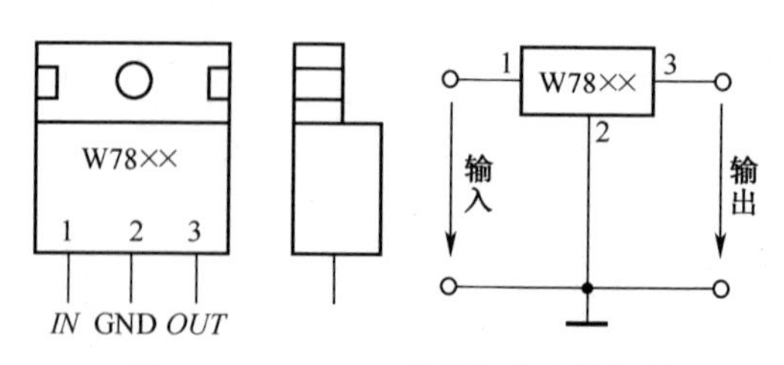

图 2-8-1　W7800 系列外形及接线图

本实验所用集成稳压器为三端固定正稳压器 W7812，它的主要参数有：输出直流电压 U_O=+12V，输出电流 L 为 0.1A，M 为 0.5A，电压调整率为 10mV/V，输出电阻 R_O=0.15Ω，输入电压 U_I 的范围 15～17V。因为一般 U_I 要比 U_O 大 3～5V，这样才能保证集成稳压器工作在线性区。

图 2-8-2 是用三端式稳压器 W7812 构成的单电源电压输出串联型稳压电源的实验电路图。其中整流部分采用由四个二极管组成的桥式整流器成品（又称桥堆），型号为 2W06（或 KBP306），内部接线和外部引脚引线如图 2-8-3 所示。滤波电容 C_1、C_2 一般选取几百至几千微法。当稳压器距离整流滤波电路比较远时，在输入端必须接入电容器 C_3（数值为 0.33μF），以抵消线路的电感效应，防止产生自激振荡。输出端电容 C_4（0.1μF）用以滤除输出端的高频信号，改善电路的暂态响应。

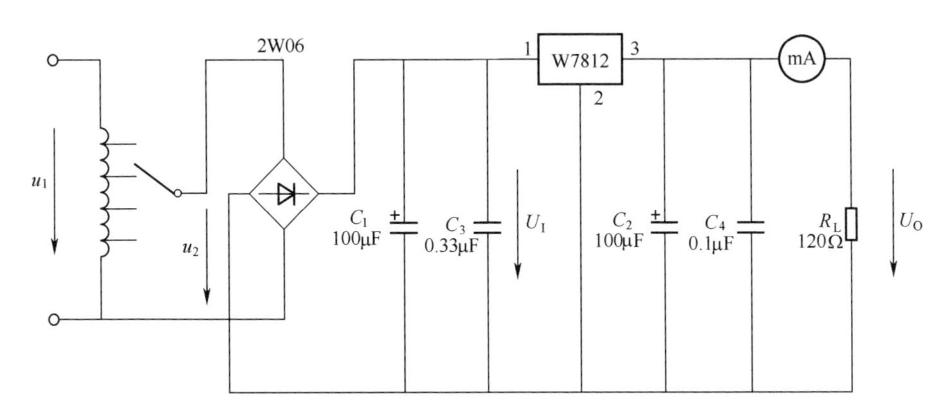

图 2-8-2　由 W7815 构成的串联型稳压电源

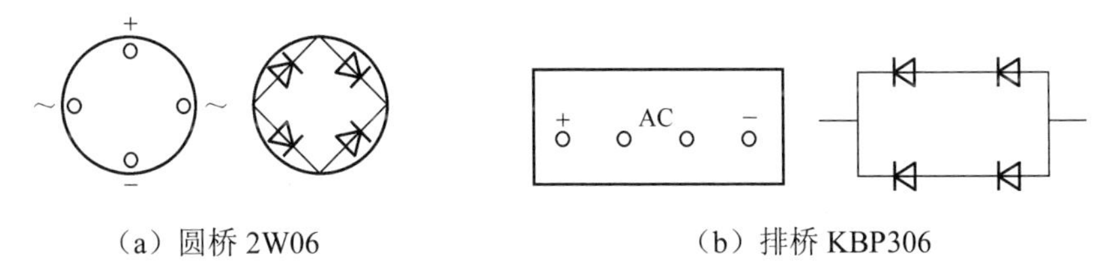

（a）圆桥 2W06　　（b）排桥 KBP306

图 2-8-3　桥堆引脚图

图 2-8-4 所示为正、负双电压输出电路，例如需要 U_{O1}=+15V，U_{O2}=−15V，则可选用 W7815 和 W7915 三端稳压器，这时的 U_I 应为单电压输出时的两倍。

当集成稳压器本身的输出电压或输出电流不能满足要求时，可通过外接电路进行性能扩展。图 2-8-5 所示是一种简单的输出电压扩展电路。如 W7812 稳压器的 3、2 端间输出电压为 12V，因此只要适当选择 R 的值，使稳压管 VD_W 工作在稳压区，则输出电压 U_O=12+U_Z，可以高于稳压器本身的输出电压。

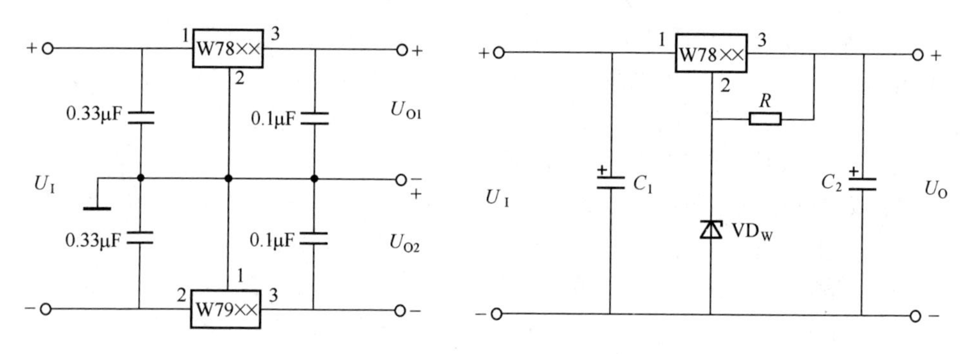

图 2-8-4　正、负双电压输出电路　　　　图 2-8-5　输出电压扩展电路

图 2-8-6 是通过外接晶体管 VT 及电阻 R_1 进行电流扩展的电路。电阻 R_1 的阻值由外接晶体管的发射结导通电压 U_{BE}、三端式稳压器的输入电流 I_I（近似等于三端稳压器的输出电流 I_{O1}）和 VT 的基极电流 I_B 来决定，即

$$R_1 = \frac{U_{BE}}{I_R} = \frac{U_{BE}}{I_I - I_B} = \frac{U_{BE}}{I_{O1} - \dfrac{I_C}{\beta}}$$

式中　I_C——晶体管 VT 的集电极电流，它应等于 $I_C=I_O-I_{O1}$；

β——VT 的电流放大系数；对于锗管 U_{BE} 可按 0.3V 估算，对于硅管 U_{BE} 按 0.7V 估算。

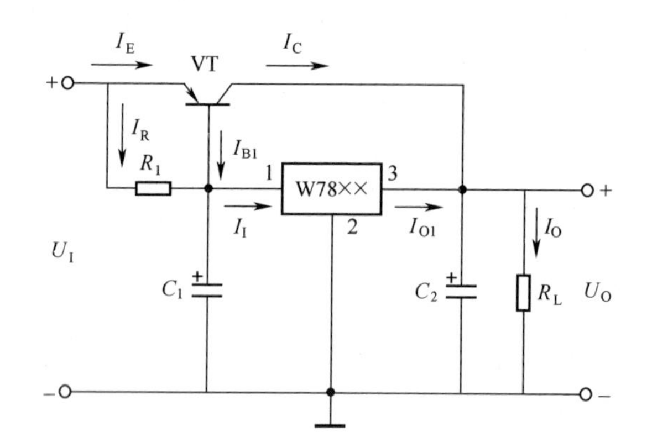

图 2-8-6　输出电流扩展电路

（1）图 2-8-7 所示为 W7900 系列（输出负电压）外形及接线图。

（2）图 2-8-8 所示为可调输出正三端稳压器 W317 外形及接线图。

输出电压计算公式　　$U_O \approx 1.25(1+\frac{R_2}{R_1})$

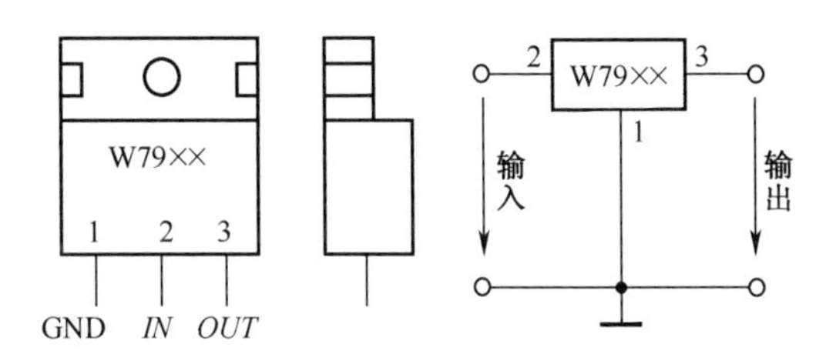

图 2-8-7　W7900 系列外形及接线图

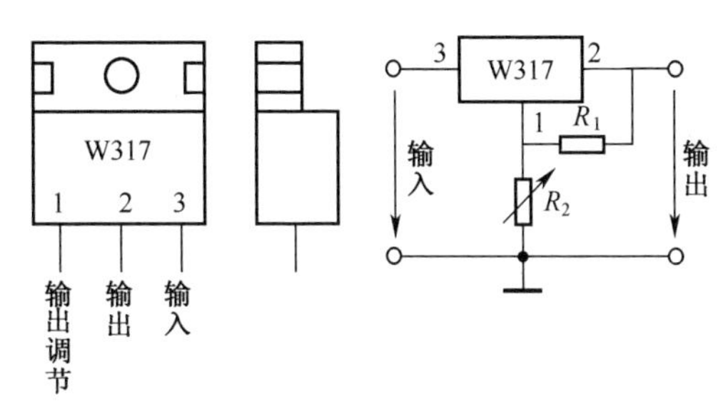

图 2-8-8　W317 外形及接线图

最大输入电压　　　　　U_{Im}=40V

输出电压范围　　　　　U_O=1.2～37V

稳压电源的主要性能指标如下：

（1）输出电压 U_O 和输出电压调节范围。

（2）最大负载电流 I_{Om}。

（3）输出电阻 R_O。

输出电阻 R_O 定义为：当输入电压 U_I（指稳压电路输入电压）保持不变，由于负载变化而引起的输出电压变化量与输出电流变化量之比，即

$$R_O = \left.\frac{\Delta U_O}{\Delta I_O}\right|_{U_I=\text{常数}}$$

（4）稳压系数 S（电压调整率）。稳压系数定义为：当负载保持不变，输出电压相对变化量与输入电压相对变化量之比，即

$$S = \left.\frac{\Delta U_O / U_O}{\Delta U_I / U_I}\right|_{R_L=\text{常数}}$$

由于工程上常把电网电压波动±10%作为极限条件，因此也有将此时输出电压的相对变化$\triangle U_O$ / U_O 作为衡量指标，称为电压调整率。

（5）纹波电压。输出纹波电压是指在额定负载条件下，输出电压中所含交流分量的有效值（或峰值）。

三、实验设备与器件

（1）可调工频电源。

（2）双踪示波器。

（3）交流毫伏表。

（4）直流电压表。

（5）直流毫安表。

（6）三端稳压器 W7812、W7815、W7915。

（7）桥堆 2WO6（或 KBP306）。

（8）电阻、电容若干。

四、实验内容

1. 整流滤波电路测试

按图 2-8-9 连接实验电路，取可调工频电源 14V 电压作为整流电路输入电压 u_2。接通工频电源，测量输出端直流电压 U_L 及纹波电压 $\tilde{U}_L$，用示波器观察 u_2、u_L 的波形，把数据及波形记入自拟表格中。

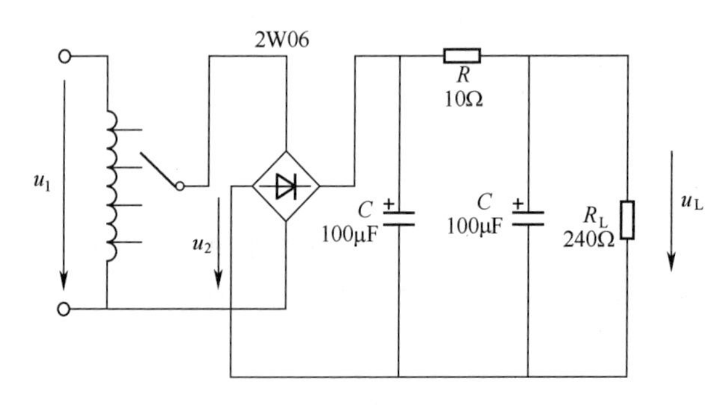

图 2-8-9 整流滤波电路

2. 集成稳压器性能测试

断开工频电源，按图 2-8-2 改接实验电路，取负载电阻 R_L=120Ω。

（1）初测。接通工频 14V 电源，测量 U_2 值；测量滤波电路输出电压 U_I（稳压器输入电压），集成稳压器输出电压 U_O，它们的数值应与理论值大致符合，否则说明电路出了故障。设法查找故障并加以排除。

电路经初测进入正常工作状态后，才能进行各项指标的测试。

（2）各项性能指标测试。

1）输出电压 U_O 和最大输出电流 I_{Omax} 的测量。在输出端接负载电阻 R_L=120Ω，由于 7812 输出电压 U_O=12V，因此流过 R_L 的电流 $I_{Omax}=\frac{12}{120}=100mA$。这时 U_O 应基本保持不变，若变化较大则说明集成块性能不良。

2）测量稳压系数 S。取 I_O=100mA，按表 2-8-1 改变整流电路输入电压 U_2（模拟电网电压波动），分别测出相应的稳压器输入电压 U_I 及输出直流电压 U_O，记入表 2-8-1。

表 2-8-1　实验数据（一）　　I_O=100mA

<table>
<tr><th colspan="3">测试值</th><th>计算值</th></tr>
<tr><th>U_2（V）</th><th>U_I（V）</th><th>U_O（V）</th><th>S</th></tr>
<tr><td>12</td><td></td><td></td><td rowspan="3">S_{12}=
S_{23}=</td></tr>
<tr><td>14</td><td></td><td>12</td></tr>
<tr><td>16</td><td></td><td></td></tr>
</table>

3）测量输出电阻 R_O。取 U_2=14V，改变滑线变阻器位置，使 I_O 为空载、50mA 和 100mA，测量相应的 U_O 值，记入表 2-8-2。

表 2-8-2　实验数据（二）　　U_2=14V

<table>
<tr><th colspan="2">测试值</th><th>计算值</th></tr>
<tr><th>I_O（mA）</th><th>U_O（V）</th><th>R_O（Ω）</th></tr>
<tr><td>空载</td><td></td><td rowspan="3">R_{012}=
R_{023}=</td></tr>
<tr><td>50</td><td>12</td></tr>
<tr><td>100</td><td></td></tr>
</table>

4）测量输出纹波电压。取 U_2=14V，U_O=12V，I_O=100mA，测量输出纹波电压 U_O，记录之。

（3）集成稳压器性能扩展。根据实验器材，选取图 2-8-4、图 2-8-5 或图 2-8-8 中的各元器件，并自拟测试方法与表格，记录实验结果。

五、实验预习要求

（1）复习教材中有关集成稳压器部分的内容。

（2）列出实验内容中所要求的各种表格。

（3）在测量稳压系数 S 和内阻 R_O 时，应怎样选择测试仪表？

六、实验报告要求

按实验基础知识（三）的要求书写实验报告，并完成以下各项要求：

（1）整理实验数据，计算 S 和 R_O，并与手册上的典型值进行比较。

（2）分析讨论实验中发生的现象和问题。

实验九　晶闸管可控整流电路

一、实验目的

（1）学习单结晶体管和晶闸管的简易测试方法。

（2）熟悉单结晶体管触发电路（阻容移相桥触发电路）的工作原理及调试方法。

（3）熟悉用单结晶体管触发电路控制晶闸管调压电路的方法。

二、实验原理

可控整流电路的作用是把交流电变换为电压值可以调节的直流电。如图 2-9-1 所示为单相半控桥式整流实验电路。主电路由负载 R_L（灯炮）和晶闸管 VT_1 组成，触发电路为单结晶体管 VT_2 及一些阻容元件构成的阻容移相桥触发电路。改变晶闸管 VT_1 的导通角，便可调节主电路的可控输出整流电压（或电流）的数值，这点可由灯炮负载的亮度变化看出。晶闸管导通角的大小决定于触发脉冲的频率 f，由公式

$$f = \frac{1}{RC}\ln(\frac{1}{1-\eta})$$

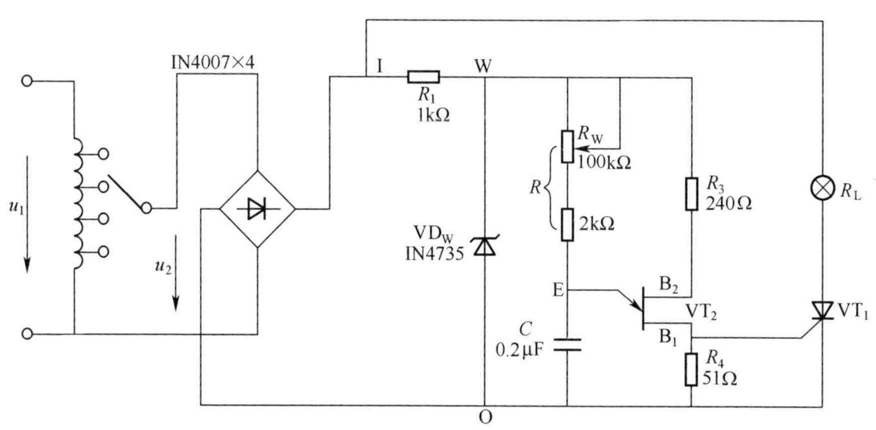

图 2-9-1　单相半控桥式整流实验电路

可知，当单结晶体管的分压比 η（一般在 0.5～0.8 之间）及电容 C 值固定时，

则频率 f 大小由 R 决定，因此，通过调节电位器 R_W，使可以改变触发脉冲频率，主电路的输出电压也随之改变，从而达到可控调压的目的。

用万用表的电阻挡（或用数字万用表二极管挡）可以对单结晶体管和晶闸管进行简易测试。

图 2-9-2 所示为单结晶体管 BT33 管脚排列、结构图及电路符号。好的单结晶体管 PN 结正向电阻 R_{EB1}、R_{EB2} 均较小，且 R_{EB1} 稍大于 R_{EB2}，PN 结的反向电阻 R_{B1E}、R_{B2E} 均应很大，根据所测阻值，即可判断出各引脚及管子的质量优劣。

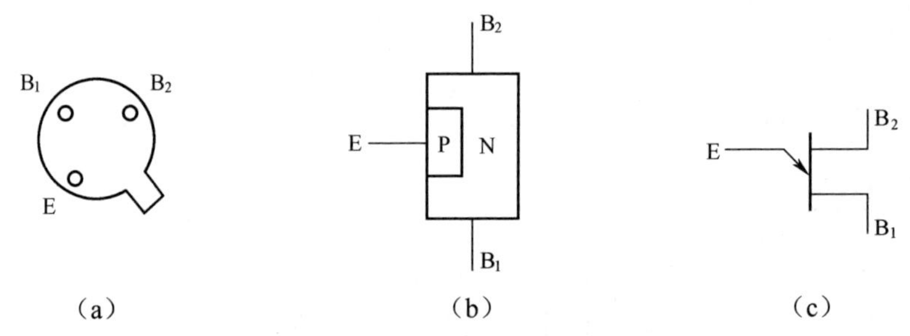

图 2-9-2　单结晶体管 BT33 引脚排列、结构图及电路符号

图 2-9-3 所示为晶闸管 3CT3A 引脚排列、结构图及电路符号。晶闸管的阳极（A）、阴极（K）及阳极（A）、门极（G）之间的正/反向电阻 R_{AK}、R_{KA}、R_{AG}、R_{GA} 均应很大，而门极（G）、阴极（K）之间为一个 PN 结，PN 结正向电阻应较小，反向电阻应很大。

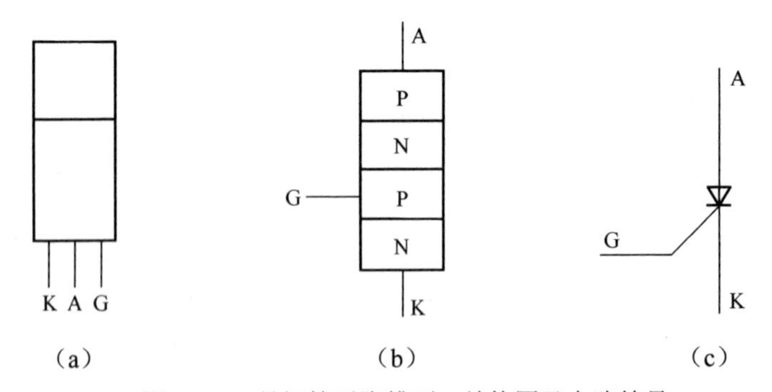

图 2-9-3　晶闸管引脚排列、结构图及电路符号

三、实验设备及器件

（1）±5V、±12V 直流电源。

（2）可调工频电源。

（3）万用电表。
（4）双踪示波器。
（5）交流毫伏表。
（6）直流电压表。
（7）晶闸管 3CT3A。
（8）单结晶体管 BT33。
（9）二极管 IN4007×4。
（10）稳压管 IN4735。
（11）灯炮 12V/0.1A。

四、实验内容

1．单结晶体管的简易测试

用万用电表 $R\times10\Omega$挡分别测量 EB_1、EB_2间正、反向电阻，记入表 2-9-1。

表 2-9-1　实验数据（一）

R_{EB1}（Ω）	R_{EB2}（Ω）	R_{B1E}（kΩ）	R_{B2E}（kΩ）	结论

2．晶闸管的简易测试

用万用电表 $R\times1K$ 挡分别测量 A-K、A-G 间正、反向电阻；用 $R\times10\Omega$挡测量 G-K 间正、反向电阻，记入表 2-9-2。

表 2-9-2　实验数据（二）

R_{AK}（kΩ）	R_{KA}（kΩ）	R_{AG}（kΩ）	R_{GA}（kΩ）	R_{GK}（kΩ）	R_{KG}（kΩ）	结论

3．晶闸管导通，关断条件测试

断开±12V、±5V 直流电源，按图 2-9-4 连接实验电路。

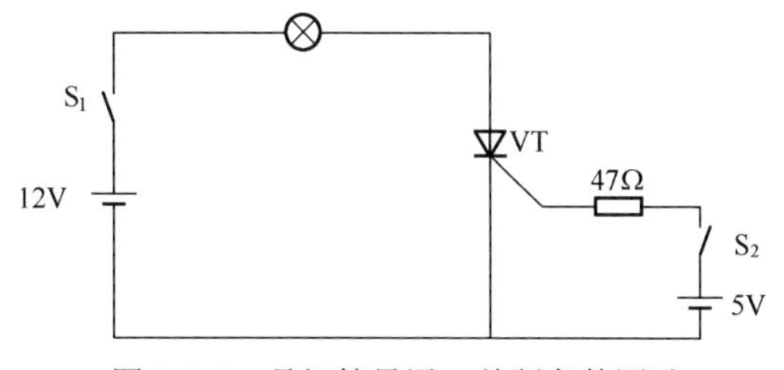

图 2-9-4　晶闸管导通、关断条件测试

（1）晶闸管阳极加 12V 正向电压，门极①开路，②加 5V 正向电压，观察管子是否导通（导通时灯炮亮，关断时灯炮熄灭），管子导通后，③去掉+5V 门极电压，④反接门极电压（接-5V），观察管子是否继续导通。

（2）晶闸管导通后，①去掉+12V 阳极电压，②反接阳极电压（接-12V），观察管子是否关断。记录之。

4. 晶闸管可控整流电路

按图 2-9-1 连接实验电路。取可调工频电源 14V 电压作为整流电路输入电压 u_2，电位器 R_W 置中间位置。

（1）单结晶体管触发电路。

1）断开主电路（把灯炮取下），接通工频电源，测量 U_2 值。用示波器依次观察并记录交流电压 u_2、整流输出电压 u_I（I—0）、削波电压 u_W（W—0）、锯齿波电压 u_E（E—0）、触发输出电压 u_{B1}（B_1—0）。记录波形时，注意各波形间对应关系。记入表 2-9-3。

表 2-9-3 实验数据（三）

u_2	u_I	u_W	u_E	u_{B1}

2）改变移相电位器 R_W 阻值，观察 u_E 及 u_{B1} 波形的变化。

（2）可控整流电路。断开工频电源，接入负载灯泡 R_L，再接通工频电源，调节电位器 R_W，使电灯由暗到中等亮，再到最亮，用示波器观察负载两端电压波形。记入表 2-9-4。

表 2-9-4 实验数据（四）

	暗	较亮	最亮
u_L 波形			

五、实验预习要求

（1）复习晶闸管可控整流部分内容。

（2）可否用万用电表 $R\times10$K 欧姆挡测试管子，为什么？

（3）为什么可控整流电路必须保证触发电路与主电路同步？本实验是如何实现同步的？

（4）能否用双踪示波器同时观察 u_2 和 u_L 或 u_L 和 u_{B1} 波形？为什么？

六、实验报告要求

按实验基础知识（三）的要求书写实验报告，并完成以下各项要求：

（1）总结晶闸管导通、关断的基本条件。

（2）画出实验中记录的波形（注意各波形间对应关系），并进行讨论。

（3）分析实验中出现的异常现象。

实验十　TTL 集成逻辑门的逻辑功能测试

一、实验目的

（1）认识各种 TTL 集成门电路芯片及其引脚功能的排列情况。

（2）熟悉数字电路实验装置的结构、基本功能和使用方法。

（3）掌握 TTL 集成门电路逻辑功能的测试方法。

（4）掌握 TTL 器件的使用规则。

二、实验原理

例如，四输入双与非门 74LS20，即在一块集成块内含有两个互相独立的与非门，每个与非门有四个输入端。其逻辑框图、符号及引脚排列分别如图 2-10-1（a）、（b）、（c）所示。

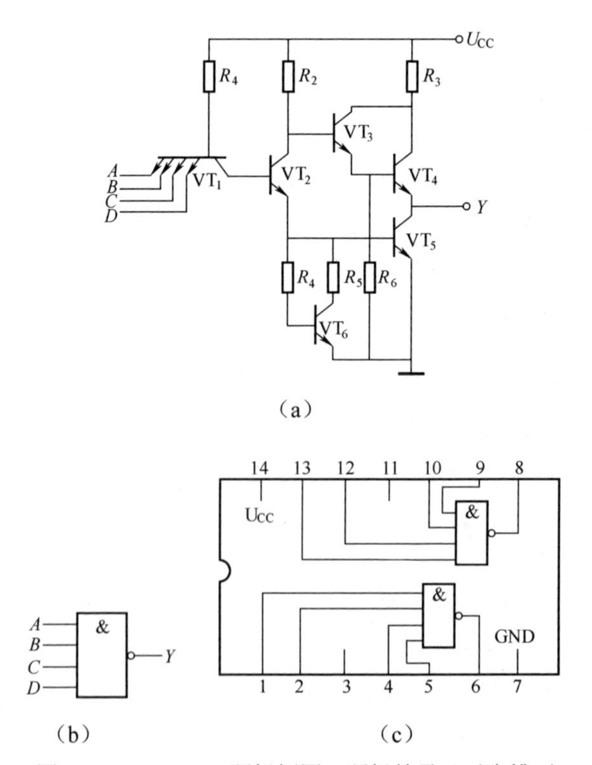

图 2-10-1　74LS20 逻辑框图、逻辑符号及引脚排列

1. 与非门的逻辑功能

与非门的逻辑功能是：当输入端中有一个或一个以上是低电平时，输出端为高电平；只有当输入端全部为高电平时，输出端才是低电平（即有“0”得“1”，全“1”得“0”）。

其逻辑表达式为 $Y=\overline{AB\cdots}$。

2. 集成电路芯片简介

数字电路实验中用到的集成芯片都是双列直插式的，其引脚排列规则如图2-10-1所示。识别方法是：正对集成电路型号（如74LS20）或看标记（左边的缺口或小圆点标记），从左下角开始按逆时针方向以1，2，3…依次排列到最后一脚（在左上角）。在标准形TTL集成电路中，电源端 U_{CC} 一般排在左上端，接地端GND一般排在右下端。如74LS20为14脚芯片，14脚为 U_{CC}，7脚为GND。若集成芯片引脚上的功能标号为NC，则表示该引脚为空脚，与内部电路不连接。

3. TTL集成电路使用规则

（1）接插集成块时，要认清定位标记，不得插反。

（2）电源电压使用范围为+4.5～+5.5V，实验中要求使用 U_{CC}=+5V。电源极性绝对不允许接错。

（3）闲置输入端处理方法。

1）悬空，相当于正逻辑“1”，对于一般小规模集成电路的数据输入端，实验时允许悬空处理。但易受外界干扰，导致电路的逻辑功能不正常。因此，对于接有长线的输入端，中规模以上的集成电路和使用集成电路较多的复杂电路，所有控制输入端必须按逻辑要求接入电路，不允许悬空。

2）直接接电源电压 U_{CC}（也可以串入一只1～10kΩ的固定电阻）或接至某一固定电压（+2.4V≤U≤4.5V）的电源上，或与输入端为接地的多余与非门的输出端相接。

3）若前级驱动能力允许，可以与使用的输入端并联。

（4）输入端通过电阻接地，电阻值的大小将直接影响电路所处的状态。当 R≤680Ω时，输入端相当于逻辑“0”；当 R≥4.7kΩ时，输入端相当于逻辑“1”。对于不同系列的器件，要求的阻值不同。

（5）输出端不允许并联使用（集电极开路门（OC）和三态输出门电路（3S）除外），否则不仅会使电路逻辑功能混乱，并会导致器件损坏。

（6）输出端不允许直接接地或直接接+5V电源，否则将损坏器件，有时为了使后级电路获得较高的输出电平，允许输出端通过电阻 R 接至 U_{CC}，一般取 R=3～5.1kΩ。

三、实验设备与器件

（1）+5V 直流电源。

（2）逻辑电平开关。

（3）逻辑电平显示器。

（4）直流数字电压表。

（5）74LS00、74LS20、74LS32、74LS55、74LS86 等。

四、实验内容

在合适的位置选取一个 14P 插座，按定位标记插好 74LS20 集成块。

（1）验证 TTL 集成与非门 74LS20 的逻辑功能。

按图 2-10-2 接线，门的 4 个输入端接逻辑开关输出插口（见图 2-10-3），以提供“0”与“1”电平信号，开关向上，输出逻辑“1”，向下为逻辑“0”。门的输出端接由 LED 发光二极管组成的逻辑电平显示器（见图 2-10-4）的显示插口，LED 亮为逻辑“1”，不亮为逻辑“0”。按表 2-10-1 的真值表逐个测试集成块中两个与非门的逻辑功能。74LS20 有 4 个输入端，有 16 个最小项，在实际测试时，只要通过对输入 1111、0111、1011、1101、1110 五项进行检测就可判断其逻辑功能是否正常。

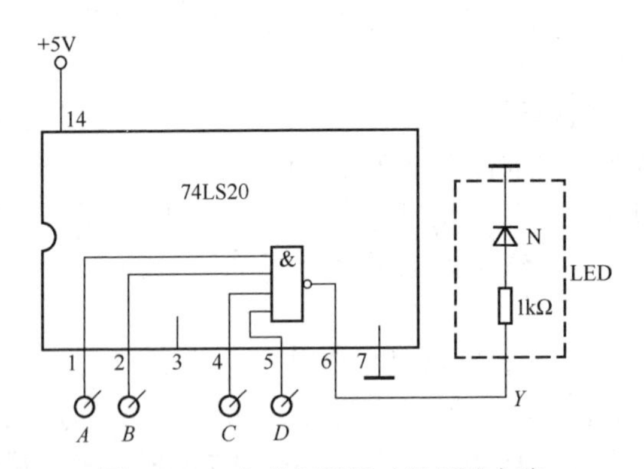

图 2-10-2　与非门逻辑功能测试电路

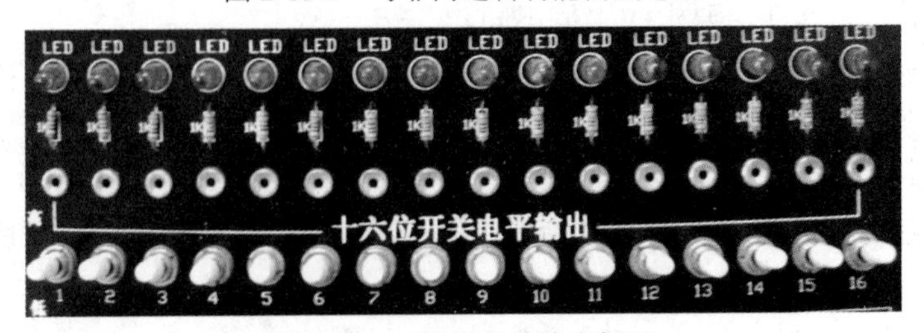

图 2-10-3　逻辑开关输出插口

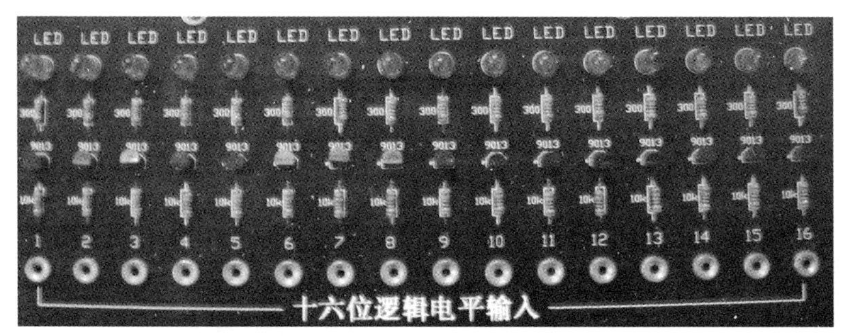

图 2-10-4　逻辑电平显示器的显示插口

表 2-10-1　实验数据

输入				输出
A	*B*	*C*	*D*	*Y*
1	1	1	1	
0	1	1	1	
1	0	1	1	
1	1	0	1	
1	1	1	0	

（2）分别测试或门 74LS32、异或门 74LS86、与或非门 74LS55*的逻辑功能，并自拟表格记录之。方法同 1，引脚排列见附录三。

五、实验预习要求

（1）数字电路实验装置的结构、基本功能和使用方法。

（2）复习 TTL 集成门电路的相关知识。

（3）思考题：

1）你能用两个与非门实现与门和非门功能吗？

2）欲使一个异或门实现非逻辑，电路将如何连接？

3）对于 TTL 电路为什么说输入端悬空相当于接高电平？CMOS 集成门电路的多余输入端为什么不能悬空？

4）与或非门中，当某一组与端不用时，应如何处理？

六、实验报告要求

按实验基础知识（三）的要求书写实验报告，并完成以下各项要求：

（1）记录、整理实验结果，并对结果进行分析。

实验十一　组合逻辑电路的设计与测试

一、实验目的

掌握组合逻辑电路的设计与测试方法。

二、实验原理

使用中、小规模集成电路设计组合电路是最常见的逻辑电路。设计组合电路的一般步骤如图 2-11-1 所示。

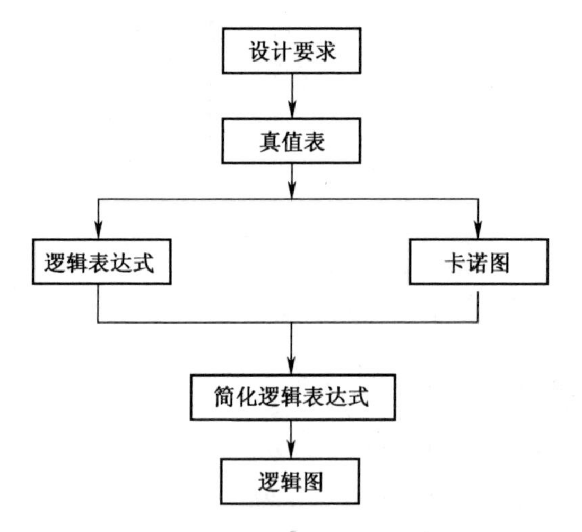

图 2-11-1　组合逻辑电路设计流程图

根据设计任务的要求建立输入、输出变量，并列出真值表。然后用逻辑代数或卡诺图化简法求出简化的逻辑表达式。并按实际选用逻辑门的类型修改逻辑表达式。根据简化后的逻辑表达式画出逻辑图，用标准器件构成逻辑电路。最后，用实验来验证设计的正确性。

1. 组合逻辑电路设计举例

用与非门设计一个表决电路。当 4 个输入端中有 3 个或 4 个为“1”时，输出端才为“1”。

设计步骤：根据题意列出真值表如表 2-11-1 所示，再填入卡诺图表 2-11-2 中。

表 2-11-1　真值表

D	0	0	0	0	0	0	0	0	1	1	1	1	1	1	1	1
A	0	0	0	0	1	1	1	1	0	0	0	0	1	1	1	1
B	0	0	1	1	0	0	1	1	0	0	1	1	0	0	1	1
C	0	1	0	1	0	1	0	1	0	1	0	1	0	1	0	1
Z	0	0	0	0	0	0	0	1	0	0	0	1	0	1	1	1

表 2-11-2　卡诺图

DA \ BC	00	01	11	10
00				
01			1	
11		1	1	1
10			1	

由卡诺图得出逻辑表达式，并演化成“与非”的形式。

$$Z = ABC + BCD + ACD + ABD$$
$$= \overline{\overline{ABC} \cdot \overline{BCD} \cdot \overline{ACD} \cdot \overline{ABC}}$$

根据逻辑表达式画出用与非门构成的逻辑电路如图 2-11-2 所示。

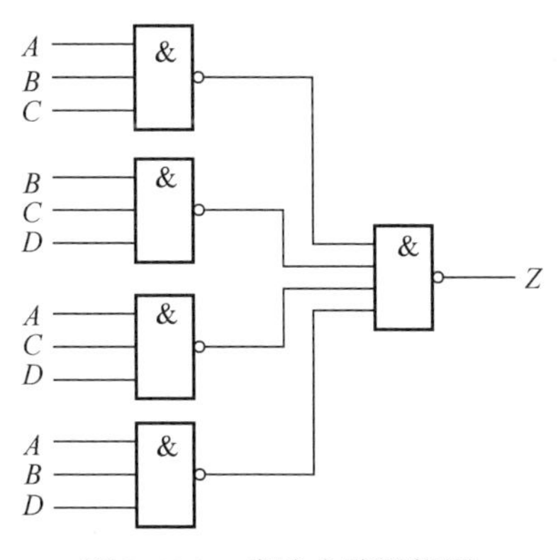

图 2-11-2　表决电路逻辑图

2. 用实验验证逻辑功能

在实验装置适当位置选定三个 14P 插座，按照集成块定位标记插好集成块 CC4012（74LS12）。

按图 2-11-2 接线，输入端 *A*、*B*、*C*、*D* 接至逻辑开关输出插口，输出端 *Z* 接逻辑电平显示输入插口，按真值表（自拟）要求，逐次改变输入变量，测量相应的输出值，验证逻辑功能，与表 2-11-1 进行比较，验证所设计的逻辑电路是否符合要求。

三、实验设备与器件

（1）+5V 直流电源。

（2）逻辑电平开关。

（3）逻辑电平显示器。

（4）直流数字电压表。

（5）CC4011×2（74LS00）、CC4012（74LS20）等。

四、实验内容

（1）设计一个三人表决电路（多数赞成则提案通过）。本设计要求采用与非门实现。要求按本文所述的设计步骤进行，直到测试电路逻辑功能符合设计要求为止。

（2）设计一个保险箱的数字代码锁，该锁有规定的四位代码 *A*、*B*、*C*、*D* 的输入端和一个开箱钥匙孔信号 *E* 的输入端，锁的代码由实验者自编（例如 1001）。当用钥匙开箱时（E=1），如果输入代码符合该锁设定的代码，保险箱打开（Z_1=1 灯亮），如果输入代码不符，电路将发出报警信号（Z_2=1 蜂鸣器响）。要求使用与非门实现，写出设计过程，检测并记录实验结果。

（3）设计一个对两个两位无符号的二进制数进行比较的电路；根据第一个数是否大于、等于、小于第二个数，使相应的三个输出端中的一个输出为“1”，要求用与门、与非门及或非门实现。

五、实验预习要求

（1）根据实验任务要求设计组合电路，并根据所给的标准器件画出逻辑图。

（2）如何用最简单的方法验证与或非门的逻辑功能是否完好？

（3）实验内容（2）参考图（密码为 1001）如图 2-11-3 所示。

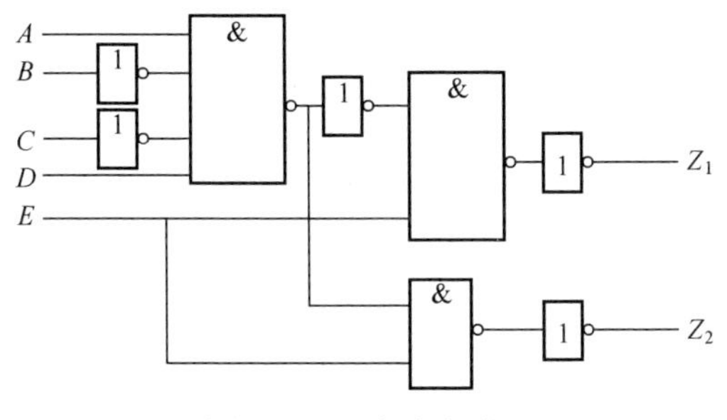

图 2-11-3 表决电路

六、实验报告要求

按实验基础知识（三）的要求书写实验报告，并完成以下各项要求：

（1）列写实验任务的设计过程，画出设计的电路图。

（2）对所设计的电路进行实验测试，记录测试结果。

（3）写出组合电路设计体会。

实验十二　译码器及其应用

一、实验目的

（1）掌握中规模集成译码器的逻辑功能和使用方法。

（2）熟悉数码管的使用。

二、实验原理

译码器是一个多输入、多输出的组合逻辑电路。它的作用是对给定的代码进行“翻译”，变成相应的状态，使输出通道中相应的一路有信号输出。译码器在数字系统中有广泛的用途，不仅用于代码的转换、终端的数字显示，还用于数据分配、存储器寻址和组合控制信号等。不同的功能可选用不同种类的译码器。

译码器可分为通用译码器和显示译码器两大类，前者又分为变量译码器和代码变换译码器。

1. 变量译码器

变量译码器（又称为二进制译码器），用以表示输入变量的状态，如 2-4 线、3-8 线和 4-16 线译码器。若有 n 个输入变量，则有 2^n 个不同的组合状态，就有 2^n 个输出端供其使用。每个输出代表的函数对应于 n 个输入变量的最小项。

以 3-8 线译码器 74LS138 为例进行分析，图 2-12-1（a）、（b）分别为其逻辑图及引脚排列。

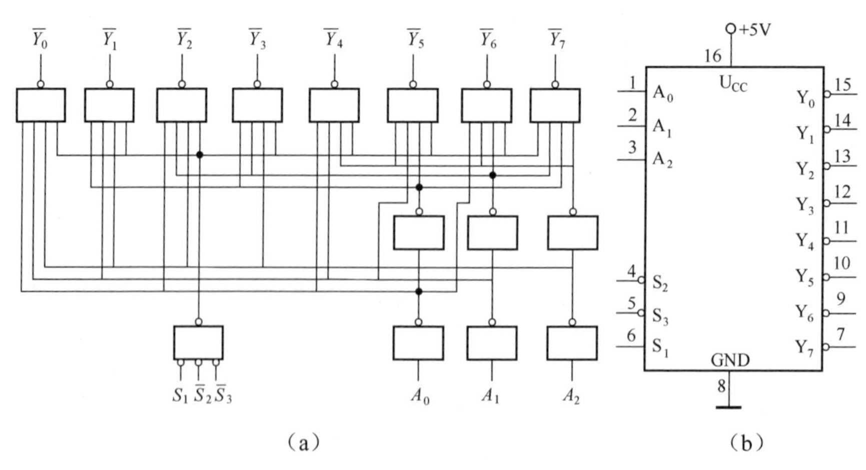

（a）　　　　（b）

图 2-12-1　3-8 线译码器 74LS138 逻辑图及引脚排列

其中 A_2、A_1、A_0 为地址输入端，$\overline{Y}_0$～$\overline{Y}_7$ 为译码输出端，S_1、$\overline{S}_2$、$\overline{S}_3$ 为使能端。如表 2-12-1 所示为 74LS138 功能表。

表 2-12-1　74LS138 功能表

输入					输出							
S_1	$\overline{S}_2+\overline{S}_3$	A_2	A_1	A_0	$\overline{Y}_0$	$\overline{Y}_1$	$\overline{Y}_2$	$\overline{Y}_3$	$\overline{Y}_4$	$\overline{Y}_5$	$\overline{Y}_6$	$\overline{Y}_7$
1	0	0	0	0	0	1	1	1	1	1	1	1
1	0	0	0	1	1	0	1	1	1	1	1	1
1	0	0	1	0	1	1	0	1	1	1	1	1
1	0	0	1	1	1	1	1	0	1	1	1	1
1	0	1	0	0	1	1	1	1	0	1	1	1
1	0	1	0	1	1	1	1	1	1	0	1	1
1	0	1	1	0	1	1	1	1	1	1	0	1
1	0	1	1	1	1	1	1	1	1	1	1	0
0	×	×	×	×	1	1	1	1	1	1	1	1
×	1	×	×	×	1	1	1	1	1	1	1	1

当 S_1=1，$\overline{S}_2+\overline{S}_3$=0 时，器件使能，地址码所指定的输出端有信号（为 0）输出，其他所有输出端均无信号（全为 1）输出。当 S_1=0，$\overline{S}_2+\overline{S}_3$=$X$ 时，或 S_1=X，$\overline{S}_2+\overline{S}_3$=1 时，译码器被禁止，所有输出同时为 1。

二进制译码器实际上也是负脉冲输出的脉冲分配器。若利用使能端中的一个输入端输入数据信息，器件就成为一个数据分配器（又称为多路分配器），如图 2-12-2 所示。若在 S_1 输入端输入数据信息，$\overline{S}_2=\overline{S}_3$=0，地址码对应的输出是 S_1 数据信息的反码；若从 $\overline{S}_2$ 端输入数据信息，令 S_1=1、$\overline{S}_3$=0，地址码对应的输出就是 $\overline{S}_2$ 端数据信息的原码。若数据信息是时钟脉冲，则数据分配器成为时钟脉冲分配器。

根据输入地址的不同组合译出唯一地址，故可用作地址译码器。接成多路分配器，可将一个信号源的数据信息传输到不同的地点。

二进制译码器还能方便地实现逻辑函数，如图 2-12-3 所示，实现的逻辑函数是

$$Z=\overline{A}\,\overline{B}\,\overline{C}+A\overline{B}\,\overline{C}+\overline{A}B\overline{C}+ABC$$

利用使能端能方便地将两个 3-8 译码器组合成一个 4-16 译码器，如图 2-12-4 所示。

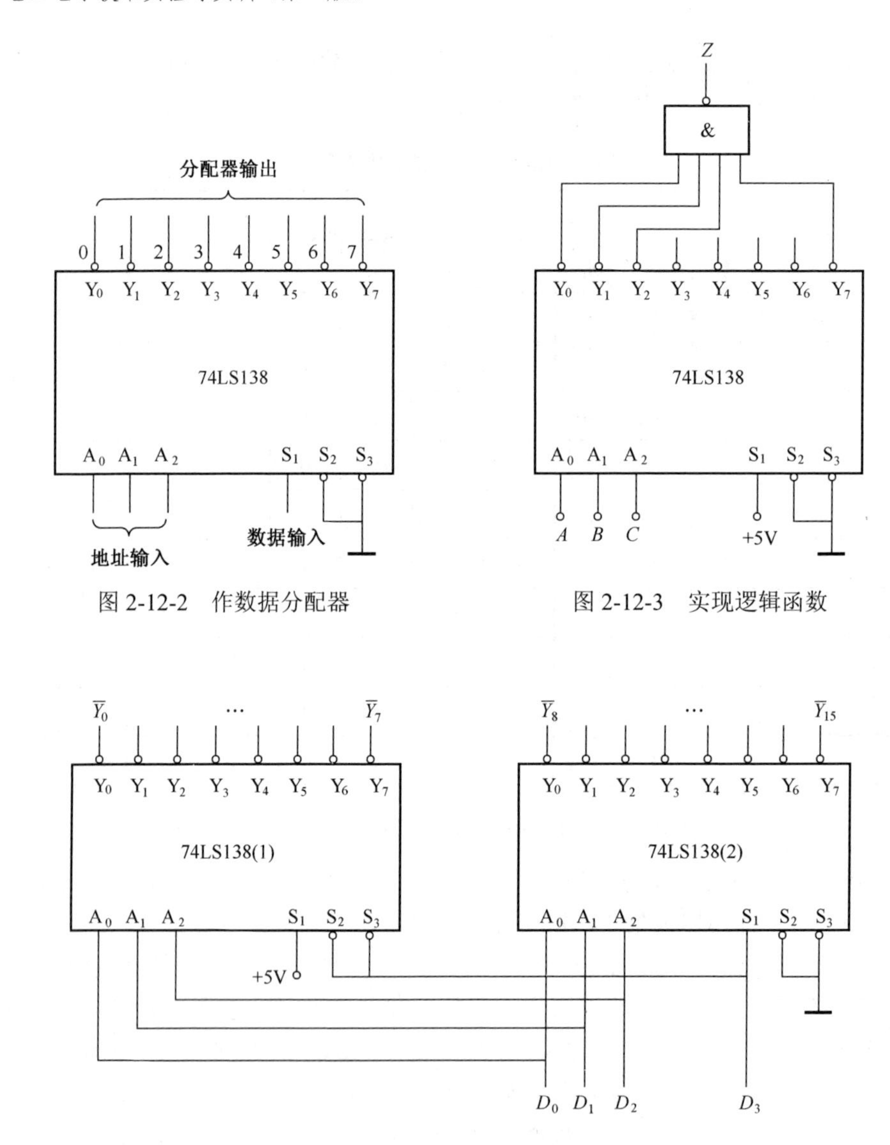

图 2-12-2　作数据分配器

图 2-12-3　实现逻辑函数

图 2-12-4　用两片 74LS138 组合成 4-16 译码器

2. 数码显示译码器

（1）七段发光二极管（LED）数码管。

LED 数码管是目前最常用的数字显示器，图 2-12-5（a）、（b）为共阴管和共阳管的电路，（c）为两种不同出线形式的引出脚功能图。

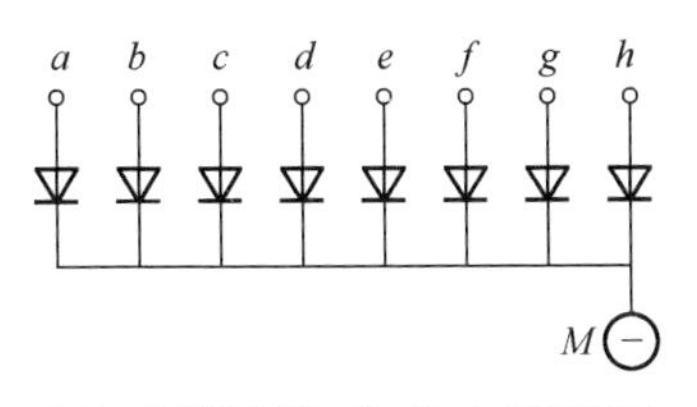

（a）共阴连接（“1”电平驱动）

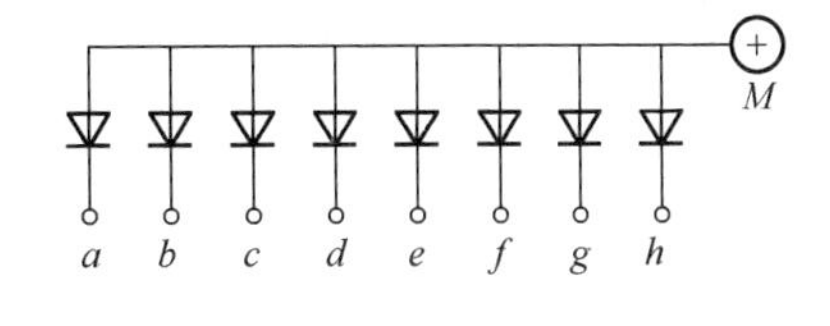

（b）共阳连接（“0”电平驱动）

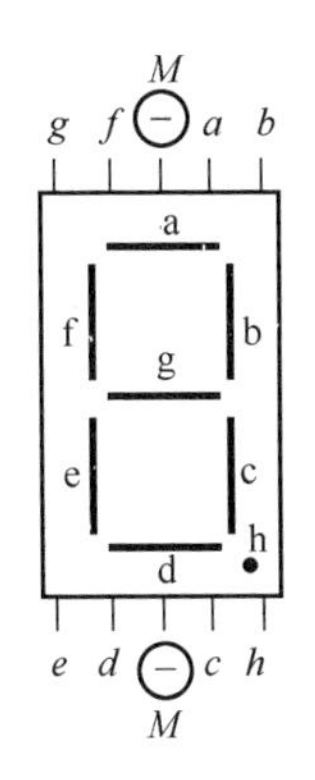

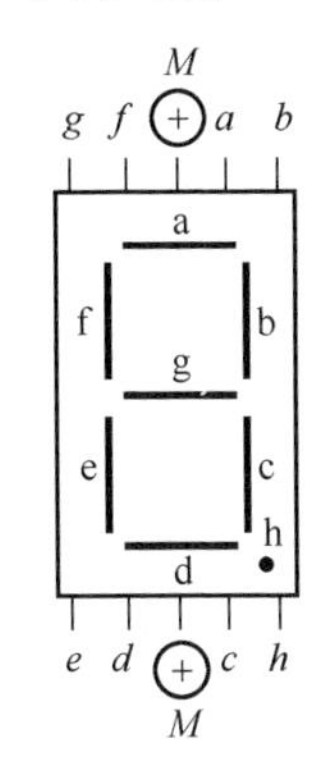

（c）符号及引脚功能

图 2-12-5　LED 数码管

一个 LED 数码管可用来显示一位 0～9 十进制数和一个小数点。小型数码管（0.5 寸和 0.36 寸）每段发光二极管的正向压降，随显示光（通常为红、绿、黄、橙色）的颜色不同略有差别，通常约为 2～2.5V，每个发光二极管的点亮电流在 5～10mA。LED 数码管要显示 BCD 码表示的十进制数字就需要有一个专门的译码器，该译码器不但要完成译码功能，还要有相当的驱动能力。

（2）BCD 码七段译码驱动器。

此类译码器型号有 74LS47（共阳）、74LS48（共阴）、CC4511（共阴）等，本实验系采用 CC4511 BCD 码锁存 / 七段译码 / 驱动器驱动共阴极 LED 数码管。

如图 2-12-6 所示为 CC4511 引脚排列图。

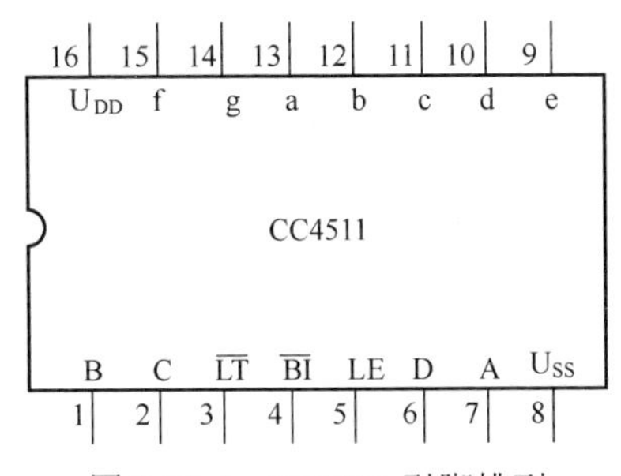

图 2-12-6　CC4511 引脚排列

其中：A、B、C、D——BCD 码输入端。

a、b、c、d、e、f、g——译码输出端，输出“1”有效，用来驱动共阴极 LED 数码管。

$\overline{LT}$——测试输入端，$\overline{LT}$ =“0”时，译码输出全为“1”。

$\overline{BI}$——消隐输入端，$\overline{BI}$ =“0”时，译码输出全为“0”。

LE——锁定端，LE=“1”时，译码器处于锁定（保持）状态，译码输出保持在 LE=0 时的数值，LE=0 为正常译码。

表 2-12-2 所示为 CC4511 功能表。CC4511 内接有上拉电阻，故只需在输出端与数码管笔段之间串入限流电阻即可工作。译码器还有拒伪码功能，当输入码超过 1001 时，输出全为“0”，数码管熄灭。

表 2-12-2　CC4511 功能表

输入							输出							
LE	$\overline{BI}$	$\overline{LT}$	D	C	B	A	a	b	c	d	e	f	g	显示字形
×	×	0	×	×	×	×	1	1	1	1	1	1	1	8
×	0	1	×	×	×	×	0	0	0	0	0	0	0	消隐
0	1	1	0	0	0	0	1	1	1	1	1	1	0	0
0	1	1	0	0	0	1	0	1	1	0	0	0	0	1
0	1	1	0	0	1	0	1	1	0	1	1	0	1	2
0	1	1	0	0	1	1	1	1	1	1	0	0	1	3
0	1	1	0	1	0	0	0	1	1	0	0	1	1	4
0	1	1	0	1	0	1	1	0	1	1	0	1	1	5
0	1	1	0	1	1	0	0	0	1	1	1	1	1	6
0	1	1	0	1	1	1	1	1	1	0	0	0	0	7
0	1	1	1	0	0	0	1	1	1	1	1	1	1	8
0	1	1	1	0	0	1	1	1	1	0	0	1	1	9
0	1	1	1	0	1	0	0	0	0	0	0	0	0	消隐
0	1	1	1	0	1	1	0	0	0	0	0	0	0	消隐
0	1	1	1	1	0	0	0	0	0	0	0	0	0	消隐
0	1	1	1	1	0	1	0	0	0	0	0	0	0	消隐
0	1	1	1	1	1	0	0	0	0	0	0	0	0	消隐
0	1	1	1	1	1	1	0	0	0	0	0	0	0	消隐
1	1	1	×	×	×	×	锁存							锁存

在本数字电路实验装置上已完成了译码器 CC4511 和数码管 BS202 之间的连接。实验时，只要接通+5V 电源和将十进制数的 BCD 码接至译码器的相应输入端 A、B、C、D 即可显示 0～9 的数字。4 位数码管可接受 4 组 BCD 码输入。CC4511 与 LED 数码管的连接如图 2-12-7 所示。

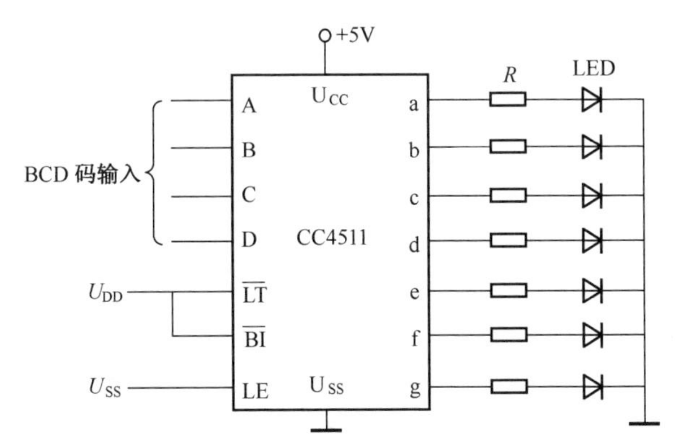

图 2-12-7　CC4511 驱动一位 LED 数码管

三、实验设备与器件

（1）+5V 直流电源。

（2）双踪示波器。

（3）连续脉冲源。

（4）逻辑电平开关。

（5）逻辑电平显示器。

（6）拨码开关组。

（7）译码显示器。

（8）74LS138×2、CC4511。

四、实验内容

（1）74LS138 译码器逻辑功能测试。将译码器使能端 S_1、$\overline{S}_2$、$\overline{S}_3$ 及地址端 A_2、A_1、A_0 分别接至逻辑电平开关输出口，8 个输出端 $\overline{Y}_7 \cdots \overline{Y}_0$ 依次连接在逻辑电平显示器的 8 个输入口上，拨动逻辑电平开关，按表 2-12-1 逐项测试 74LS138 的逻辑功能。

（2）用 74LS138 构成时序脉冲分配器。参照图 2-12-2 和实验原理说明，时钟脉冲 CP 的频率约为 10kHz，要求分配器输出端 $\overline{Y}_0 \cdots \overline{Y}_7$ 的信号与 CP 输入信号同相。

画出分配器的实验电路，用示波器观察和记录在地址端 A_2、A_1、A_0 分别取 000～111 八种不同状态时 $\overline{Y}_0 \cdots \overline{Y}_7$ 端的输出波形，注意输出波形与 CP 输入波形之间的相位关系。

（3）用 74LS138 实现逻辑函数 $Z=\overline{A}\,\overline{B}\,\overline{C} + AB\overline{C} + \overline{A}\,\overline{B}C + ABC$。

（4）用两片 74LS138 组合成一个 4-16 线译码器，并进行实验。

（5）用拨码开关输入不同的 BCD 码，观察数码管的输出显示情况。

五、实验预习要求

（1）复习有关译码器和分配器的原理。

（2）根据实验任务，画出所需的实验线路及记录表格。

六、实验报告要求

按实验基础知识（三）的要求书写实验报告，并完成以下各项要求：

（1）画出实验线路，把观察到的波形画在坐标纸上，并标上对应的地址码。

（2）对结果进行分析、讨论。

实验十三　触发器及其应用

一、实验目的

（1）掌握基本 RS、JK、D 和 T 触发器的逻辑功能。

（2）掌握集成触发器的逻辑功能及使用方法。

（3）熟悉触发器之间相互转换的方法。

二、实验原理

触发器具有两个稳定状态，用以表示逻辑状态“1”和“0”，在一定的外界信号作用下，可以从一个稳定状态翻转到另一个稳定状态，它是一个具有记忆功能的二进制信息存储器件，是构成各种时序电路的最基本逻辑单元。

1. 基本 RS 触发器

图 2-13-1 所示为由两个与非门交叉耦合构成的基本 RS 触发器，它是无时钟控制由低电平直接触发的触发器。基本 RS 触发器具有置“0”、置“1”和“保持”三种功能。通常称 $\overline{S}$ 为置“1”端，因为 $\overline{S}$=0（$\overline{R}$=1）时触发器被置“1”；$\overline{R}$ 为置“0”端，因为 $\overline{R}$=0（$\overline{S}$=1）时触发器被置“0”，当 $\overline{S}=\overline{R}$=1 时状态保持；$\overline{S}=\overline{R}$=0 时，触发器状态不定，应避免此种情况发生，表 2-13-1 所示为基本 RS 触发器的功能表。

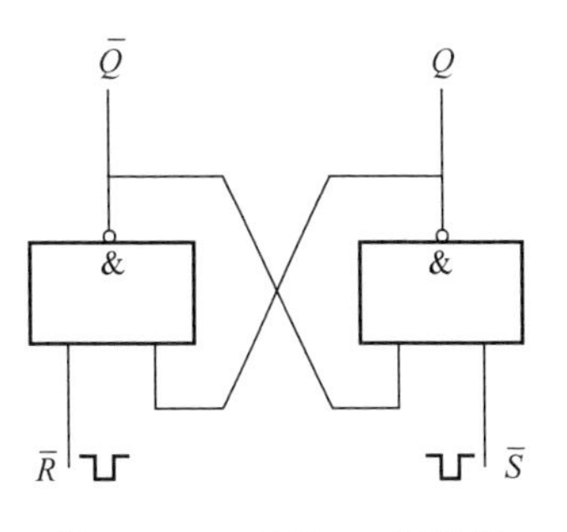

图 2-13-1　基本 RS 触发器

表 2-13-1　基本 RS 触发器的功能表

输入		输出	
$\overline{S}$	$\overline{R}$	Q^{n+1}	$\overline{Q}^{n+1}$
0	1	1	0
1	0	0	1
1	1	Q^n	$\overline{Q}^n$
0	0	Φ	Φ

基本 RS 触发器也可以用两个或非门组成，此时为高电平触发有效。

2. JK 触发器

在输入信号为双端的情况下，JK 触发器是功能完善、使用灵活和通用性较强的一种触发器。本实验采用 74LS112 双 JK 触发器，是下降边沿触发的边沿触发器。引脚功能及逻辑符号如图 2-13-2 所示。

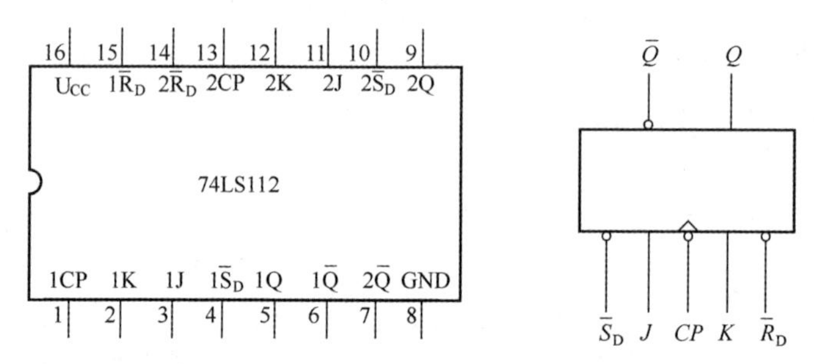

图 2-13-2　74LS112 双 JK 触发器引脚排列及逻辑符号

JK 触发器的状态方程为

$$Q^{n+1}=\mathrm{J}\overline{Q}^{n}+\overline{K}Q^{n}$$

J 和 K 是数据输入端，是触发器状态更新的依据，若 J、K 有两个或两个以上输入端时，组成“与”的关系。Q 与 $\overline{Q}$ 为两个互补输出端。通常把 Q=0、$\overline{Q}$=1 的状态定为触发器“0”状态；而把 Q=1、$\overline{Q}$=0 的状态定为“1”状态。

下降沿触发 JK 触发器的功能如表 2-13-2 所示。

表 2-13-2　下降沿触发 JK 触发器的功能表

输入					输出	
$\overline{S}_D$	$\overline{R}_D$	CP	J	K	Q^{n+1}	$\overline{Q}^{n+1}$
0	1	×	×	×	1	0
1	0	×	×	×	0	1
0	0	×	×	×	Φ	Φ
1	1	↓	0	0	Q^n	$\overline{Q}^n$
1	1	↓	1	0	1	0
1	1	↓	0	1	0	1
1	1	↓	1	1	$\overline{Q}^n$	Q^n
1	1	↑	×	×	Q^n	$\overline{Q}^n$

注：×——任意态；↓——高到低电平跳变；↑——低到高电平跳变；$Q^n(\overline{Q}^n)$——现态；$Q^{n+1}(\overline{Q}^{n+1})$——次态；φ——不定态。

JK 触发器常被用作缓冲存储器、移位寄存器和计数器。

3. D 触发器

在输入信号为单端的情况下，D 触发器用起来最为方便，其状态方程为 $Q^{n+1}=D^{n}$，其输出状态的更新发生在 CP 脉冲的上升沿，故又称为上升沿触发的边沿触发器，触发器的状态只取决于时钟到来前 D 端的状态，D 触发器的应用很广，可用作数字信号的寄存、移位寄存、分频和波形发生等。有多种型号可供各种用途的需要而选用。如双 D 74LS74、四 D 74LS175、六 D 74LS174 等。

图 2-13-3 所示为双 D 74LS74 的引脚排列及逻辑符号，功能如表 2-13-3 所示。

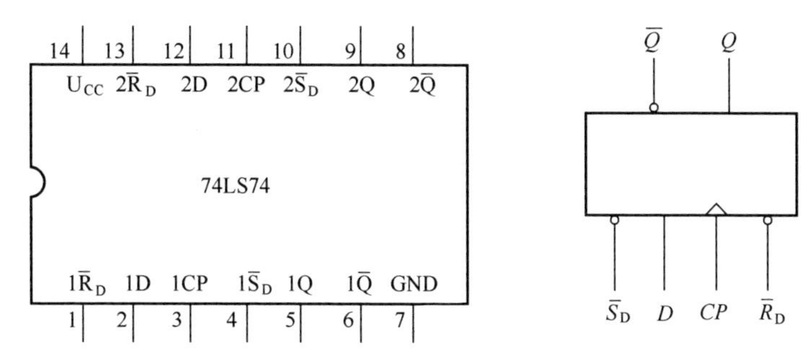

图 2-13-3　74LS74 引脚排列及逻辑符号

表 2-13-3　D 触发器

输入				输出	
$\bar{S}_D$	$\bar{R}_D$	CP	D	Q^{n+1}	$\bar{Q}^{n+1}$
0	1	×	×	1	0
1	0	×	×	0	1
0	0	×	×	ϕ	ϕ
1	1	↑	1	1	0
1	1	↑	0	0	1
1	1	↓	×	Q^{n}	$\bar{Q}^{n}$

4. 触发器之间的相互转换

在集成触发器的产品中，每一种触发器都有自己固定的逻辑功能。但可以利用转换的方法获得具有其他功能的触发器。例如将 JK 触发器的 J、K 两端连在一起，并认它为 T 端，就得到所需的 T 触发器。如图 2-13-4（a）所示，其状态方程为

$$Q^{n+1} = T\overline{Q}^n + \overline{T}Q^n$$

T 触发器的功能如表 2-13-4 所示。

表 2-13-4　T 触发器功能

输　入				输出
$\overline{S}_D$	$\overline{R}_D$	CP	T	Q^{n+1}
0	1	×	×	1
1	0	×	×	0
1	1	↓	0	Q^n
1	1	↓	1	$\overline{Q}^n$

由功能表可见，当 T=0 时，时钟脉冲作用后，其状态保持不变；当 T=1 时，时钟脉冲作用后，触发器状态翻转。所以，若将 T 触发器的 T 端置“1”，如图 2-13-4（b）所示，即得 T′ 触发器。在 T′ 触发器的 CP 端每来一个 CP 脉冲信号，触发器的状态就翻转一次，故称之为翻转触发器，广泛用于计数电路中。

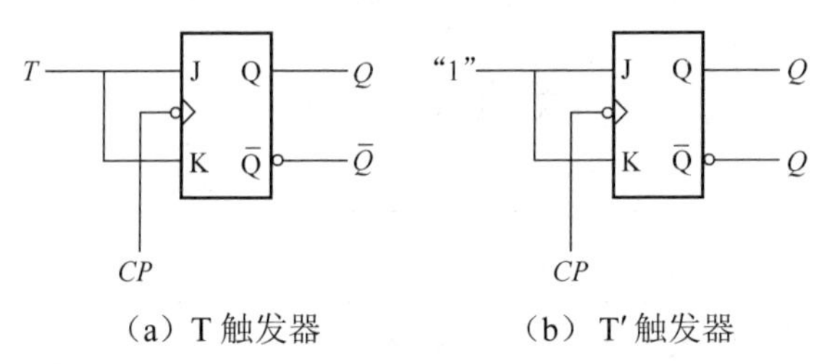

（a）T 触发器　　（b）T′ 触发器

图 2-13-4　JK 触发器转换为 T、T′ 触发器

同样，若将 D 触发器 $\overline{Q}$ 端与 D 端相连，便转换成 T′ 触发器，如图 2-13-5 所示。

JK 触发器也可转换为 D 触发器，如图 2-13-6 所示。

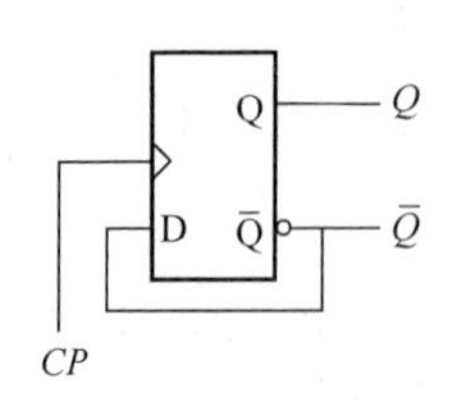

图 2-13-5　D 触发器转成 T′ 触发器

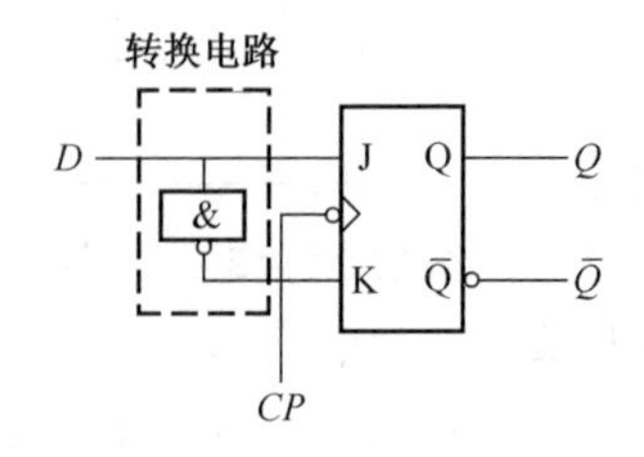

图 2-13-6　JK 触发器转成 D 触发器

三、实验设备与器件

（1）+5V 直流电源。

（2）双踪示波器。

（3）连续脉冲源。

（4）单次脉冲源。

（5）逻辑电平开关。

（6）逻辑电平显示器。

（7）74LS112（或 CC4027），74LS00（或 CC4011），74LS74（或 CC4013）。

四、实验内容

1．测试基本 RS 触发器的逻辑功能

按图 2-13-1，用两个与非门组成基本 RS 触发器，输入端 $\overline{R}$、$\overline{S}$ 接逻辑开关的输出插口，输出端 Q、$\overline{Q}$ 接逻辑电平显示输入插口，按表 2-13-5 的要求测试，记录之。

表 2-13-5　RS 触发器

$\overline{R}$	$\overline{S}$	Q	$\overline{Q}$
1	1→0		
	0→1		
1→0	1		
0→1			
0	0		

2．测试双 JK 触发器 74LS112 的逻辑功能

（1）测试 $\overline{R}_D$、$\overline{S}_D$ 的复位、置位功能。任取一只 JK 触发器，$\overline{R}_D$、$\overline{S}_D$、J、K 端接逻辑开关输出插口，CP 端接单次脉冲源，Q、$\overline{Q}$ 端接至逻辑电平显示输入插口。要求改变 $\overline{R}_D$、$\overline{S}_D$ 状态，观察 Q、$\overline{Q}$ 状态。自拟表格并记录之。

（2）测试 JK 触发器的逻辑功能。按表 2-13-6 的要求改变 J、K、CP 端状态，观察 Q、$\overline{Q}$ 状态变化，观察触发器状态更新是否发生在 CP 脉冲的下降沿（即 CP 由 1→0），记录之。

（3）将 JK 触发器的 J、K 端连在一起，构成 T 触发器。

1）在 CP 端输入 1Hz 连续脉冲，观察 Q 端的变化。

表 2-13-6 测试 JK 触发器

J	K	CP	Q^{n+1}	
			$Q^n=0$	$Q^n=1$
0	0	0→1		
		1→0		
0	1	0→1		
		1→0		
1	0	0→1		
		1→0		
1	1	0→1		
		1→0		

2）在 CP 端输入 1kHz 连续脉冲，用双踪示波器观察 CP、Q、$\overline{Q}$ 端波形，注意相位关系，描绘之。

3. 测试双 D 触发器 74LS74 的逻辑功能

（1）测试 $\overline{R}_D$、$\overline{S}_D$ 的复位、置位功能。测试方法同实验内容 2 的（1），自拟表格记录。

（2）测试 D 触发器的逻辑功能。按表 2-13-7 的要求进行测试，并观察触发器状态更新是否发生在 CP 脉冲的上升沿（即由 0→1），记录之。

表 2-13-7 测试 D 触发器

D	CP	Q^{n+1}	
		$Q^n=0$	$Q^n=1$
0	0→1		
	1→0		
1	0→1		
	1→0		

（3）将 D 触发器的 $\overline{Q}$ 端与 D 端相连接，构成 T′ 触发器。测试方法同实验内容 2 的（3），记录之。

4. 双相时钟脉冲电路

用 JK 触发器及与非门构成的双相时钟脉冲电路如图 2-13-7 所示，此电路用来将时钟脉冲 CP 转换成两相时钟脉冲 CP_A 及 CP_B，其频率相同、相位不同。

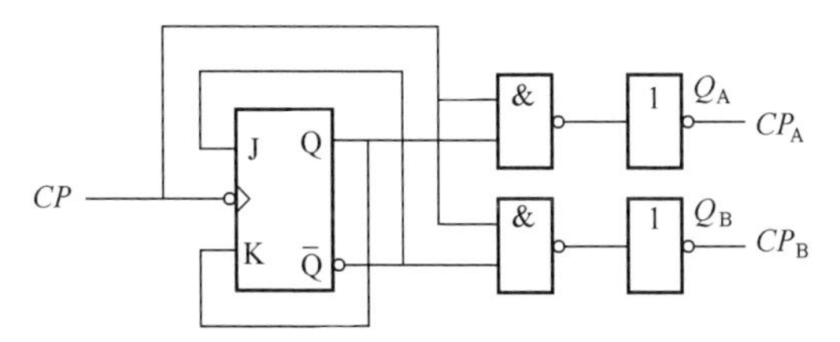

图 2-13-7　双相时钟脉冲电路

分析电路工作原理，并按图 2-13-7 接线，用双踪示波器同时观察 CP、CP_A；CP、CP_B 及 CP_A、CP_B 的波形，并描绘之。

五、实验预习要求

（1）复习有关触发器的内容。

（2）列出各触发器的功能测试表格。

（3）按实验内容的要求设计线路，拟定实验方案。

六、实验报告要求

按实验基础知识（三）的要求书写实验报告，并完成以下各项要求：

（1）列表整理各类触发器的逻辑功能。

（2）总结观察到的波形，说明触发器的触发方式。

（3）体会触发器的应用。

实验十四　计数器及其应用

一、实验目的

（1）学习用集成触发器构成计数器的方法。
（2）掌握中规模集成计数器的使用及功能测试方法。
（3）运用集成计数器构成 1/*N* 分频器。

二、实验原理

计数器是一个用以实现计数功能的时序部件，它不仅可用来计脉冲数，还常用作数字系统的定时、分频和执行数字运算以及其他特定的逻辑功能。

计数器的种类很多。按构成计数器中的各触发器是否使用一个时钟脉冲源，分为同步计数器和异步计数器。根据计数制的不同，分为二进制计数器、十进制计数器和任意进制计数器。根据计数的增减趋势，又分为加法、减法和可逆计数器。还有可预置数和可编程序功能计数器等。目前，无论是 TTL 还是 CMOS 集成电路，都有品种较齐全的中规模集成计数器。使用者只要借助于器件手册提供的功能表和工作波形图以及引出端的排列，就能正确地运用这些器件。

1. 用 D 触发器构成异步二进制加/减计数器

图 2-14-1 所示是用四只 D 触发器构成的四位二进制异步加法计数器，它的连接特点是将每只 D 触发器接成 T′ 触发器，再由低位触发器的 $\overline{Q}$ 端和高一位的 *CP* 端相连接。

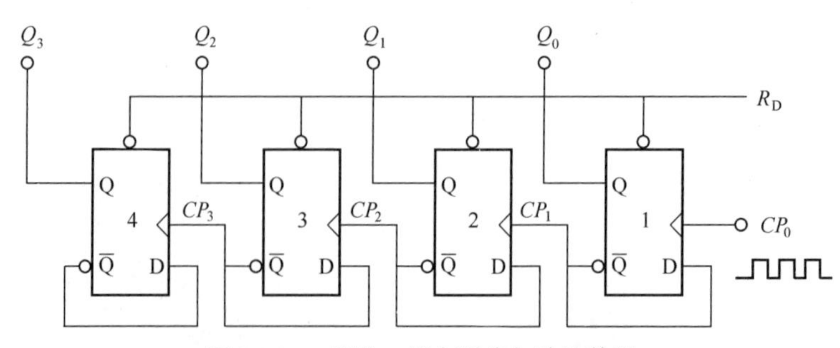

图 2-14-1　四位二进制异步加法计数器

若将图 2-14-1 稍加改动，即将低位触发器的 *Q* 端与高一位的 *CP* 端相连接，即构成了一个 4 位二进制减法计数器。

2. 中规模十进制计数器

CC40192 是同步十进制可逆计数器，具有双时钟输入，并具有清除和置数等功能，其引脚排列及逻辑符号如图 2-14-2 所示。

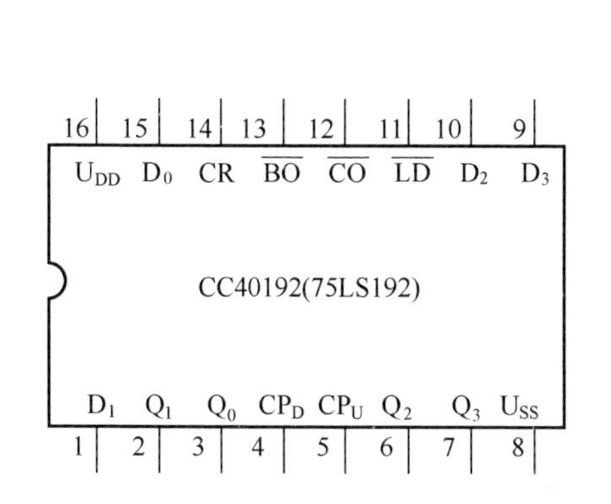

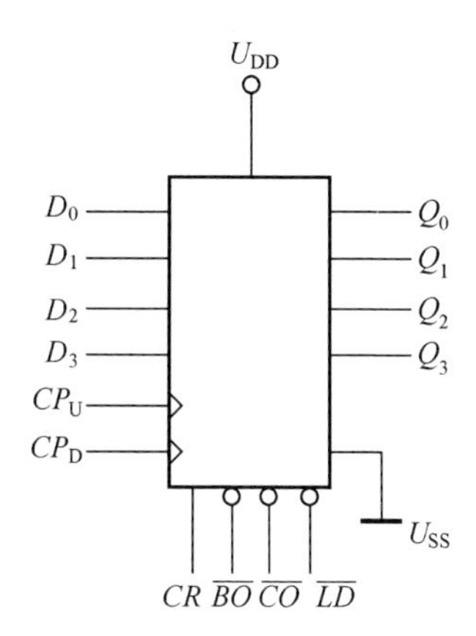

图 2-14-2　CC40192 引脚排列及逻辑符号

图中　$\overline{LD}$——置数端；

CP_U——加计数端；

CP_D——减计数端；

$\overline{CO}$——非同步进位输出端；

$\overline{BO}$——非同步借位输出端；

D_0、D_1、D_2、D_3——计数器输入端；

Q_0、Q_1、Q_2、Q_3——数据输出端；

CR——清除端。

CC40192（同 74LS192，二者可互换使用）的功能如表 2-14-1 所示。

表 2-14-1　CC40192 功能表

输入								输出			
CR	$\overline{LD}$	CP_U	CP_D	D_3	D_2	D_1	D_0	Q_3	Q_2	Q_1	Q_0
1	×	×	×	×	×	×	×	0	0	0	0
0	0	×	×	d	c	b	a	d	c	b	a
0	1	↑	1	×	×	×	×	加计数			
0	1	1	↑	×	×	×	×	减计数			

当清除端 CR 为高电平“1”时，计数器直接清零；CR 置低电平则执行其他功能。

当 CR 为低电平，置数端 $\overline{LD}$ 也为低电平时，数据直接从置数端 D_0、D_1、D_2、D_3 置入计数器。

当 CR 为低电平，$\overline{LD}$ 为高电平时，执行计数功能。执行加计数时，减计数端 CP_D 接高电平，计数脉冲由 CP_U 输入；在计数脉冲上升沿进行 8421 码十进制加法计数。执行减计数时，加计数端 CP_U 接高电平，计数脉冲由减计数端 CP_D 输入，表 2-14-2 所示为 8421 码十进制加、减计数器的状态转换表。

表 2-14-2　状态转换表

加法计数 →

输入脉冲数		0	1	2	3	4	5	6	7	8	9
输出	Q_3	0	0	0	0	0	0	0	0	1	1
	Q_2	0	0	0	0	1	1	1	1	0	0
	Q_1	0	0	1	1	0	0	1	1	0	0
	Q_0	0	1	0	1	0	1	0	1	0	1

减计数 ←

3. 计数器的级联使用

一个十进制计数器只能表示 0～9 十个数，为了扩大计数器范围，常将多个十进制计数器级联使用。

同步计数器往往设有进位（或借位）输出端，故可选用其进位（或借位）输出信号驱动下一级计数器。

图 2-14-3 所示是由 CC40192 利用进位输出 $\overline{CO}$ 控制高一位的 CP_U 端构成的加数级联图。

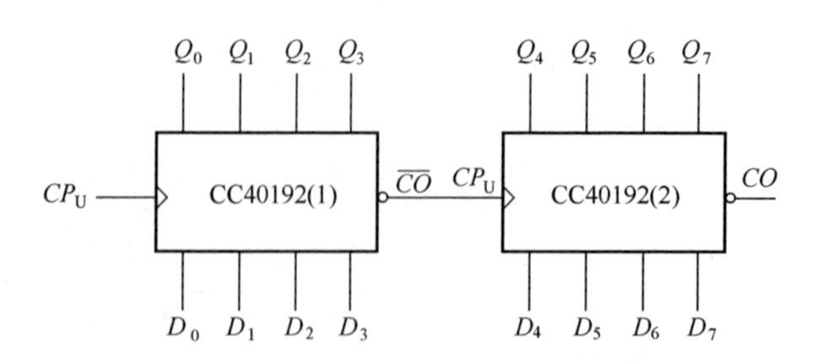

图 2-14-3　CC40192 级联电路

4. 实现任意进制计数

（1）用复位法获得任意进制计数器。

假定已有 N 进制计数器，当需要得到一个 M 进制计数器时，只要 $M<N$，用复位法使计数器计数到 M 时置“0”，即获得 M 进制计数器。如图 2-14-4 所示为一个由 CC40192 十进制计数器接成的六进制计数器。

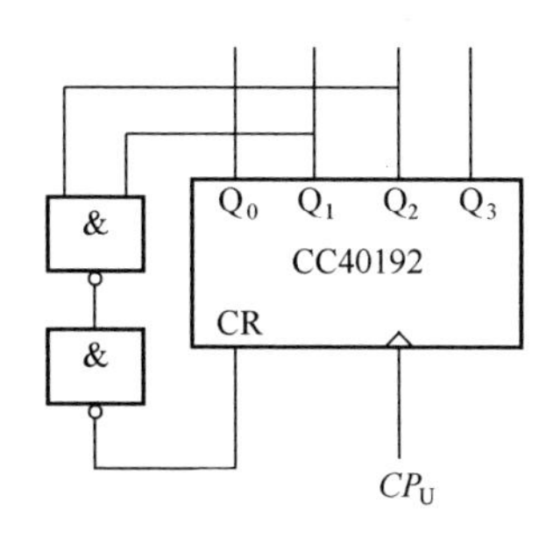

图 2-14-4　六进制计数器

（2）利用预置功能获 M 进制计数器。

图 2-14-5 所示为用三个 CC40192 组成的 421 进制计数器。

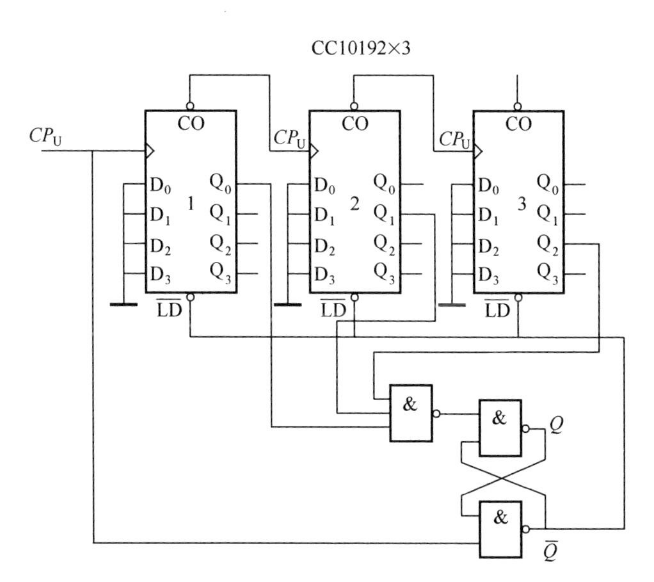

图 2-14-5　421 进制计数器

外加的由与非门构成的锁存器可以克服器件计数速度的离散性，保证在反馈置“0”信号的作用下计数器可靠置“0”。

图 2-14-6 所示是一个特殊 12 进制的计数器电路方案。在数字钟里，对时位的计数序列是 1、2、…11，12、1、…是 12 进制的，且无 0 数。如图 2-14-6 所示，当计数到 13 时，通过与非门产生一个复位信号，使 CC40192（2）（十位）直接置成 0000，而 CC40192（1），即时的个位直接置成 0001，从而实现了 1～12 计数。

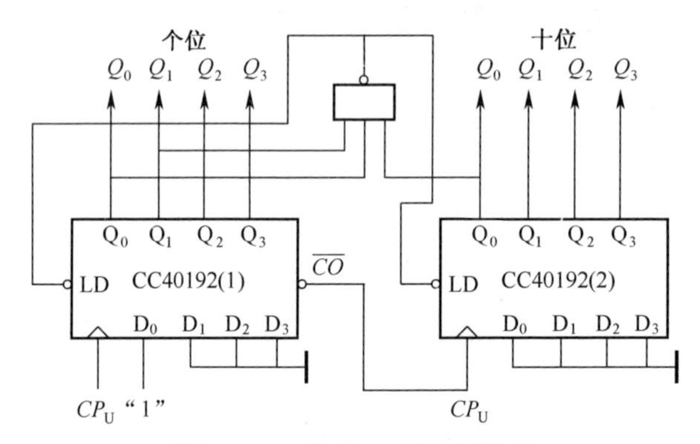

图 2-14-6　特殊 12 进制计数器

三、实验设备与器件

（1）+5V 直流电源。

（2）双踪示波器。

（3）连续脉冲源。

（4）单次脉冲源。

（5）逻辑电平开关。

（6）逻辑电平显示器。

（7）译码显示器。

（8）CC4013×2（74LS74），CC40192×3（74LS192），CC4011（74LS00），CC4012（74LS20）。

四、实验内容

（1）测试 CC40192 或 74LS192 同步十进制可逆计数器的逻辑功能。

计数脉冲由单次脉冲源提供，清除端 CR、置数端 $\overline{LD}$、数据输入端 D_3、D_2、D_1、D_0 分别接逻辑开关，输出端 Q_3、Q_2、Q_1、Q_0 接实验设备的一个译码显示器的输入相应插口 A、B、C、D；$\overline{CO}$ 和 $\overline{BO}$ 接逻辑电平显示插口。按表 2-14-1 逐项测试并判断该集成块的功能是否正常。

1）清除。令 CR=1，其他输入为任意态，这时 $Q_3Q_2Q_1Q_0$=0000，译码数字显示为 0。清除功能完成后，置 $CR=0$。

2）置数。$CR=0$，CP_U、CP_D 任意，数据输入端输入任意一组二进制数，令 $\overline{LD}=0$，观察计数译码显示输出，予置功能是否完成，此后置 $\overline{LD}=1$。

3）加计数。$CR=0$，$\overline{LD}=CP_D=1$，CP_U 接单次脉冲源。清零后送入 10 个单次脉冲，观察译码数字显示是否按 8421 码十进制状态转换表进行；输出状态变化是否发生在 CP_U 的上升沿。

4）减计数。$CR=0$，$\overline{LD}=CP_U=1$，CP_D 接单次脉冲源。参照 3）进行实验。

（2）如图 2-14-3 所示，用两片 CC40192 组成两位十进制加法计数器，输入 1Hz 连续计数脉冲，进行由 00～99 累加计数，记录之。

（3）将两位十进制加法计数器改为两位十进制减法计数器，实现由 99～00 递减计数，记录之。

（4）按图 2-14-4 电路进行实验，记录之。

（5）按图 2-14-5 或图 2-14-6 进行实验，记录之。

（6）设计一个数字钟移位 60 进制计数器并进行实验。

五、实验预习要求

（1）复习有关计数器部分内容。

（2）绘出各实验内容的详细线路图。

（3）拟出各实验内容所需的测试记录表格。

（4）查手册，给出并熟悉实验所用各集成块的引脚排列图。

六、实验报告要求

按实验基础知识（三）的要求书写实验报告，并完成以下各项要求：

（1）画出实验线路图，记录、整理实验现象及实验所得的有关波形。对实验结果进行分析。

（2）总结使用集成计数器的体会。

实验十五　555 时基电路及其应用

一、实验目的

（1）熟悉 555 型集成时基电路结构、工作原理及其特点。

（2）掌握 555 型集成时基电路的基本应用。

二、实验原理

集成时基电路又称为集成定时器或 555 电路，是一种数字、模拟混合型的中规模集成电路，应用十分广泛。它是一种产生时间延迟和多种脉冲信号的电路，由于内部电压标准使用了三个 5kΩ电阻，故取名 555 电路。其电路类型有双极型和 CMOS 型两大类，二者的结构与工作原理类似。几乎所有的双极型产品型号最后的三位数码都是 555 或 556；所有的 CMOS 产品型号最后的四位数码都是 7555 或 7556，二者的逻辑功能和引脚排列完全相同，易于互换。555 和 7555 是单定时器。556 和 7556 是双定时器。双极型的电源电压 U_{CC}=+5～+15V，输出的最大电流可达 200mA，CMOS 型的电源电压为+3～+18V。

1．555 电路的工作原理

555 电路的内部电路方框图如图 2-15-1 所示。它含有两个电压比较器，一个基本 RS 触发器，一个放电开关管 VT，比较器的参考电压由三只 5kΩ的电阻构成的分压器提供。它们分别使高电平比较器 A_1 的同相输入端和低电平比较器 A_2 的反相输入端的参考电平为 $\frac{2}{3}U_{CC}$ 和 $\frac{1}{3}U_{CC}$。A_1 与 A_2 的输出端控制 RS 触发器的状态和放电管的开关状态。当输入信号自 6 脚即高电平触发输入并超过参考电平 $\frac{2}{3}U_{CC}$ 时，触发器复位，555 的输出端 3 脚输出低电平，同时放电开关管导通；当输入信号自 2 脚输入并低于 $\frac{1}{3}U_{CC}$ 时，触发器置位，555 的 3 脚输出高电平，同时放电开关管截止。

$\overline{R}_D$ 是复位端（4 脚），当 $\overline{R}_D=0$，555 输出低电平。平时 $\overline{R}_D$ 端开路或接 U_{CC}。

U_C 是控制电压端（5 脚），平时输出 $\frac{2}{3}U_{CC}$ 作为比较器 A_1 的参考电平，当 5 脚外接一个输入电压，即改变了比较器的参考电平，从而实现对输出的另一种控制，在不接外加电压时，通常接一个 0.01μF 的电容器到地，起滤波作用，消除外来的干扰，以确保参考电平的稳定。VT 为放电管，当 VT 导通时，将给接于脚 7 的电容器提供低阻放电通路。555 定时器主要是与电阻、电容构成充放电电路，并由两个比较器来检测电容器上的电压，以确定输出电平的高低和放电开关管的通断。这就很方便地构成从微秒到数十分钟的延时电路，可方便地构成单稳态触发器、多谐振荡器、施密特触发器等脉冲产生或波形变换电路。

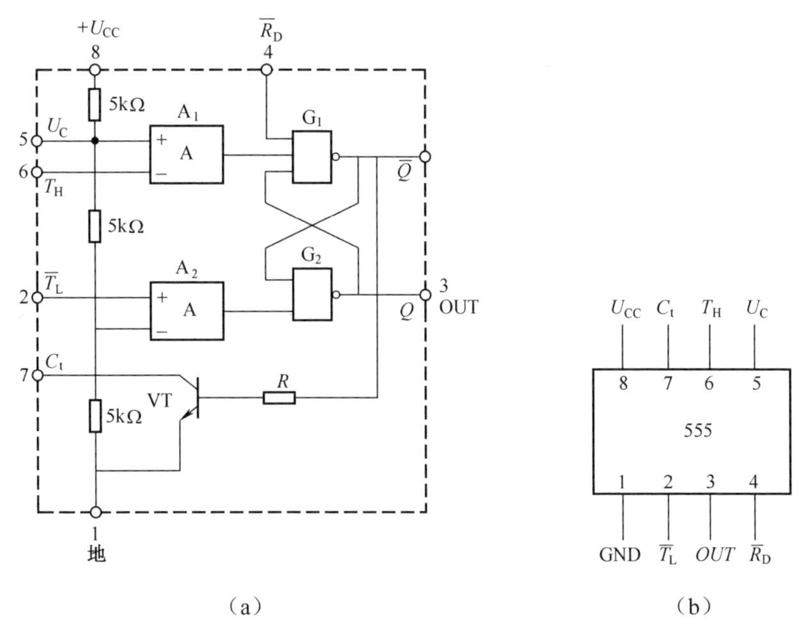

（a）　　　　（b）

图 2-15-1　555 定时器内部框图及引脚排列

2. 555 定时器的典型应用

（1）构成单稳态触发器。

图 2-15-2（a）所示为由 555 定时器和外接定时元件 R、C 构成的单稳态触发器。触发电路由 C_1、R_1、VD 构成，其中 VD 为钳位二极管，稳态时 555 电路输入端处于电源电平，内部放电开关管 VT 导通，输出端 F 输出低电平，当有一个外部负脉冲触发信号经 C_1 加到 2 端，并使 2 端电位瞬时低于 $\frac{1}{3}U_{CC}$，低电平比较器动作，单稳态电路即开始一个暂态过程，电容 C 开始充电，U_C 按指数规律增长。当 U_C 充电到 $\frac{2}{3}U_{CC}$ 时，高电平比较器动作，比较器 A_1 翻转，输出 U_O 从高电平返回低电平，放电开关管 VT 重新导通，电容 C 上的电荷很快经放电开关管放电，暂

态结束，恢复稳态，为下个触发脉冲的到来做好准备。波形图如图 15-2（b）所示。

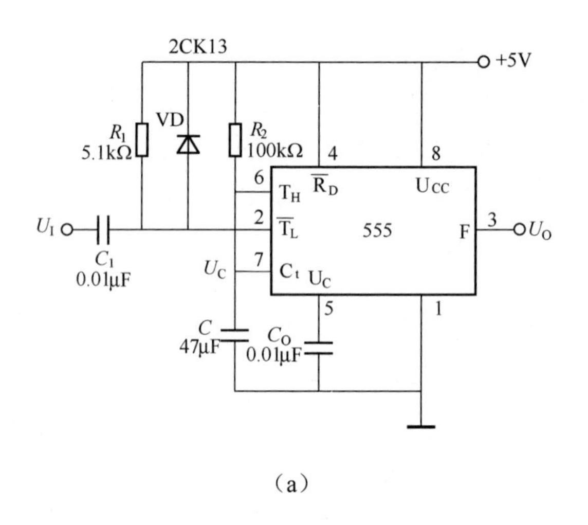

（a）

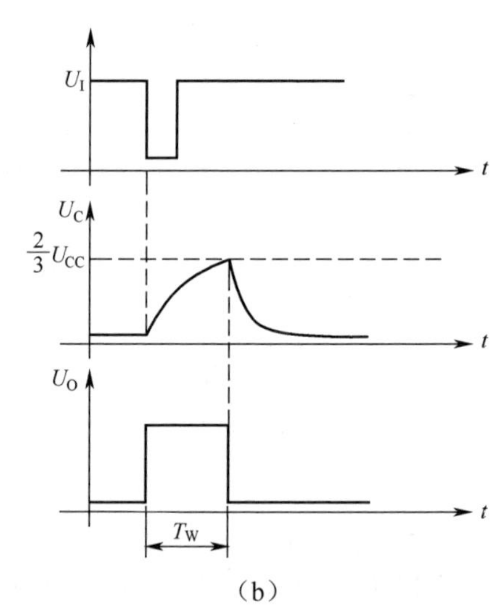

（b）

图 2-15-2　单稳态触发器

暂稳态的持续时间 T_W（即为延时时间）取决于外接元件 R、C 值的大小。

$$T_W = 1.1RC$$

通过改变 R、C 的大小，可使延时时间在几个微秒到几十分钟之间变化。当这种单稳态电路作为计时器时，可直接驱动小型继电器，并可以使用复位端（4 脚）接地的方法来终止暂态，重新计时。此外尚须用一个续流二极管与继电器线圈并接，以防继电器线圈反电势损坏内部功率管。

（2）构成多谐振荡器。

如图 2-15-3（a）所示，由 555 定时器和外接元件 R_1、R_2、C 构成多谐振荡器，脚 2 与脚 6 直接相连。电路没有稳态，仅存在两个暂稳态，电路也不需要外加触发信号，利用电源通过 R_1、R_2 向 C 充电，以及 C 通过 R_2 向放电端 C_t 放电，使电路产生振荡。电容 C 在 $\frac{1}{3}U_{CC}$ 和 $\frac{2}{3}U_{CC}$ 之间充电和放电，其波形如图 2-15-3（b）所示。输出信号的时间参数是

$$T=T_{W1}+T_{W2}，T_{W1}=0.7(R_1+R_2)C，T_{W2}=0.7R_2C$$

555 电路要求 R_1 与 R_2 均应大于或等于 1kΩ，但 R_1+R_2 应小于或等于 3.3MΩ。

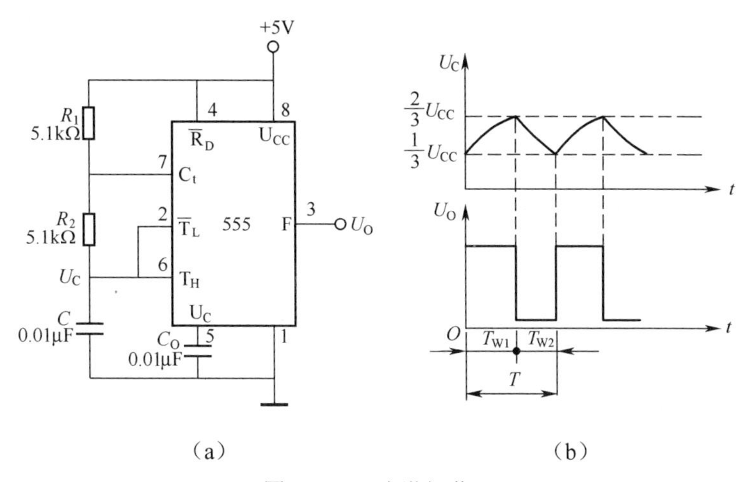

（a）　　　　　　　　　　（b）

图 2-15-3　多谐振荡器

外部元件的稳定性决定了多谐振荡器的稳定性，555 定时器配以少量的元件即可获得较高精度的振荡频率和具有较强的功率输出能力。这种形式的多谐振荡器应用很广。

（3）组成占空比可调的多谐振荡器。

电路如图 2-15-4 所示，它比如图 2-15-3 所示电路增加了一个电位器和两个导引二极管。VD_1、VD_2 用来决定电容充、放电电流流经电阻的途径（充电时 VD_1 导通，VD_2 截止；放电时 VD_2 导通，VD_1 截止）。

占空比　$P=\dfrac{T_{W1}}{T_{W1}+T_{W2}}\approx\dfrac{0.7R_AC}{0.7C(R_A+R_B)}=\dfrac{R_A}{R_A+R_B}$

可见，若取 $R_A=R_B$，电路即可输出占空比为 50%的方波信号。

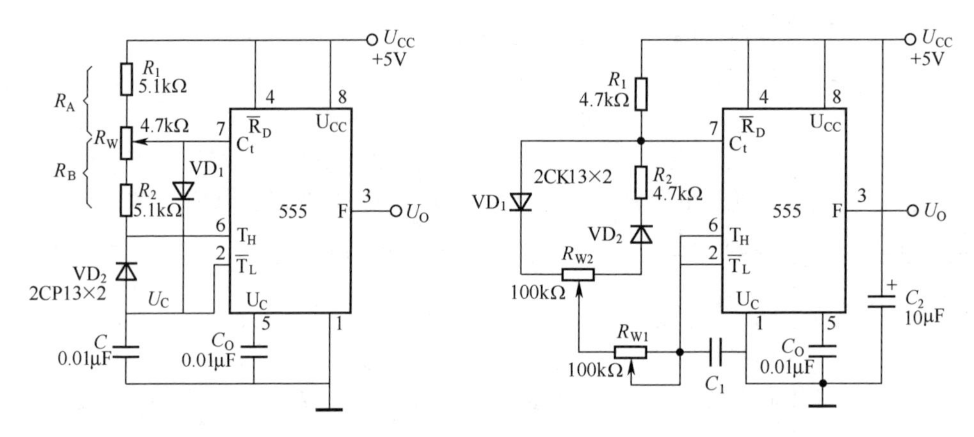

图 2-15-4　占空比可调的多谐振荡器　　图 2-15-5　占空比与频率均可调的多谐振荡器

（4）组成占空比连续可调并能调节振荡频率的多谐振荡器。

电路如图 2-15-5 所示。对 C_1 充电时，充电电流通过 R_1、VD_1、R_{W2} 和 R_{W1}；放电时通过 R_{W1}、R_{W2}、VD_2、R_2。当 R_1=R_2、R_{W2} 调至中心点，因充放电时间基本相等，其占空比约为 50%，此时调节 R_{W1} 仅改变频率，占空比不变。如 R_{W2} 调至偏离中心点，再调节 R_{W1}，不仅振荡频率改变，而且对占空比也有影响。R_{W1} 不变，调节 R_{W2}，仅改变占空比，对频率无影响。因此，当接通电源后，应首先调节 R_{W1} 使频率至规定值，再调节 R_{W2}，以获得需要的占空比。若频率调节的范围比较大，还可以用波段开关改变 C_1 的值。

（5）组成施密特触发器。

电路如图 2-15-6 所示，只要将脚 2、6 连在一起作为信号输入端，即得到施密特触发器。图 2-15-7 示出了 U_S、U_I 和 U_O 的波形图。

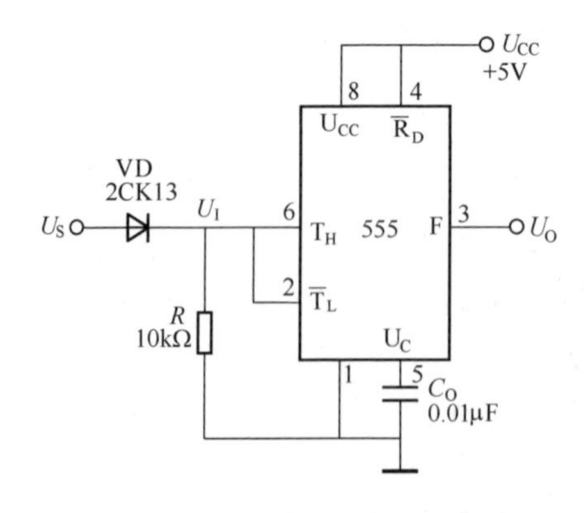

图 2-15-6　施密特触发器

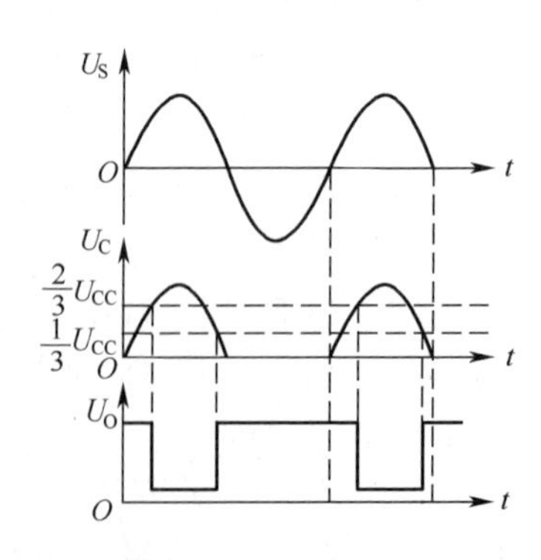

图 2-15-7　波形变换图

设被整形变换的电压为正弦波 U_S，其正半波通过二极管 VD 同时加到 555 定时器的 2 脚和 6 脚，得 U_I 为半波整流波形。当 U_I 上升到 $\frac{2}{3}U_{CC}$ 时，U_O 从高电平翻转为低电平；当 U_I 下降到 $\frac{1}{3}U_{CC}$ 时，U_O 又从低电平翻转为高电平。电路的电压传输特性曲线如图 2-15-8 所示。

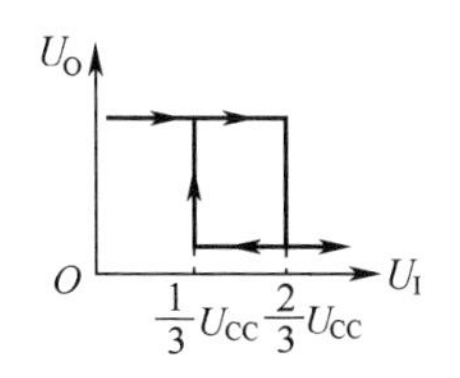

图 2-15-8　电压传输特性

回差电压　$\Delta U = \frac{2}{3}U_{CC} - \frac{1}{3}U_{CC} = \frac{1}{3}U_{CC}$

三、实验设备与器件

（1）+5V 直流电源。
（2）双踪示波器。
（3）连续脉冲源。
（4）单次脉冲源。
（5）音频信号源。
（6）数字频率计。
（7）逻辑电平显示器。
（8）555×2，2CK13×2，电位器、电阻、电容若干。

四、实验内容

1．单稳态触发器

（1）按图 2-15-2 连线，取 R=100kΩ，C=47μF，输入信号 U_I 由单次脉冲源提供，用双踪示波器观测 U_I、U_C、U_O 波形。测定幅度与暂稳时间。

（2）将 R 改为 1kΩ，C 改为 0.1 μF，输入端加 1kHz 的连续脉冲，观测 U_I、U_C、U_O 波形，测定幅度及暂稳时间。

2．多谐振荡器

（1）按图 2-15-3 接线，用双踪示波器观测 U_C 与 U_O 的波形，测定频率。

（2）按图 2-15-4 接线，组成占空比为 50%的方波信号发生器。观测 U_C、U_O 波形，测定波形参数。

（3）按图 2-15-5 接线，通过调节 R_{W1} 和 R_{W2} 观测输出波形。

3．施密特触发器

按图 2-15-6 接线，输入信号由音频信号源提供，预先调好 U_S 的频率为 1kHz，接通电源，逐渐加大 U_S 的幅度，观测输出波形，测绘电压传输特性，算出回差电

压 ΔU 。

4. 模拟声响电路

按图 2-15-9 接线，组成两个多谐振荡器，调节定时元件，使 I 输出较低频率，II 输出较高频率，连好线，接通电源，试听音响效果。调换外接阻容元件，再试听音响效果。

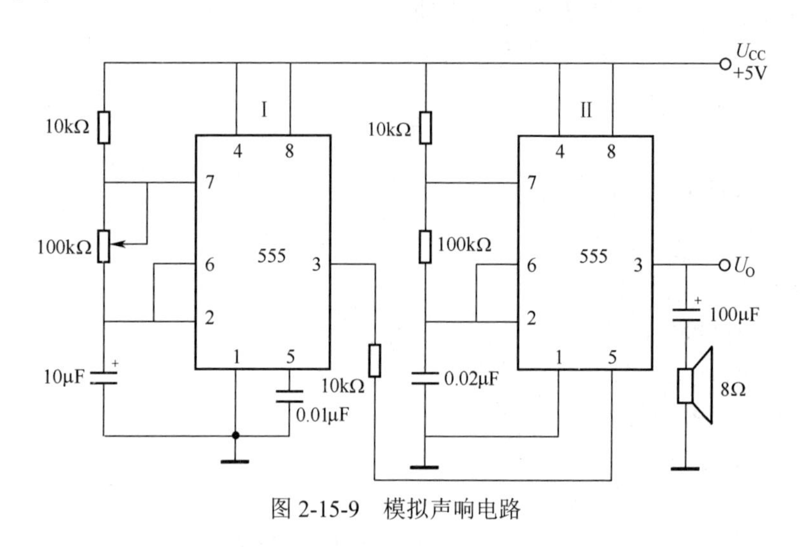

图 2-15-9　模拟声响电路

五、实验预习要求

（1）复习有关 555 定时器的工作原理及其应用。

（2）拟定实验中所需的数据、表格等。

（3）思考如何用示波器测定施密特触发器的电压传输特性曲线。

（4）拟定各次实验的步骤和方法。

六、实验报告要求

按实验基础知识（三）的要求书写实验报告，并完成以下各项要求：

（1）绘出详细的实验线路图，定量绘出观测到的波形。

（2）分析、总结实验结果。

第三篇　综合实训

实训一　常用电子元器件检测

一、实训目的

电子元器件是组成电子产品的基础，了解常用电子元器件的种类、结构、性能，掌握元器件的识别和检测方法是衡量学生掌握电子技术基本技能的一个重要项目，也是学生参加工作必须掌握的技能。通过本次实训，要求学生基本掌握常用电子元器件的识别和检测方法。

二、实训要求

（1）掌握电阻器的种类、符号、标志和测量方法。
（2）掌握电容器的种类、符号、标志和测量方法。
（3）掌握电感器的种类、符号、标志和测量方法。
（4）掌握二极管的种类、符号、特点和测量方法。
（5）掌握三极管的种类、符号、特点和测量方法。
（6）掌握集成电路的种类、系列和查阅其引脚功能的方法。

三、实训步骤

（1）学习电子元器件的基本知识。
（2）学习电子元器件的识别方法。
（3）学习电子元器件的检测方法。
（4）实际进行电子元器件的检测。

四、电子元器件的基本知识和检测方法

电子元器件种类很多，常用的有电阻器、电容器、电感器、半导体器件和集成电路等。

1．电阻器

电阻器（简称电阻）是在电子电路中用得最多的元件之一，在电路中起限流和分压的作用。

（1）电阻器的类型。

电阻器主要有如下几种类型：

从结构上可将电阻器分为固定电阻器和可变电阻器两大类。

固定电阻器的阻值是固定不变的，阻值的大小即为它的标称阻值。固定电阻器在电路中的符号如图 3-1-1 所示，文字符号用大写字母 *R* 表示。

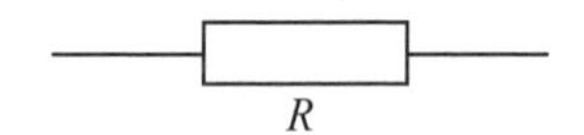

图 3-1-1　固定电阻器的符号

固定电阻器按其材料的不同可分为碳质电阻、碳膜电阻、金属膜电阻、线绕电阻等。

可变电阻器的阻值可以在一定的范围内调整，它的标称阻值是最大值，其滑动端到任意一个固定端的阻值在 0 和最大值之间连续可调。

可变电阻器又分成可调电阻器和电位器两种。可调电阻器有立式和卧式之分，分别用于不同的电路安装。电位器就是可调电阻器加上一个开关，做成同轴联动形式，如收音机中的音量旋钮和电源开关就是一个电位器。

从电阻的使用场合不同可分为精密电阻器、大功率电阻器、高频电阻器、高压电阻器、热敏电阻器、光敏电阻器、熔断电阻器等。

（2）常用电阻器的图形符号。

常用电阻器的图形符号，如表 3-1-1 所示。

表 3-1-1　常用电阻器的图形符号

图形符号	名称	图形符号	名称
	固定电阻		可调电位器
	带抽头的固定电阻		微调电位器
	可调电阻（变阻器）	t°	热敏电阻
	微调电阻		光敏电阻

（3）电阻（位）器的型号及命名法。

根据国家标准 GB2470-1995 的规定，电阻器及电位器的型号由四个部分组成，如表 3-1-2 所示。

表 3-1-2　电阻（位）器的型号命名法

第一部分		第二部分		第三部分		第四部分
用字母表示主称		用字母表示材料		用数字或字母表示特征		用数字表示序号
符号	意义	符号	意义	符号	意义	意义
R	电阻器	T	碳膜	1	普通	包括额定功率、阻值、允许误差、精度等级等
W	电位器	H	合成膜	2	超高频	
		P	硼碳膜	3	高阻	
		U	硅碳膜	4	高温	
		C	沉积膜	5	精密	
		I	玻璃釉膜	7	电阻器－高压	
		J	金属膜	8	电位器－特殊函数	
		Y	氧化膜	9	高功率	
		S	有机实心	G	可调	
		N	无机实心	T	小型	
		X	线绕	X	测量用	
		R	热敏	L	微调	
		G	光敏	W	多圈	
		M	压敏	D		

示例 1：有一电阻器为 RJ71-0.25-4.7k Ⅰ型，其表示含义如下：

R—主称电阻；J—材料为金属膜；7—分类为精密型；1—序号 1；0.25—额定功率为 1/4W；4.7k—标称阻值为 4.7kΩ；Ⅰ—允许误差为Ⅰ级，±5%。

示例 2：有一电阻器为 WSW- 1- 0.5- 4.7kΩ ±10%型，其表示含义如下：

W—主称电位器；S—材料为有机实心；W—特征为微调型；1—品种为非紧锁型；0.5—额定功率为 0.5W；4.7kΩ—标称阻值；±10%—允许误差。

（4）电阻器的主要参数。

1）标称电阻值与允许误差。电阻器上所标的阻值称为标称阻值。电阻器的实际阻值和标称值之差除以标称值所得到的百分数，为电阻器的允许误差。误差越小的电阻器，其标称值的规格越多。常用固定电阻器的标称阻值见表 3-1-3，允许误差等级见表 3-1-4。电阻器上的标称阻值是按国家规定的阻值系列标注的，因此必须按此阻值系列选用，使用时将表中的数值乘以 $10^n\Omega$（n 为整数），就成为这一阻值系列。如 E24 系列中的 1.8 就代表有 1.8Ω、18Ω、180Ω、1.8kΩ、180kΩ等标称电阻。

表 3-1-3 常用固定电阻器的标称阻值系列

系列	允许误差	电阻系列标称值
E_{24}	Ⅰ级 ±5%	1.0 1.1 1.2 1.3 1.5 1.6 1.8 2.0 2.2 2.4 2.7 3.0 3.3 3.6 3.9 4.3 5.1 5.6 6.2 6.8 7.5 8.2 9.1
E_{12}	Ⅱ级 ±10%	1.2 1.5 1.8 2.2 2.7 3.3 3.9 4.7 5.6 6.8 8.2
E_6	Ⅲ级 ±20%	1.0 1.5 2.2 3.3 4.7 6.8

表 3-1-4 常用电阻器的允许误差等级

允许误差	±0.5%	±1%	±5%	±10%	±20%
等级	005	01	Ⅰ	Ⅱ	Ⅲ
文字符号	D	F	J	K	M

阻值和允许误差在电阻器上常用的标志方法有下列三种。

①直接标志法：将电阻器的阻值和误差等级直接用数字印在电阻器上。对小于 1000Ω的阻值只标出数值，不标单位；对 kΩ、MΩ只标注 k、M。精度等级标Ⅰ或Ⅱ级，Ⅲ级不标明。

②文字符号法：将需要标志的主要参数与技术指标用文字和数字符号有规律地标在产品表面上。如：

欧姆 用Ω； 千欧 用 k； 兆欧（10^6Ω） 用 M；
吉欧（10^9Ω） 用 G； 太欧（10^{12}Ω） 用 T。

例如 0.68Ω电阻的文字符号标志为Ω68；8.2kΩ、误差为±10%的电阻的文字符号标志为 8k2Ⅱ；3.3×10^{12}Ω的电阻可标志为 3T3 等，如图 3-1-2 所示。

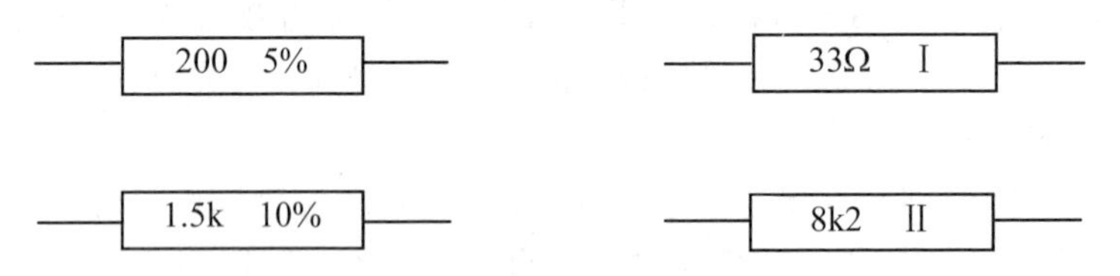

图 3-1-2 直标法和文字符号法

③色环标志法：对体积很小的电阻和一些合成电阻器，其阻值和误差常用色环来标注，如图 3-1-3 所示。色环标志法有四环和五环两种。四环电阻的一端有四道色环，第一道环和第二道环分别表示电阻的第一位和第二位有效数字，第三道环表示 10 的乘方数（10^n，n 为颜色所表示的数字），第四道环表示允许误差（若无第四道色环，则误差为±20%）。色环电阻的单位一律为Ω。表 3-1-5 列出了色环电阻所表示的数字和允许误差。

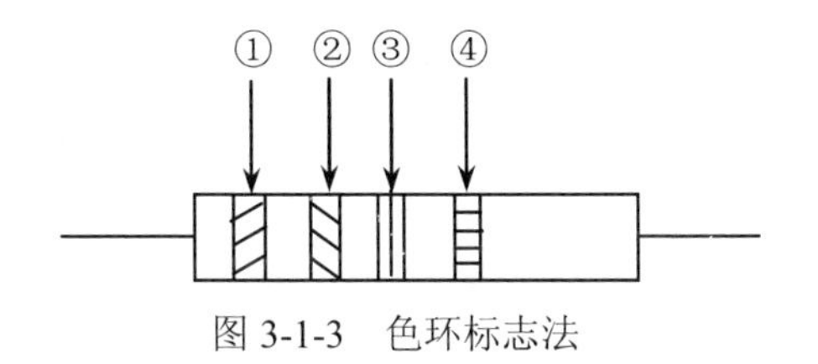

图 3-1-3　色环标志法

表 3-1-5　色环颜色所表示的有效数字和允许误差

色别	银	金	黑	棕	红	橙	黄	绿	蓝	紫	灰	白	无色
有效数字	--	--	0	1	2	3	4	5	6	7	8	9	--
乘方数	10^{-2}	10^{-1}	10^{0}	10^{1}	10^{2}	10^{3}	10^{4}	10^{5}	10^{6}	10^{7}	10^{8}	10^{9}	--
允许误差	±10%	±5%	--	±1%	±2%	--	--	±0.5 %	±0.2%	±0.1%	--	--	±20%
误差代码	K	J		F	G			D	C	B			M

例如某电阻有四道色环，分别为黄、紫、红、金，则其色环的意义为：

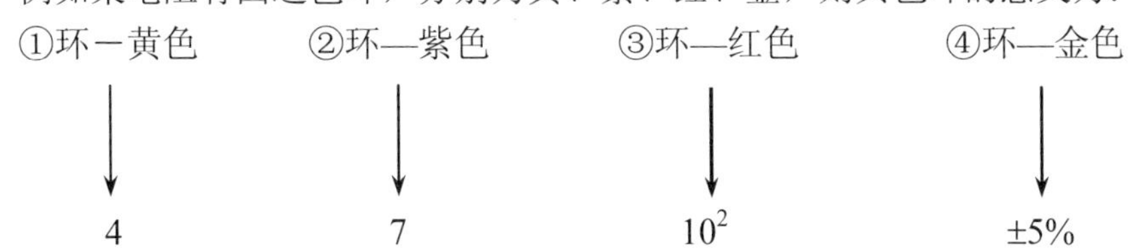

其阻值为 4700Ω±5%。

精密电阻器一般用五道色环标注，它用前三道色环表示三位有效数字，第四道色环表示 10^n（n 为颜色所代表的数字），第五道色环表示阻值的允许误差。

如某电阻的五道色环为：橙橙红红棕，则其阻值为 $332\times10^2\pm1\%\,\Omega$。

在色环电阻器的识别中，找出第一道色环是很重要的，可用下法识别：

（a）在四环标志中，第四道色环一般是金色或银色，由此可推出第一道色环。

（b）在五环标志中，第一道色环与电阻的引脚距离最短，由此可识别出第一道色环。

采用色环标志的电阻器，颜色醒目，标志清晰，不易褪色，从不同的角度都能看清阻值和允许偏差。目前在国际上都广泛采用色标法。

2）额定功率。电阻器在交直流电路中长期连续工作所允许消耗的最大功率，称为电阻器的额定功率。如表 3-1-6 所示，共分为 19 个等级。常用的有：1/20W，1/8W，1/4W，1/2W，1W，2W，5W，10W，20W 等。各种功率的电阻器在电路图中的符号如图 3-1-4 所示。

表 3-1-6　电阻器额定功率系列

种类	电阻器额定功率系列/W
线绕电阻	0.05　0.125　0.25　0.5　1　2　3　4　8　10　16　25　40　50　75　100　150　250　500
非线绕电阻	0.05　0.125　0.25　0.5　1　2　5　10　25　50　100

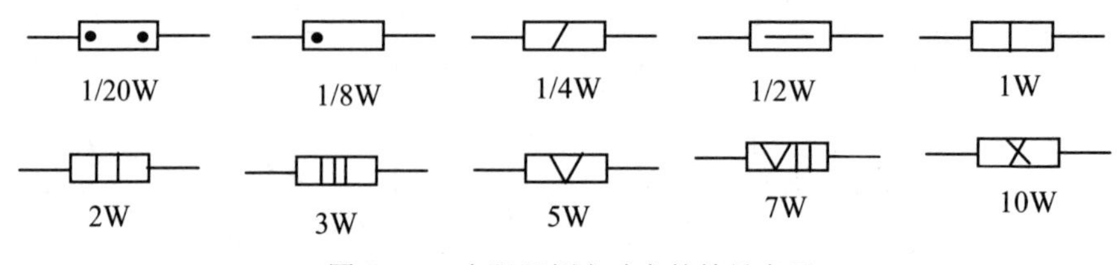

图 3-1-4　电阻器额定功率的符号表示

（5）常用电阻器性能介绍。

1）碳膜电阻器（RT 型）。这种电阻器的阻值稳定性好，温度系数小，高频特性好，可在 70℃的温度下长期工作，应用在收录机、电视机等一些电子产品中。碳膜电阻器是由结晶碳在高温与真空的条件下沉淀在瓷棒或瓷管骨架上制成的，外表常涂成绿色或橙色。

2）金属膜电阻器（RJ 型）。这种电阻器的耐热性（能在 125℃的温度下长期工作）及稳定性均好于碳膜电阻器，且体积远小于同功率的碳膜电阻器，适用于稳定性和可靠性要求较高的场合（如用在各种测试仪表中）。金属膜电阻器是用合金粉在真空的条件下蒸发于瓷棒骨架表面制成的，外表常涂成红色。

3）金属氧化膜电阻器（RY 型）。这种电阻器与金属膜电阻器的性能和形状基本相同，但具有更高的耐压、耐热性（可达 200℃），可与金属膜电阻器互换使用，缺点是长期工作时的稳定性稍差。

4）线绕电阻器（RS 型）。这种电阻器是由镍、铬、锰铜、康铜等合金电阻丝绕在瓷管上制成的，外表涂有耐热的绝缘层（酚醛层）。线绕电阻器的精度高，稳定性好，并能承受较高的温度（300℃左右）和较大的功率，因此常用在万用表和电阻箱中作分压器和限流器，但因其固有电容和固有电感较大，故不宜用于高频电路中。

5）热敏电阻器。这种电阻器的特点是：电阻值随温度的变化而发生明显的变化。主要用在电路中作温度补偿用，也可在温度测量电路和控制电路中作感温元件。热敏电阻器可分为两大类，分别是负温度系数（NTC 型）和正温度系数（PTC 型）热敏电阻。热敏电阻的外形有片状、杆状、垫圈状和管状等，如图 3-1-5 所示。测量热敏电阻时不宜用普通万用表，因普通万用表的电流过大，会使其发热而造成阻值的变化。

6）片状电阻器。片状电阻器属于新一代电阻元件，是超小型电子元器件。它占用的安装空间很小，没有引线，其分布电容和分布电感均很小，使高频设计易于实现。在安装上适合于机器自动装配。片状电阻器的形状有矩形和圆柱形两种。矩形片状电阻很薄，有两种型号：3216 型（长 3.2mm、宽 1.6mm、厚 0.45～0.6mm）和 2125 型（长 2.0mm、宽 1.25mm、厚 0.35～0.5mm），适于制作超薄型产品。圆柱形是标准规格，目前世界上流行的尺寸是 ϕ2.2mm×5.9mm。

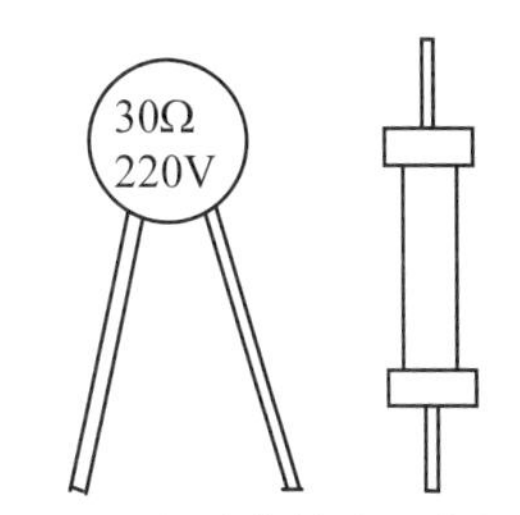

图 3-1-5 部分热敏电阻的外形

片状电阻器的阻值大小也用色环表示，第一、第二道色环表示有效数字，第三道色环表示倍乘，但没有误差色环，色环标志数值同普通色环电阻的标志。片状电阻器使电子产品的集成度大大提高，降低了生产成本，电路的耗电也大为减小，产品的可靠性提高，具有广阔的发展前景。

（6）电阻器的选用。

1）根据电路的用途选择不同种类的电阻器。对性能要求不高的电子线路（如收音机、普通电视机等）可选用碳膜电阻器；对整机质量和工作稳定性、可靠性要求较高的电路可选用金属膜电阻器；对仪器、仪表电路应选用精密电阻器或线绕电阻器，但在高频电路中不能选用线绕电阻器。

2）选择电阻器的额定功率。一般情况下选用的电阻器的额定功率要大于在电路中电阻实际消耗功率的两倍左右，以保证电阻器使用的安全可靠性。

3）电阻器的误差选择。在一般电路中选用 5%～10%的误差即可，在特殊电路中则根据要求选用。

4）电阻器的代用原则。大功率电阻器可代换小功率电阻器，但用于保险的电阻例外；金属膜电阻器可代换碳膜电阻器；固定电阻器与半可调电阻器可相互代替使用。

（7）电位器（可变电阻器）及其选用。

1）电位器的分类。按电阻体所用的材料可将电位器分为碳膜电位器（WT）、金属膜电位器（WJ）、有机实心电位器（WS）、玻璃釉电位器（WI）和线绕电位器（WX）等。一般线绕电位器的误差不大于±10%，非线绕电位器的误差不大于±2%，其阻值、误差和型号均标在电位器的表面。按电位器的结构可将电位器分成单圈电位器、多圈电位器、单联电位器、双联电位器和多联电位器；开关的形式有旋转式、推拉式、按键式等。按阻值调节的方式又可分为旋转式和直滑式两种。

①碳膜电位器。主要由马蹄形电阻片和滑动臂构成，其结构简单，阻值随滑

动触点位置的改变而改变。碳膜电位器的阻值范围较宽（100Ω～4.7MΩ），工作噪声小、稳定性好、品种多，因此广泛用于无线电电子设备和家用电器中。

②线绕电位器。由合金电阻丝绕在环状骨架上制成。其优点是能承受大功率且精度高，电阻的耐热性和耐磨性较好。其缺点是分布电容和分布电感较大，影响高频电路的稳定性，故在高频电路中不宜使用。

③直滑式电位器。其外形为长方体，电阻体为板条形，通过滑动触头改变阻值。直滑式电位器多用于收录机和电视机中，其功率较小，阻值范围为470Ω～2.2MΩ。

④方形电位器。这是一种新型电位器，采用碳精接点，耐磨性好，装有插入式焊片和插入式支架，能直接插入印制电路板，不用另设支架。常用于电视机的亮度、对比度和色饱和度的调节，阻值范围在470Ω～2.2MΩ，这种电位器属旋转式电位器。

2）电位器的参数。电位器的主要参数除与电阻器相同之外还有如下参数：

①阻值的变化形式。这是指电位器的阻值随转轴旋转角度的变化关系，可分为线性电位器和非线性电位器。常用的有直线式、对数式、指数式，分别用X、D、Z表示，如图3-1-6所示。

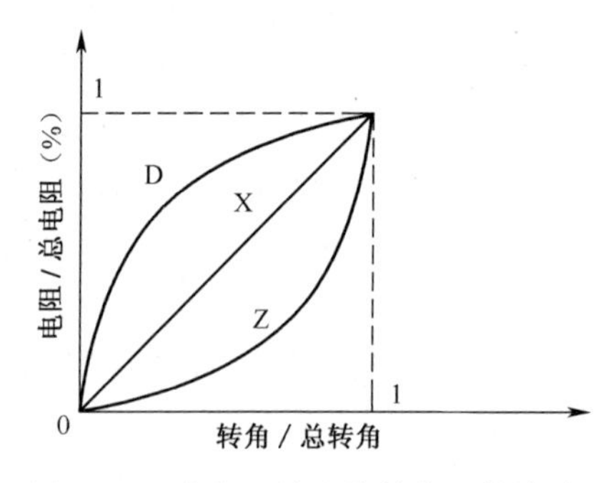

图3-1-6　电位器输出特性的函数关系

直线式电位器适用于做分压器，常用于示波器的聚焦和万用表的调零等方面；对数式电位器常用于音调控制和电视机的黑白对比度调节，其特点是先粗调后细调；指数式电位器常用于收音机、录音机、电视机等的音量控制，其特点是先细调后粗调。X、D、Z字母符号一般印在电位器上，使用时应特别注意。

②动态噪声。由于电阻体阻值分布的不均匀性和滑动触点接触电阻的存在，电位器的滑动臂在电阻体上移动时会产生噪声，这种噪声对电子设备的工作将产生不良影响。

3）电位器的选用。

①电位器的体积大小和转轴的轴端式样要符合电路的要求。如经常旋转调整的选用铣平面式；作为电路调试用的可选用带起子槽式等。

②根据用途选择电位器的阻值变化形式。如分压控制、偏流调整、音量调节等可用直线式电位器；音调控制、对比度调节用对数式电位器。

③电位器在代用时应注意功率不得小于原电位器的功率，阻值可比原来电位器的阻值略大或略小。

（8）电阻（位）器的测试。

1）普通电阻器的测试。当电阻的参数标志因某种原因脱落或欲知道其精确阻值时，就需要用仪器对电阻的阻值进行测量。对于常用的碳膜、金属膜电阻器以及线绕电阻器的阻值，可用普通指针式万用表的电阻挡直接测量。在具体测量时应注意以下几点：

①合理选择量程。先将万用表功能选择置于“Ω”挡，由于指针式万用电表的电阻挡刻度线是一条非均匀的刻度线，因此必须选择合适的量程，使被测电阻的指示值尽可能位于刻度线的 0 刻度到全程 2/3 的这一段位置上，这样可提高测量的精度。对于上百千欧的电阻器，则应选用 $R\times10$k 挡进行测量。

②注意调零。所谓“调零”就是将电表的两只表笔短接，调节“调零”旋钮使表针指向表盘上的“0Ω”位置上。“调零”是测量电阻器之前必不可少的步骤，而且每换一次量程必须重新调零一次。顺便指出，若“调零”旋钮已调到极限位置，但指针仍回不到“0Ω”位置，说明电表内部的电池电压已不足了，应更换新电池后再进行调零和测量。

③读数要准确。在观测被测电阻的阻值读数时，两眼应位于电表指针的正上方（万用表应水平放置），同时注意双手不能同时接触被测电阻的两根引线，以免人体电阻的存在影响测量的准确性。

2）热敏电阻器的测试。目前在电路中应用较多的是负温系数热敏电阻。欲判断热敏电阻器性能的好坏，可以在测量其电阻的同时，用手指捏在热敏电阻器上，使其温度升高，或者利用电烙铁对其加热（注意不要让电烙铁接触上电阻）。若其阻值随温度的变化而变化，说明其性能良好；若不随温度变化或变化很小，说明其性能不好或已损坏。

3）电位器的测试。

①主要测试要求。电位器的总阻值要符合标志数值，电位器的中心滑动端与电阻体之间要接触良好，其动噪声和静噪声应尽量小，其开关应动作准确可靠。

②检测方法。先测量电位器的总阻值，即两端片之间的阻值应为标称值，然后测量它的中心端片与电阻体的接触情况。将一只表笔接电位器的中心焊接片，另一只表笔接其余两端片中的任意一个，慢慢将其转柄从一个极端位置旋转至另一个极端位置，其阻值应从零（或标称值）连续变化到标称值（或零）。在整个旋转过程中，万用表的指针不应有跳动现象。在电位器转柄的旋转过程中，应感觉平滑，松紧适中，不应有异常响声。开关接通时，开关两端之间的阻值应为零；开关断开时，其阻值应为无穷大。

2. 电容器

电容器（简称电容）是一种能存储电能的元件，其特点是通交流、隔直流、阻低频、通高频，在电路中常用作耦合、旁路、滤波、谐振等用途。

（1）电容器的类型。

电容器按结构可分为固定电容和可变电容，可变电容中又有半可变（微调）电容和全可变电容之分。电容器按材料介质可分为气体介质电容、纸介电容、有机薄膜电容、瓷介电容、云母电容、玻璃釉电容、电解电容、钽电容等。电容器还可分为有极性和无极性电容器。

（2）电容器的型号命名法。

根据国标 GB2470-1995 的规定，电容器的产品型号一般由四部分组成，各部分的含义见表 3-1-7。

表 3-1-7　电容器型号命名法

第一部分		第二部分		第三部分		第四部分
用字母表示主体		用字母表示材料		用字母表示特征		用数字或字母表示序号
符号	意义	符号	意义	符号	意义	品种、尺寸代号、温度特性、直流工作电压、标称值、允许误差、标准代号等
C	电容器	C	瓷介	T	铁电	
		I	玻璃釉	W	微调	
		O	玻璃膜	J	金属	
		Y	云母	X	小型	
		V	云母纸	S	独石	
		Z	纸介	D	低压	
		J	金属化纸	M	密封	
		B	聚苯乙烯	Y	高压	
		F	聚四氟乙烯	C	穿心	
		L	涤纶			
		S	聚碳酸脂			
		Q	漆膜			
		H	纸膜复合			
		D	铝电解			
		A	钽电解			
		G	金属电解			
		N	铌电解			
		T	钛电解			
		M	压敏			
		E	其他电解材料			

示例：某电容器的标号为 CJX-250-0.33-±10%，则其含义如下：

C—主称电容；J—材料为金属化介质；X—特征为小型；250—耐压为 250V；0.33—标称容量为 0.33μF；±10%—允许误差±10%。

（3）常用电容器的图形符号。

常用电容器的图形符号如表 3-1-8 所示。

表 3-1-8 常用电容器的图形符号

图形符号	─┤├─	+ ─┤├─	（可变电容器符号）	（微调电容器符号）	（同轴双可变电容器符号）
名称	电容器	电解电容器	可变电容器	微调电容器	同轴双可变电容器

（4）电容器的主要参数。

1）标称容量与允许误差。电容器上标注的电容量值，称为标称容量。标准单位是法拉（F），另外还有微法（μF）、纳法（nF）、皮法（pF），它们之间的换算关系为：$1F=10^6μF =10^9nF =10^{12}pF$。电容器的标称容量与其实际容量之差，再除以标称值所得的百分比，就是允许误差。一般分为八个等级，如表 3-1-9 所示。

表 3-1-9 电容器允许误差等级

级别	01	02	Ⅰ	Ⅱ	Ⅲ	Ⅳ	Ⅴ	Ⅵ
允许误差	1%	±2%	±5%	±10%	±20%	+20%～−30%	+50%～−20%	+100%～−10%

误差的标志方法一般有三种：

①将容量的允许误差直接标注在电容器上。

②用罗马数字Ⅰ、Ⅱ、Ⅲ分别表示±5%、±10%、±20%。

③用英文字母表示误差等级。用 J、K、M、N 分别表示±5%、±10%、±20%、±30%；用 D、F、G 分别表示±0.5%、±1%、±2%；用 P、S、Z 分别表示±100%～0%、±50%～20%、±80%～20%。

固定电容器的标称容量系列见表 3-1-10，任何电容器的标称容量都满足表中标称容量系列再乘以 10^n（n 为正或负整数）。

表 3-1-10 固定电容器容量的标称值系列

电容器类别	允许误差	标称值系列
高频纸介质、云母介质 玻璃釉介质、高频（无极性） 有机薄膜介质	±5%	1.0 1.1 1.2 1.3 1.5 1.6 1.8 2.0 2.2 2.4 2.7 3.0 3.3 3.6 3.9 4.3 4.7 5.1 5.6 6.2 6.8 7.5 8.2 9.1

续表

电容器类别	允许误差	标称值系列
纸介质、金属化纸介质、复合介质、低频（有极性）有机薄膜介质	±10%	1.0 1.5 2.0 2.2 3.3 4.0 4.7 5.0 6.0 6.8 8.2
电解电容器	±20%	1.0 1.5 2.2 3.3 4.7 6.8

电容器的标称容量、误差标志方法如下：

①直标法：在产品的表面上直接标注出产品的主要参数和技术指标的方法。例如在电容器上标注：33μF±5%、32V。

②文字符号法：将需要标注的主要参数与技术性能用文字、数字符号有规律的组合标注在产品的表面上。采用文字符号法时，将容量的整数部分写在容量单位标志符号前面，小数部分放在单位符号后面。如：3.3pF 标注为 3p3，1000pF 标注为 1n，6800 标注为 6n8，2.2μF 标注为 2μ。

③数字表示法：体积较小的电容器常用数字标注法。一般用三位整数，第一位、第二位为有效数字，第三位表示有效数字后面零的个数，单位为皮法（pF），但是当第三位数是 9 时表示 10^{-1}。例如“243”表示容量为 24000 pF，“339”表示容量为 33×10^{-1} pF（3.3pF）。

④色标法：电容器的色标法原则上与电阻器类似，其单位为皮法（pF）。

2）额定耐压。额定电压指在规定温度范围下，电容器正常工作时能承受的最大直流电压。固定式电容器的耐压系列值有：1.6、4、6.3、10、16、25、32*、40、50、63、100、125*、160、250、300*、400、450*、500、1000V 等（带*号者只限于电解电容使用）。耐压值一般直接标在电容器上，但有些电解电容器在正极根部用色点表示耐压等级，如 6.3V 用棕色，10 V 用红色，16 V 用灰色。电容器在使用时不允许超过这个耐压值，若超过此值，电容器就可能损坏或被击穿，甚至爆裂。

3）绝缘电阻。绝缘电阻指加到电容器上的直流电压和漏电流的比值，又称漏阻。漏阻越低，漏电流越大，介质耗能越大，电容器的性能就差，寿命也越短。

（5）常见电容器介绍。

1）固定电容器。固定电容器有下列几种类型：

①纸介电容器（CZ 型）。纸介电容器的电极用铝箔或锡箔做成，绝缘介质用浸过蜡的纸相叠后卷成圆柱体密封而成。其特点是容量大、构造简单、成本低，但热稳定性差、损耗大、易吸湿，适合在低频电路中用做旁路电容和隔直电容。金属纸介电容器（CJ 型）的两层电极是将金属蒸发后沾积在纸上形成的金属薄膜，其体积小，特点是被高压击穿后有自愈作用。

②有机薄膜电容器（CB 或 CL 型）。用聚苯乙烯、聚四氟乙烯、聚碳酸脂或涤纶等有机薄膜代替纸介，以铝箔或在薄膜上蒸发金属薄膜作电极卷绕封装而成。其特点是体积小、耐压高、损耗小、绝缘电阻大、稳定性好，但是温度系数较大。适合用在高压电路、谐振回路、滤波电路中。

③瓷介电容器（CC 型）。瓷介电容器是以陶瓷材料作介质，在介质表面上烧渗银层作电极，有管状和圆片状。其特点是结构简单、绝缘性能好、稳定性较高、介质损耗小、固有电感小、耐热性好。但其机械强度低、容量不大。适合用在高频高压电路和温度补偿电路中。

④云母电容器（CY 型）。以云母为介质，上面喷覆银层或用金属箔作电极后封装而成。其特点是绝缘性好、耐高温、介质损耗极小、固有电感小，因此其工作频率高、稳定性好、工作耐压高，应用广泛。适合用在高频电路中和高压设备中。

⑤玻璃釉电容器（CI 型）。用玻璃釉粉加工成的薄片作为介质，其特点是介电常数大，体积也比同容量的瓷片电容器小，损耗更小。与云母和瓷介电容器相比，它更适合在高温下工作，广泛用在小型电子仪器的交直流电路、高频电路和脉冲电路中。

⑥电解电容器。以附着在金属极板上的氧化膜层作介质，阳极金属极片一般为铝、钽、铌、钛等，阴极是填充的电解液（液体、半液体、胶状），且有修补氧化膜的作用。氧化膜具有单向导电性和较高的介质强度，所以电解电容为有极性电容。新出厂的电解电容其长脚为正极，短脚为负极，在电容器的表面上还印有负极标志。电解电容在使用中一旦极性接反，则通过其内部的电流过大，导致其过热击穿，温度升高产生的气体会引起电容器外壳爆裂。

电解电容器的优点是其容量大，在短时间过压击穿后，能自动修补氧化膜并恢复绝缘。其缺点是误差大、体积大，有极性要求，并且其容量随信号频率的变化而变化，稳定性差，绝缘性能低，工作电压不高，寿命较短，长期不用时易变质。电解电容器适合用在整流电路中进行滤波、电源去耦，及作为放大器中的耦合和旁路等。

2）可变电容器。可变电容器有下列几种类型：

①空气可变电容器。这种电容器以空气为介质，用一组固定的定片和一组可旋转的动片（两组金属片）为电极，两组金属片互相绝缘。动片和定片的组数分为单连、双连、多连等。其特点是稳定性高、损耗小、精确度高，但体积大。常用于收音机的调谐电路中。

②薄膜介质可变电容器。这种电容器的动片和定片之间用云母或塑料薄膜作为介质，外面加以封装。由于动片和定片之间距离极近，因此在相同的容量下，薄膜介质可变电容器比空气电容器的体积小，重量也轻。常用的薄膜介质密封单联和双

联电容器在便携式收音机中广泛使用。

③微调电容器。微调电容器有云母、瓷介和瓷介拉线等几种类型，其容量的调节范围极小，一般仅为几皮法至几十皮法，常用于在电路中作补偿和校正等。

3）新型电容器。

①片状电容器。片状电容是一种新器件，主要有以下几种类型：

a）片状陶瓷电容。片状陶瓷电容是片状电容器中产量最大的一种，有 3216 型和 3215 型两种（定义见片状电阻）。片状陶瓷电容的容量范围宽（1～47800pF），耐压为 25V、50V，常用于混合集成电路和电子手表电路中。

b）片状钽电容。片状钽电容的体积小、容量大。其正极使用钽棒并露出一部分，另一端是负极。片状钽电容的容量范围为 0.1～100μF，其耐压值常用的是 16V 和 35V。它广泛应用在台式计算机、手机、数码照相机和精密电子仪器等电路中。

②独石电容。它是以碳酸钡为主材料烧结而成的一种瓷介电容器，其容量比一般瓷介电容大（10pF～10μF），且具有体积小、耐高温、绝缘性好、成本低等优点，因而得到广泛应用。独石电容不仅可替代云母电容和纸介电容器，还取代了某些钽电容器，广泛应用于小型和超小型电子设备，如用在液晶手表和微型仪器中。

（6）电容器的选用。

1）不同电路应选用不同种类的电容器。在电源滤波和退耦电路中应选用电解电容器；在高频电路和高压电路中应选用瓷介和云母电容器；在谐振电路中可选用云母、陶瓷和有机薄膜等电容器；用作隔直时可选用纸介、涤纶、云母、电解等电容器；用在谐振回路时可选用空气或小型密封可变电容器。

2）耐压选择。电容器的额定电压应高于其实际工作电压的 10%～20%，以确保电容器不被击穿损坏。

3）允许误差的选择。在业余制作电路时一般不考虑电容的允许误差；对于用在振荡和延时电路中的电容器，其允许误差应尽可能小（一般小于 5%）；在低频耦合电路中的电容误差可以稍大一些（一般为 10%～20%）。

4）电容器的代用。电容器在代用时要与原电容器的容量基本相同（对于旁路和耦合电容，容量可比原电容大一些）；耐压值要不低于原电容器的额定电压。在高频电路中，电容器的代换一定要考虑其频率特性应满足电路的频率要求。

（7）电容器的测试。

对电容器进行性能检查，应视型号和容量的不同而采取不同的方法。

1）电解电容器的测试。对电解电容器的性能测量，最主要的是容量和漏电流的测量。对正、负极标志脱落的电容器，还应进行极性判别。

用万用表测量电解电容的漏电流时，可用万用表电阻挡测电阻的方法来估测。

万用表的黑表笔应接电容器的“＋”极，红表笔接电容器的“－”极，此时表针迅速向右摆动，然后慢慢退回，待指针不动时其指示的电阻值越大表示电容器的漏电流越小；若指针根本不向右摆，说明电容器内部已断路或电解质已干涸而失去容量。

用上述方法还可以鉴别电容器的正、负极。对失掉正、负极标志的电解电容器，或先假定某极为“＋”，让其与万用表的黑表笔相接，另一个电极与万用表的红表笔相接，同时观察并记住表针向右摆动的幅度；将电容放电后，把两只表笔对调重新进行上述测量。哪一次测量中，表针最后停留的摆动幅度较小，说明该次对其正、负极的假设是对的。

2）中、小容量电容器的测试。这类电容器的特点是无正、负极之分，绝缘电阻很大，因而其漏电流很小。若用万用表的电阻挡直接测量其绝缘电阻，则表针摆动范围极小不易观察，用此法主要是检查电容器的断路情况。

对于 0.01μF 以上的电容器，必须根据容量的大小分别选择万用表的合适量程，才能正确加以判断。如测 300μF 以上的电容器可选择 $R\times10$k 或 $R\times1$k 挡；测 0.47～10μF 的电容器可用 $R\times1$k 挡；测 0.01～0.47μF 的电容器可用 $R\times10$k 挡等。具体方法是：用两表笔分别接触电容的两根引线（注意双手不能同时接触电容器的两极），若表针不动，将表针对调再测，仍不动说明电容器断路。

对于 0.01μF 以下的电容器不能用万用表的欧姆挡判断其是否断路，只能用其他仪表（如 Q 表）进行鉴别。

3）可变电容器的测试。对可变电容器主要是测其是否发生碰片（短接）现象。选择万用表的电阻（$R\times1$）挡，将表笔分别接在可变电容器的动片和定片的连接片上。旋转电容器动片至某一位置时，若发现有直通（即表针指零）现象，说明可变电容器的动片和定片之间有碰片现象，应予以排除后再使用。

3. 电感器和变压器

电感器（简称电感）也是构成电路的基本元件，在电路中有阻碍交流电通过的特性。其基本特性是通低频、阻高频，在交流电路中常作扼流、降压、谐振等。

（1）电感器。

电感器可分为固定电感和可变电感两大类。按导磁性质可分为空心线圈、磁心线圈和铜心线圈等；按用途可分为高频扼流线圈、低频扼流线圈、调谐线圈、退耦线圈、提升线圈和稳频线圈等；按结构特点可分为单层、多层、蜂房式、磁心式等。

1）小型固定式电感线圈。这种电感线圈是将铜线绕在磁心上，再用环氧树脂或塑料封装而成。它的电感量用直标法和色标法表示，又称色码电感器。它具有体积小、重量轻、结构牢固和安装使用方便等优点，因而广泛用于收录机、电视机等电子设备中，在电路中用于滤波、陷波、扼流、振荡、延迟等。固定电感器有立式和卧式两种，其电感量一般为 0.1～3000μH，允许误差分为Ⅰ、Ⅱ、Ⅲ三挡，即±5%、±10%、±20%，工作频率在 10kHz～200MHz。

2）低频扼流圈。低频扼流圈又称滤波线圈，一般由铁心和绕组等构成。其结构有封闭式和开启式两种，封闭式的结构防潮性能较好。低频扼流圈常与电容器组成滤波电路，以滤除整流后残存的交流成分。

3）高频扼流圈。高频扼流圈在高频电路中用来阻碍高频电流的通过。在电路中，高频扼流圈常与电容串联组成滤波电路，起到分开高频和低频信号的作用。

4）可变电感线圈。在线圈中插入磁芯（或铜芯），改变磁芯的位置就可以达到改变电感量的目的。如磁棒式天线线圈就是一个可变电感线圈，其电感量可在一定的范围内调节。它还能与可变电容组成调谐器，用于改变谐振回路的谐振频率。

（2）变压器。

变压器是用作变换电路中电压、电流和阻抗器件，按其工作频率的高低可分为低频变压器、中频变压器、高频变压器。

1）低频变压器。低频变压器又分为音频变压器和电源变压器两种，它主要用在阻抗变换和交流电压的变换上。音频变压器的主要作用是实现阻抗匹配、耦合信号、将信号倒相等，因为只有在电路阻抗匹配的情况下，音频信号的传输损耗及其失真才能降到最小；电源变压器是将 220V 交流电压升高或降低，变成所需的各种交流电压。

2）中频变压器。它是超外差式收音机和电视机中的重要元件，又叫中周。中周的磁芯和磁帽是用高频或低频特性的磁性材料制成的，低频磁芯用于收音机，高频磁芯用于电视机和调频收音机。中周的调谐方式有单调谐和双调谐两种，收音机多采用单调谐电路。常用的中周有 TFF-1、TFF-2、TFF-3 等型号为收音机所用；10TV21、10LV23、10TS22 等型号为电视机所用。中频变压器的适用频率范围从几千赫兹到几十兆赫兹，在电路中起选频和耦合等作用，在很大程度上决定了接收机的灵敏度、选择性和通频带。

3）高频变压器。高频变压器又分为耦合线圈和调谐线圈两类。调谐线圈与电容可组成串、并联谐振回路，用于选频等作用。天线线圈、振荡线圈等都是高频线圈。

4）行输出变压器。它又称为逆行程变压器，接在电视机行扫描的输出级，将行逆程反峰电压经过升压整流、滤波，为显像管提供阳极高压、加速极电压、聚焦极电压以及其他电路所需的直流电压。新产品均为一体化行输出变压器。

（3）电感线圈和变压器的型号及命名方法。

1）电感线圈的型号和命名方法。根据国标 GB2470-1995 的规定，电感线圈的命名方法如图 3-1-7 所示。

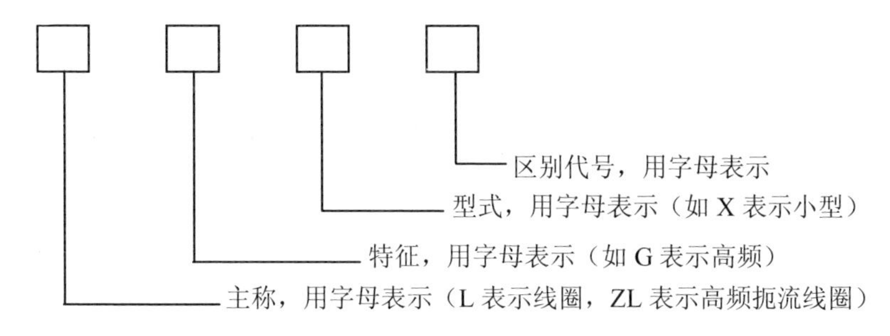

图 3-1-7　电感线圈的命名方法

2）中频变压器的型号命名方法如下，它由三部分组成。

第一部分：主称，用字母表示；

第二部分：尺寸，用数字表示；

第三部分：级数，用数字表示。

各部分的字母和数字所表示的意义如表 3-1-11 所示。

表 3-1-11　中频变压器型号各部分所表示的意义

主称		尺寸		级数	
字母	名称、特征、用途	数字	外形尺寸/mm	数字	用于中波级数
T	中频变压器	1	7×7×12	1	第一级
L	线圈或振荡线圈	2	10×10×14	2	第二级
T	磁性瓷心式	3	12×12×16	3	第三级
F	调幅收音机用	4	20×25×36		
S	短波段	5			

示例：TTF-2-1 型，表示调幅收音机用磁性瓷心式中频变压器，外形尺寸为 10 mm×10 mm×14 mm，用于中波第一级。

3）变压器型号的命名方法由三部分组成。

第一部分：主称，用字母表示；

第二部分：功率，用数字表示，计量单位用伏安（VA）或瓦（W）表示，但 RB 型变压器除外；

第三部分：序号，用数字表示。

主称部分字母表示的意义如表 3-1-12 所示。

表 3-1-12　变压器型号中主称部分字母所表示的意义

字母	意义	字母	意义
DB	电源变压器	HB	灯丝变压器
CB	音频输出变压器	SB 或 ZB	音频（定阻式）输送变压器
RB	音频输入变压器	SB 或 EB	音频（定压式或自耦式变压器）
GB	高频变压器		

（4）主要参数。

电感器的主要参数有下列几个：

1）电感量标称值与误差。电感器的电感量也有标称值，单位有μH（微亨）、mH（毫亨）和 H（亨利）。它们之间的换算关系为：$1H=10^3mH=10^6μH$。电感量的误差是指线圈的实际电感量与标称值的差异，对振荡线圈的要求较高，允许误差为 0.2%～0.5%；对耦合阻流线圈要求则较低，一般在 10%～15%之间。电感器的标称电感量和误差的常见标志方法有直接法和色标法，标志方式类似于电阻器的标志方法。目前大部分国产固定电感器将电感量、误差直接标在电感器上。

2）品质因数。电感器的品质因数 Q 是线圈质量的一个重要参数。它表示在某一工作频率下，线圈的感抗对其等效直流电阻的比值，即 $Q=\omega L/R$，Q 越高，线圈的铜损耗越小。在选频电路中，Q 值越高，电路的选频特性也越好。

3）额定电流。额定电流指在规定的温度下，线圈正常工作时所能承受的最大电流值。对于阻流线圈、电源滤波线圈和大功率的谐振线圈，这是一个很重要的参数。

4）分布电容。分布电容指电感线圈匝与匝之间、线圈与地以及屏蔽盒之间存在的寄生电容。分布电容使 Q 值减小、稳定性变差，为此可将导线用多股线或将线圈绕成蜂房式，对天线线圈则采用间绕法，以减少分布电容的数值。

（5）变压器的主要技术参数。

1）额定功率。额定功率指在规定的频率和电压下，变压器能长期工作而不超过规定温升的最大输出视在功率，单位为 V.A。

2）效率。效率指在额定负载时变压器的输出功率和输入功率的比值。即

$$\eta=(P_2/P_1)\times 100\%$$

3）绝缘电阻。表征变压器绝缘性能的一个参数，是施加在绝缘层上的电压与漏电流的比值，包括绕组之间、绕组与铁心及外壳之间的绝缘阻值。由于绝缘电阻很大，一般只能用兆欧表（或万用表的 $R\times10k$ 挡）测量其阻值。如果变压器的绝缘电阻过低，在使用中可能出现机壳带电甚至将变压器绕组击穿烧毁。

（6）电感器的选用常识。

1）根据电路的要求选择不同的电感器。首先应明确其使用的频率范围。铁心线圈只能用于低频，铁氧体线圈、空心线圈可用于高频；其次要搞清线圈的电感量和适用的电压范围。

2）在使用时，注意通过电感器的工作电流要小于它的允许电流。否则，电感器将发热，使其性能变坏甚至烧坏。

3）在安装时，要注意电感元件之间的相互位置，因电感线圈是磁感应元件，一般应使相互靠近的电感线圈的轴线互相垂直。

（7）电感器与变压器的测试。

1）电感器的测试。首先进行外观检查，看线圈有无松散，引脚有无折断、生锈现象。然后用万用表的欧姆挡测线圈的直流电阻，若为无穷大，说明线圈（或与引出线间）有断路；若比正常值小很多，说明有局部短路；若为零，则线圈被完全短路。对于有金属屏蔽罩的电感器线圈，还需检查它的线圈与屏蔽罩间是否短路；对于有磁心的可调电感器，螺纹配合要好。

2）变压器的测试。主要测试变压器的直流电阻和绝缘电阻。

①直流电阻检查。由于变压器的直流电阻很小，所以一般用万用表的$R\times1\Omega$挡来测绕组的电阻值，可判断绕组有无短路或断路现象。对于某些晶体管收音机中使用的输入、输出变压器，由于它们体积相同，外形相似，一旦标志脱落，直观上很难区分，此时可根据其线圈直流电阻值进行区分。一般情况下，输入变压器的直流电阻值较大，初级多为几百欧姆，次级多为一、二百欧姆；输出变压器的初级多为几十至上百欧姆，次级多为零点几至几欧姆。

②绝缘电阻的测量。变压器各绕组之间以及绕组和铁心之间的绝缘电阻可用500V或1000V兆欧表（摇表）进行测量。根据不同的变压器，选择不同的摇表。一般电源变压器和扼流圈应选用1000V摇表，其绝缘电阻应不小于1000MΩ；晶体管输入变压器和输出变压器用500V摇表，其绝缘电阻应不小于100MΩ。若无摇表，也可用万用表的$R\times10k$挡，测量时，表头指针应不动（相当于电阻为∞）。

4．半导体分立器件

半导体器件是近50年来发展起来的新型电子器件，具有体积小、重量轻、耗电省、寿命长、工作可靠等一系列优点，应用十分广泛。

（1）国产半导体器件型号命名法。

根据国标 GB2470-1995 的规定，国产半导体器件型号由五部分组成，如表3-1-13 所示。半导体特殊器件、场效应器件、复合管、PIN 型管、激光管等的型号由第三、四、五部分组成。

表 3-1-13　中国半导体器件型号命名法

第一部分		第二部分		第三部分		第四部分	第五部分
用数字表示器件的电极数目		用字母表示器件的材料和类性		用字母表示器件的用途		用数字表示序号	用字母表示规格
符号	意义	符号	意义	符号	意义	意义	意义
2	二极管	A	N 型，锗材料	P	小信号管	反映极限参数、直流参数和交流参数等的差别	承受反向击穿电压的程度。如规格号为 A、B、C、D…。其中 A 承受的反响击穿电压最低，B 次之，依此类推
		B	P 型，锗材料	V	混频检波器		
		C	N 型，硅材料	W	稳压管		
		D	P 型，硅材料	C	变容器		
3	三极管	A	PNP 型，锗	Z	整流管		
		B	NPN 型，锗	S	隧道管		
		C	PNP 型，硅	GS	光电子显示器		
		D	NPN 型，硅	K	开关管		
		E	化合材料	X	低频小功率管		
				G	高频小功率管		
				D	低频大功率管		
				A	高频大功率管		
				T	半导体闸流管		
				Y	体效应器件		
				B	雪崩管		
				J	阶跃恢复管		
				CS	场效应器件		
				BT	半导体特殊器件		
				FH	复合管		
				PIN	PIN 管		
				GJ	激光管		

示例 1：“2AP10”型为 P 型锗材料的小信号普通二极管，序号为 10。

示例 2：“3AX31A”型为 PNP 型锗材料的低频小功率三极管，序号为 31，规格号为 A。

示例 3：“CS2B”型为场效应管，序号为 2，规格号为 B。

（2）半导体二极管。

二极管按材料可分为硅二极管和锗二极管两种；按结构可分为点接触型和面接触型；按用途可分为整流管、稳压管、检波管、开关管和光电管等。

1）二极管的种类。

①整流二极管。主要用于整流电路，即把交流电变换成脉动的直流电。整流

二极管为面接触型，其结电容较大，因此工作频率范围较窄（3kHz 以内）。常用的型号有 2CZ 型、2DZ 型等，还有用于高压和高频整流电路的高压整流堆，如 2CGL 型、DH26 型、2CL51 型等。

②检波二极管。其主要作用是把高频信号中的低频信号检出，为点接触型，其结电容小，一般为锗管。检波二极管常采用玻璃外壳封装，主要型号有 2AP 型和 1N4148（国外型号）等。

③稳压二极管。稳压二极管也叫稳压管，它是用特殊工艺制造的面结型硅半导体二极管，其特点是工作于反向击穿区，实现稳压；其被反向击穿后，当外加电压减小或消失，PN 结能自动恢复而不至于损坏。稳压管主要用于电路的稳压环节和直流电源电路中，常用的有 2CW 型和 2DW 型。

④光电二极管。光电管又称为光敏管。和稳压管一样，其 PN 结也工作在反偏状态。其特点是：无光照射时其反向电流很小，反向电阻很大；当有光照射时，其反向电阻减小，反向电流增大。光电管常用在光电转换控制器或光的测量传感器中，其 PN 结面积较大，是专门为接收入射光而设计的。光电管在无光照射时的反向电流叫做暗电流，有光照射时的电流叫做光电流（或亮电流）。其典型产品有 2CU、2DU 系列。

⑤发光二极管。发光二极管简写做 LED。它通常用砷化镓或磷化镓等材料制成，当有电流通过它时便会发出一定颜色的光。按发光的颜色不同，发光二极管可分为红色、黄色、绿色、蓝色、变色和红外发光二极管等。一般情况下，通过 LED 的电流在 10～30mA 之间，正向压降约为 1.5～3V。LED 可用直流、交流、脉冲等电源驱动，但必须串接限流电阻 R。LED 能把电能转换成光能，广泛应用在音响设备、数控装置、微机系统的显示器上。

⑥变容二极管。变容二极管是利用 PN 结加反向电压时，PN 结此时相当于一个可变电容。反偏电压越大，PN 结的绝缘层加宽，其结电容越小。如 2CB14 型变容二极管，当反向电压在 3～25V 区间变化时，其结电容在 20～30pF 之间变化。它主要用在高频电路中作自动调谐、调频、调相等，如在彩色电视机的高频头中作电视频道的选择。

2）常用二极管的选用常识。应根据用途和电路的具体要求来选择二极管的种类、型号及参数。

选用检波管时，主要使其工作频率符合要求。常用的有 2AP 系列，还可用锗开关管 2AK 型代用。用锗高频三极管的发射结进行检波的效果较好，因其发射结结电容很小。

选择整流二极管时主要考虑其最大整流电流、最高反向工作电压是否满足要求，常用的硅桥（硅整流组合管）为 QL 型。

在修理电子电路时，当损坏的二极管型号一时找不到，可考虑用其他二极管代用。代换的原则是弄清原二极管的性质和主要参数，然后换上与其参数相当的其他型号二极管。如检波二极管，只要工作频率不低于原型号的就可以使用。

3）二极管的测试。

①普通二极管的测试。普通二极管外壳上均印有型号和标记。标记方法有箭头、色点、色环三种，箭头所指方向或靠近色环的一端为二极管的负极，有色点的一端为正极。若型号和标记脱落时，可用万用表的欧姆挡进行判别。主要原理是根据二极管的单向导电性，其反向电阻远远大于正向电阻。具体过程如下：

判别极性：将万用表选在 $R\times100$ 或 $R\times1\text{k}$ 挡，两表笔分别接二极管的两个电极。若测出的电阻值较小（硅管为几百至几千欧姆，锗管为 100Ω～1kΩ），说明是正向导通，此时黑表笔接的是二极管的正极，红表笔接的则是负极；若测出的电阻值较大（几十千欧姆至几百欧姆），为反向截止，此时红表笔接的是二极管的正极，黑表笔为负极。

检查好坏：可通过测量正、反向电阻来判断二极管的好坏。一般小功率硅二极管正向电阻为几百欧姆至几千欧姆，锗管约为 100Ω～1kΩ。

判别硅、锗管：若不知被测的二极管是硅管还是锗管，可根据硅、锗管的导通压降不同的原理来判别。将二极管接在电路中，当其导通时，用万用表测其正向压降，硅管一般为 0.6～0.7V，锗管为 0.1～0.3V。

②稳压管的测试。

极性的判别：与上普通二极管的判别方法相同。

检查好坏：万用表置于 $R\times10\text{k}$ 挡，黑表笔接稳压管的“－”极，红笔接“+”极，若此时的反向电阻很小（与使用 $R\times1\text{k}$ 挡时的测试值相比校），说明该稳压管正常。因为万用表 $R\times10\text{k}$ 挡的内部电压都在 9V 以上，可达到被测稳压管的击穿电压，使其阻值大大减小。

③发光二极管的测试。用万用表 $R\times10\text{k}$ 挡测试。一般正向电阻应小于 30kΩ，反向电阻应大于 1MΩ；若正、反向电阻均为零，说明其内部击穿。反之，若均为无穷大，则内部已开路。

④光电二极管的测试。把光电二极管用黑纸盖住，将万用表打到 $R\times1\text{k}$ 挡，两表笔分别接两个引脚，若指针读数为几千欧姆左右，则黑表为正极。这是正向电阻，是不随光照而变化的。将两表笔对调测反向电阻，一般读数应在几百千欧姆到无穷大（注意测量时窗口应避开光）。然后用手电光照管子的顶端窗口，这时表头指针偏转应明显加大，光线越强，反向电阻应越小（仅几百欧姆）。关掉手电，指针读数应立即恢复到原来的阻值，这样的光电二极管才是好的。

（3）半导体三极管。

半导体三极管又称双极型晶体管，简称三极管，是一种电流控制型器件，最基本的作用是放大。它具有体积小、结构牢固、寿命长、耗电省等优点，广泛应用于各种电子设备中。

1）三极管的种类。三极管的种类按材料与工艺可分为硅平面管和锗合金管；按结构可分为 NPN 型与 PNP 型；按工作频率可分为低频管和高频管；按用途可分为电压放大管、功率管和开关管等。

2）三极管的主要参数。

①共射交流电流放大系数 β 。

$$\beta=\frac{\Delta I_{\mathrm{C}}}{\Delta I_{\mathrm{B}}}$$（在手册中，用 hFE 表示）。

β 是表征三极管放大能力的重要指标。直流放大系数 $\overline{\beta}=I_{\mathrm{C}}/I_{\mathrm{B}}$，尽管 $\overline{\beta}$ 与 β 不同，但在小信号下，$\overline{\beta}\approx\beta$ 。工程上常取二者相同而混用。

有些三极管的壳顶上标有色点，作为 $\overline{\beta}$ 值的色点标志，为选用三极管带来了很大的方便。其分档标志如下：

0～15～25～40～55～80～120～180～270～400～600

棕　红　橙　黄　绿　蓝　紫　灰　白　黑

②极限参数。有集电极最大允许电流 I_{CM}、集－发射极击穿电压 $U_{\mathrm{(BR)CEO}}$ 和集电极最大允许耗散功率 P_{CM}，在使用时不允许超过其极限值。

③反向电流。有集－基极反向电流 I_{CBO} 和集－发射极反向电流（又称穿透电流）I_{CEO}。反向电流影响管子的热稳定性，其值越小越好。一般小功率硅管的 I_{CBO} 在 1μA 以下，而小功率锗管的反向电流则较大，一般在几毫安以下。

3）特殊三极管。

①光敏三极管。光敏三极管是一种相当于在基极和集电极接入光电二极管的三极管。为了对光有良好的响应，其基区面积比发射区面积大得多，以扩大光照面积。光敏三极管的引脚有三个也有两个的，在两个引脚的管子中，光窗口即为基极。其等效电路和符号如图 3-1-8 所示。

②光电耦合器。光电耦合器是把发光二极管和光敏三极管组装在一起而成的光－电转换器件，其主要原理是以光为媒介，实现了电－光－电的传递与转换。其等效电路和符号如图 3-1-9 所示。在光电隔离电路中，为了切断干扰的传输途径，电路的输入回路和输出回路必须各自独立，不能共地。由于光电耦合器是一种以光为媒体传送信号的器件，实现了输出端与输入端的电气绝缘（绝缘电阻大于 $10^{19}\ \Omega$），耐

压在 1kV 以上；为单向传输，无内部反馈，抗干扰能力强，尤其是抗电磁干扰，所以是一种广泛应用于微机检测和控制系统中光电隔离方面的新型器件。

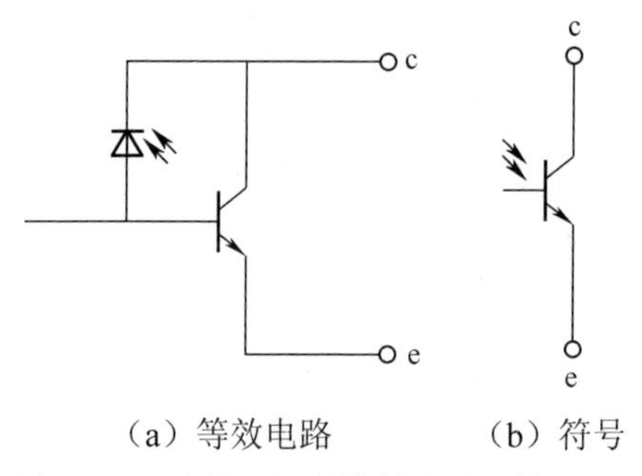

（a）等效电路　　（b）符号

图 3-1-8　光敏三极管等效电路及符号

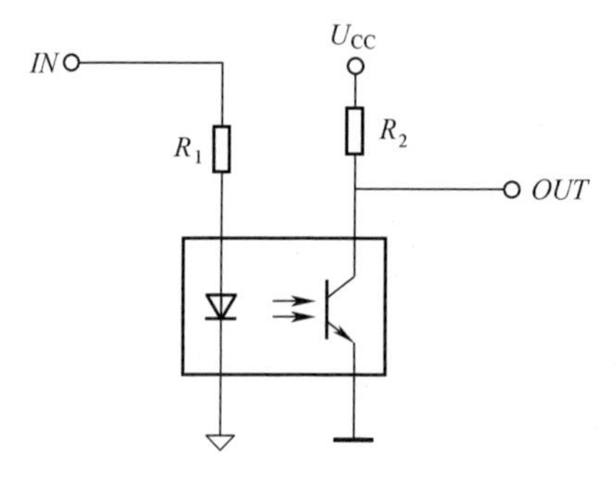

图 3-1-9　光电耦合器

4）三极管的选用与代换。

①三极管的选用。根据电路需要，应使其特征频率高于电路工作频率的 3～10 倍，但不能太高，否则将引起高频振荡。

三极管的 β 值应选择适中，一般选 30～200 为宜。β 值太低，电路的放大能力差；β 值过高又可能使管子工作不稳定，造成电路的噪声增大。

反向击穿电压 $U_{(BR)CEO}$ 应大于电源电压。在常温下，集电极耗散功率 P_{CM} 应选择适中。如选小了会因管子过热而烧毁；选大了又会造成浪费。

②三极管的代换原则。新换三极管的极限参数应等于或大于原三极管；性能好的三极管可代替性能差的，如 β 值高的可代替 β 值低的，穿透电流小的可代换穿透电流大的；在耗散功率允许的情况下，可用高频管代替低频管，如 3DG 型可代替 3DX 型。

5）三极管的测试。常用的小功率管有金属外壳封装和塑料封装两种，这样，可直接观测出三个电极 e、b、c。但不能只看出三个电极就说明管子的一切问题，仍需进一步判断管型和管子的好坏。一般可用万用表的 $R\times100$ 和 $R\times1\text{k}$ 挡进行判别。

①b 极和管型的判断。黑表笔任接一极，红表笔分别依次接另外两极。若两次测量中表针均偏转很大（说明管子的 PN 结已通，电阻较小），则黑笔接的电极为 b 极，同时该管为 NPN 型；反之，将表笔对调（红表笔任接一极），重复以上操作，也可确定管子的 b 极，其管型为 PNP 型。

②管子好坏的判断。若在以上操作中无一电极满足上述现象，则说明管子已坏。也可用万用表的 hFE 挡，当管型确定后，将三极管插入 NPN 或 PNP 插孔，将万用表置于 hFE 挡，若 hEF（β）值不正常（如为零或为大于 300），则说明管子已坏。

（4）场效应管。

场效应晶体管简称场效应管（FET），又称单极型晶体管，它属于电压控制型半导体器件。其特点是输入电阻很高（$10^7\sim10^{15}\Omega$）、噪声小、功耗低、无二次击穿现象，受温度和辐射影响小，特别适用于要求高灵敏度和低噪声的电路。场效应管和三极管一样都能实现信号的控制和放大，但由于它们的构造和工作原理截然不同，所以二者的差别很大。在某些特殊应用方面，场效应管优于三极管，是三极管所无法替代的。

1）场效应管的分类。场效应管分为结型（JEET）和绝缘栅型（MOS）。结型场效应管又分为 N 沟道和 P 沟道两种；绝缘栅型场效应管除有 N 沟道和 P 沟道之分外，还有增强型与耗尽型之分。

2）场效应管和三极管的比较。二者的比较情况见表 3-1-14。

表 3-1-14　三极管与场效应管的比较

项目 \ 器件	三极管	场效应管
导电机构	既用多子，又用少子	只用多子
导电方式	载流子浓度扩散及电场漂移	电场漂移
控制方式	电流控制	电压控制
类型	PNP、NPN	P 沟道，N 沟道
放大参数	β=50～100 或更大	g_m=1～6ms
输入电阻	$10^2\sim10^4\Omega$	$10^7\sim10^{15}\Omega$
抗辐射能力	差	在宇宙射线辐射下，仍能正常工作

续表

项目＼器件	三极管	场效应管
噪声	较大	小
热稳定性	差	好
制造工艺	较复杂	简单，成本低，便于集成化

①场效应管靠多子导电，管中运动的只是一种极性的载流子；三极管既用多子，又利用少子。由于多子浓度不易受外因的影响，因此在环境变化较强烈的场合，采用场效应管比较合适。

②场效应管的输入阻高，适用于高输入电阻的场合。场效应管的噪声系数小，适用于低噪声放大器的前置级。

③一般结型场效应管的源极和漏极可互换使用，灵活性比三极管强。

3）场效应管的主要参数。直流参数主要有夹断电压 $U_{GS(Off)}$、开启电压 $U_{GS(th)}$ 和饱和漏极电流 I_{DSS}；交流参数主要有低频跨导 g_m 和极间电容等；极限参数包括最大耗散功率 P_{DM}、漏源击穿电压 $U_{(BR)DS}$ 和栅源击穿电压 $U_{(BR)GS}$ 等，可查阅有关晶体管手册。

4）场效应管的选择和使用。

①选择场效应管要适应电路的要求。当信号源内阻高，希望得到好的放大作用和较低的噪声系数时；当信号为超高频和要求低噪声时；当信号为弱信号且要求低电流运行时；当要求作为双向导电的开关等场合，都可以优先选用场效应管。

②使用场效应管注意事项。结型场效应管的栅源电压不能反接，但可以在开路状态下保存。MOS 场效应管在不使用时，必须将各极引线短路。焊接时，应将电烙铁外壳接地，以防止由于烙铁带电而损坏管子。不允许在电源接通的情况下拆装场效应管。

结型场效应管可用万用表定性检查管子的质量，而绝缘栅型场效应管则不能用万用表检查，必须用测试仪，测试仪需有良好的接地装置，以防止绝缘栅击穿。

在输入电阻较高的场合使用时应采取防潮措施，以免输入电阻降低。陶瓷封装的芝麻管具有光敏特性，应注意使用。

5）场效应管的测试。

下面以结型场效应管（JFET）为例说明有关测试方法。

①电极的判别。根据 PN 结的正、反向电阻值不同的现象可以很方便地判别出结型场效应管的 G、D、S 极。

方法一：将万用表置于$R\times 1\text{k}$挡，任选两电极，分别测出它们之间的正、反向电阻。若正、反向的电阻相等（约几千欧姆），则该两极为漏极D和源极S（结型场效应管的D、S极可互换），余下的则为栅极G。

方法二：用万用表的黑笔任接一个电极，另一表笔依次接触其余两个电极，测其阻值。若两次测得的阻值近似相等，则该黑笔接的为栅极G，余下的两个为D极和S极。

②放大倍数的测量。将万用表置于$R\times 1\text{k}$或$R\times 100$挡，两只表笔分别接触D极和S极，用手靠近或接触G极，此时表针右摆，且摆动幅度越大，放大倍数越大。

对MOS管来说，为防止栅极击穿，一般测量前先在其G～S级间接一只几兆欧的大电阻，然后按上述方法测量。

③判别JEET的好坏。检查两个PN结的单向导电性，PN结正常，管子是好的，否则为坏的。测漏、源间的电阻R_{DS}，应约为几千欧；若$R_{DS}\to 0$或$R_{DS}\to\infty$，则管子已损坏。测R_{DS}时，用手靠近栅极G，表针应有明显摆动，摆幅越大，管子的性能越好。

（5）集成电路。

集成电路是近几十年半导体器件发展起来的高科技产品，其发展速度异常迅猛，从小规模集成电路（含有几十个晶体管）发展到今天的超大规模集成电路（含有几千万个晶体管或近千万个门电路）。集成电路的体积小、耗电低、稳定性好，从某种意义上讲，集成电路是衡量一个电子产品是否先进的主要标志。

集成电路按功能可分为数字集成电路和模拟集成电路两大类；按其制作工艺可分为半导体集成电路、薄膜集成电路、厚膜集成电路和混合集成电路等；按其集成度可分为小规模集成电路（SSI）、中规模集成电路（MSI）、大规模集成电路（LSI）和超大规模集成电路（VLSI），它表示在一个硅基片上所制造的元器件的数目。

集成电路的封装形式有晶体管式封装、扁平封装和直插式封装。集成电路的引脚排列次序有一定的规律，一般是从外壳顶部向下看，从左下脚按逆时针方向读数，其中第一脚附近一般有参考标志，如凹槽、色点等。

1）数字集成电路。

①数字集成电路的分类。数字集成电路按结构不同可分为双极型和单极型电路。其中双极型电路有DTL、TTL、ECL、HTL等多种；单极型电路有JFET、NMOS、PMOS、CMOS四种。

②数字集成电路的型号命名法。根据国标GB2470-1995的规定，国产半导体集成电路的型号一般由五部分组成，各部分符号及含义如表3-1-15所示。

表 3-1-15 国产半导体集成电路型号命名法

第一部分	第二部分	第三部分	第四部分	第五部分
中国制造	器件类型	器件系列品种	工作温度范围	封装
C	T：TTL H：HTL E：ECL C：CMOS M：存储器 μ：微型机电路 F：线性放大器 W：稳压器 D：音响电视电路 B：非线性电路 J：接口电路 AD：A/D 转换器 DA：D/A 转换器 SC：通信专用电路 SS：敏感电路 SW：钟表电路 SJ：机电仪电路 SF：复印机电路 …	TTL 电路为： 54/74×××① 54/74H×××② 54/74L×××③ 54/74S××× 54/74LS×××④ 54/74AS××× 54/74ALS××× 54/74F××× CMOS 电路为： 4000 系列 54/74HC××× 54/74HCT×××	C：0℃～70℃⑤ G：-25℃～70℃ L：-25℃～85℃ E：-40℃～85℃ *R*：-55℃～85℃ M：-55℃～125℃⑥	D：多层陶瓷双列直插 F：多层陶瓷扁平 B：塑料扁平 H：黑瓷扁平 J：黑瓷双列直插 P：塑料双列直插 S：塑料单列直插 T：金属圆壳 K：金属菱形 C：陶瓷芯片载体 E：塑料芯片载体 G：网络针栅陈列封装 … SOIC：小引线封装 PCC：塑料芯片载体 LCC：陶瓷芯片载体

注：①74 表示国际通用 74 系列（民用）；54 表示国际通用 54 系列（军用）。

②H 表示高速。

③L 表示低速。

④LS 表示低功耗。

⑤C 表示只出现在 74 系列。

⑥M 表示只出现在 54 系列。

示例：有一集成电路的符号为：

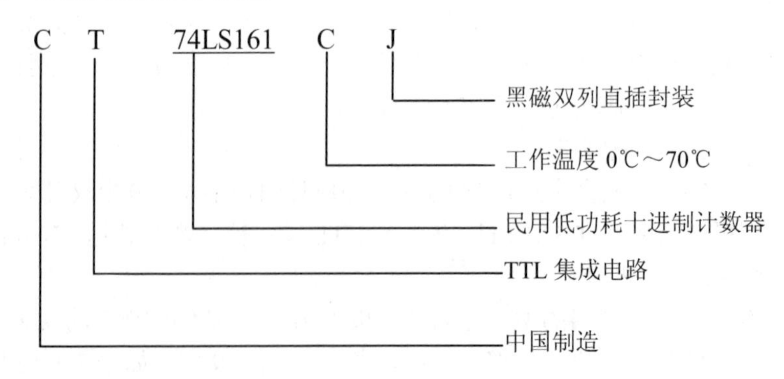

③数字集成电路及其使用。在实际工程中，最常用的数字集成电路主要有 TTL 和 CMOS 两大系列，下面分别介绍。

a）TTL 集成电路。TTL 集成电路是用双极型晶体管为基本元件集成在一块硅片上制成的，其品种、产量最多，应用也最广泛。国产的 TTL 集成电路有 T1000～T4000 系列，T1000 系列与国标 CT54/74 系列及国际 SN54/74 通用系列相同；T2000 高速系列与国标 CT54H/74H 系列及国际 SN54H/74H 高速系列相同；T3000 肖特基系列与国标 CT54S/74S 系列及国际 SN54S/74S 肖特基系列相同；T4000 低功耗肖特基系列与国标 CT54LS/74LS 系列及国际 SN54LS/74LS 低功耗肖特基系列相同。54 系列与 74 系列的主要区别在其工作环境温度上，54 系列为 -55℃～125℃；74 系列为 0℃～70℃。这些系列的区别还在于典型门的平均传输时间和平均功耗这两个参数不同，其他的电参数和外引脚功能基本相同，必要时，可互为代换使用。

TTL 集成电路在使用时要注意：不许超过其规定的工作极限值，以确保电路能可靠工作。TTL 集成电路只允许在 5V±10%的电源电压范围内工作。TTL 门电路的输出端不允许直接接地或接电源，也不准许并联使用（开路门和三态门例外）。TTL 门电路的输入端悬空相当于接高电平 1，但多余的输入端悬空（与非门）易引入外来干扰使通路的逻辑功能不正常，所以最好将多余输入端和有用端并联在一起使用。在电源接通的情况下，不要拔插集成电路，以防电流冲击造成电路永久性的损坏。

b）CMOS 集成电路。CMOS 集成电路以单极型晶体管为基本元件制成，其发展迅速，主要是因为它具有功耗低、速度快、工作电源电压范围宽（如 CC4000 系列的工作电源电压为 3～18V）、抗干扰能力强、输入阻抗高、扇出能力强、温度稳定性好及成本低等优点，尤其是它的制造工艺非常简单，为大批量生产提供了方便。CMOS 集成电路有三种封装方式：陶瓷扁平封装（工作温度范围是 -55℃～100℃）；陶瓷双列直插封装（工作温度范围是-55～125℃）；塑料双列直插封装（工作温度范围是-40℃～85℃）。

CMOS 集成电路在使用时要注意：电源电压端和接地端绝对不许接反，也不准超过其允许工作电压范围（U_{DD}=3～18V）。CMOS 电路在工作时，应先加电源后加信号；工作结束时，应在撤除信号后再切断电源。为防止输入端的保护二极管因大电流而损坏，输入信号的电压不能超过电源电压；输入电流不宜超过 1mA，对低内阻的信号源要采取限流措施。CMOS 集成电路的多余输入端一律不准悬空，应按其逻辑要求将多余的输入端接电源（与门）或接地（或门）；CMOS 集成电路的输出端不准接电源或接地，也不许将两个芯片的输出端直接连接使用，以免损坏器件。

2）模拟集成电路。

①模拟集成电路的分类、特点和结构。模拟集成电路按用途可分为运算放大器、直流稳压器、功率放大器和电压比较器等。模拟集成电路的特点和结构有：

a）与数字集成电路比较，各种模拟集成电路的电源电压可以不同且较高，视具体用途而定。

b）模拟集成电路的功能多种多样，所以其封装形式也具有多样性，封装形式有金属外壳、陶瓷外壳和塑料外壳三种。金属外壳封装为圆形，陶瓷外壳封装和塑料外壳封装均为扁平型。其引脚排列顺序和数字集成电路相同。

②常用模拟集成电路介绍。

a）集成运算放大器（集成运放）。自1964年美国仙童公司制造出第一个单片集成运放μA702以来，集成运放得到了广泛的应用，目前它已成为线性集成电路中品种和数量最多的一类。

集成运放的品种繁多，大致可分为“通用型”和“专用型”两大类。“通用型”集成运放的各项指标比较均衡，适用于无特殊要求的一般场合。如CF741（单运放）、CF747（双运放）、CF124（四运放）等。其特点是增益高、共模和差模电压范围宽、正负电源对称且工作稳定。“专用型”集成运放有低功耗型（静态功耗在1mW左右，如CA3078）；高速型（转换速率在10V/μs左右，如μA715）；高阻型（输入电阻在$10^{12}\Omega$左右，如CA3140）；高精度型（失调电压温度系数在1μV左右，如μA725）；高压型（允许供电电压在±30V左右，如CF343）；宽带型（带宽在10MHz左右，如μA772）等。“专用型”除具有“通用型”的特性指标外，特别突出其中某一项或两项特性参数，以适用于某些特殊要求的场合。如低功耗型运放适用于遥感技术、空间技术等要求能源消耗有限制的场合；高速型主要用于快速A/D和D/A转换器、锁相环电路和视频放大器等要求电路有快速响应的场合。

集成运放的主要参数主要包括：差模开环放大倍数（增益）A_{uo}，是指运放在无反馈情况下的差模放大倍数，是衡量放大能力的重要指标，一般为100dB左右；共模开环放大倍数A_{uc}，是衡量运放抗温漂、抗共模干扰能力的重要指标，优质运放其A_{uc}应接近于零；共模抑制比K_{CMR}，此参数为反映运放的放大能力，尤其是抗温漂、抗共模干扰能力的重要指标，好的运放应在100dB以上；单位增益带宽B_{WG}，它代表运放的增益带宽积，一般运放为几MHz至几十MHz，宽频带运放可达100MHz以上。另外还有输入失调电压U_{IO}、输入失调电流I_{IO}、转换速率S_R等。

国标统一命名法规定，集成运放各个品种的型号由字母和阿拉伯数字两部分组成。字母在首部，统一采用CF两个字母。C表示国标，F表示线性放大器，其后的数字表示运放的类型。

集成运放在使用前应进行下列检查：能否调零和消振，正负向的线性度和输出电压幅度；若数值偏差大或不能调零，则说明器件已损坏或质量不好。集成运放在使用时，因其引脚较多，必须注意引脚不能接错。更换器件时，注意新器件的电源电压和原运放的电源电压是否一致。

b）集成直流稳压器。直流稳压电源是电子设备中不可缺少的单元。集成稳压器是构成直流稳压电源的核心，它体积小、精度高、使用方便，因而被广泛应用。

集成稳压器按结构可分为三端固定稳压器（如 CW78××系列和 CW79××系列，其中 CW78××系列为正电压输出，CW79××系列为负电压输出；稳压值有 5V、6V、9V、12V、15V、18V、24V）；三端可调集成稳压器（如 CW117/217/317 输出的是正电压；CW137/237/337 输出的是负电压）；多端稳压器（如五端稳压器 CW200）。其中 CW78××/CW79××系列稳压块的外形如图 3-1-10 所示。

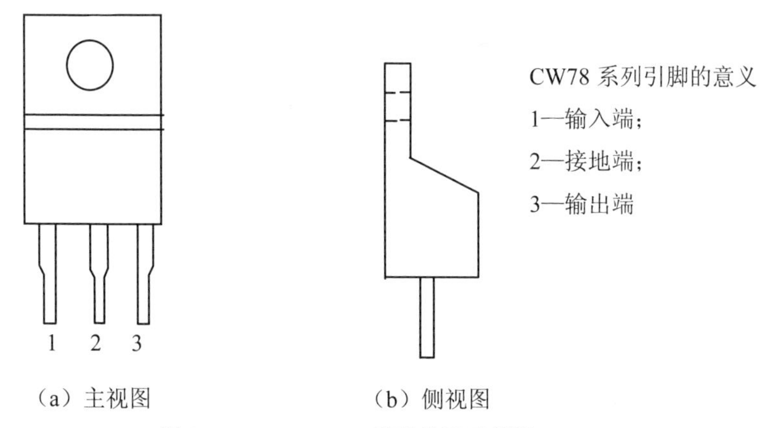

图 3-1-10 CW78/79 系列外形示意图

集成稳压器的型号由两部分组成。第一部分是字母，国标用“CW”表示，其中“C”代表中国，“W”代表稳压器。国外产品有 LM（美国 NC 公司）、μA（美国仙童公司）、MC（美国摩托罗拉公司）、TA（日本东芝）、μPC（日本日电）、HA（日立）、L（意大利 SGS 公司）等。第二部分是数字，表示不同的型号规格，国内外同类产品的数字意义完全一样。

CW78××系列的典型用法：三端集成稳压器具有较完善的过流、过压和过热保护装置，其典型用法如图 3-1-11 所示。工作过程大致如下：从变压器输出的交流电压经过整流滤波后加至 CW78××的输入端，在 CW78××的输出端就可以得到直流稳压电压输出。电容器 C_I 用于减小纹波，对输入端过压也有抑制作用，电容器 C_O 可改善负载的瞬态响应（C_I、C_O 均取 0.33～1μF）。

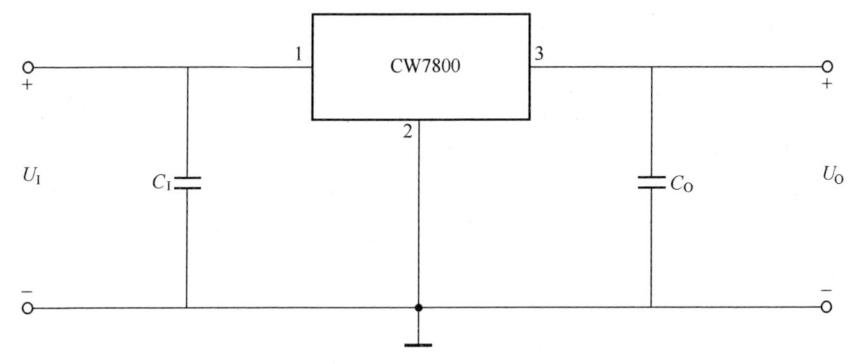

图 3-1-11　CW7800 系列稳压器的典型应用电路

集成稳压器的注意事项：在满负荷使用时，稳压块必须加合适的散热片；防止将输入与输出端接反；避免接地端（GND）出现浮地故障；当稳压器输出端接有大容量电容器时，应在 U_I～U_O 端之间接一只保护二极管（二极管正极接 U_O 端），以保护稳压块内部的大功率调整管。

c）集成功率放大器（集成功放）。按输出功率的大小可将集成功率放大器分为小、中、大功率放大器，其输出功率从几百毫瓦到几百瓦。按集成功率放大器内电路的不同可分为两大类：第一类具有功率输出级，一般输出功率在几瓦以上；第二类没有功率输出级（又叫功率驱动器），使用时需外接大功率晶体管作为输出级，输出功率可达十几瓦到几百瓦。

常用集成功放主要有 CD4100、CD4101、CD4102 系列，该系列产品的特点是功率体积比大、使用单电源，主要用于收音机、录音机等小功率放大电路中。

集成功放的注意事项：应在规定的负载条件下工作，切勿随意加重负荷，杜绝负载短路现象。用于收音机或收录机中的功放电路，在其输入端应接一个低通滤波器（或接一定容量的旁路电容器），以防检波后残余的中频信号窜入功放级。安装时应将集成电路本身的金属散热片接在印制电路板相应的铜箔上（应根据耗散功率大小设计铜箔几何尺寸）；当电路的耗散功率超过一定值时，需另加外散热板。

③片状集成电路简介。为实现电子产品的体积微型化，近年来电子元器件向小、轻、薄的方向发展，人们发明了表面安装技术，即 SMT（Surface Mount Technology）。使用表面安装技术的器件（片状元器件）包括电阻器、电容器、电感器、二极管、三极管、集成电路等，其中片状集成电路最为典型，它具有引脚间距小、集成度高等优点，广泛用于彩电、笔记本计算机、移动电话、DVD 等高新技术电子产品中。

片状集成电路的封装有小型封装和矩形封装两种形式。小型封装有 SOP 和

SOJ两种封装形式，这两种封装电路的引脚间距大多为1.27mm、1.0mm和0.76mm。其中SOJ占用印制板的面积更小，应用较为广泛。矩形封装有QFP和PLCC两种封装形式，PLCC比QFP更节省电路板的面积，但其焊点的检测较为困难，维修时拆焊更困难。此外，还有COB封装，即通常所称的“软黑胶”封装。它是将IC芯片直接粘在印制电路板上，通过芯片的引脚实现与印制板的连接，最后用黑色的塑胶包封。

④集成电路的测试。

a）检查集成电路各引脚的直流电压。用万用表测量集成电路各引脚与地之间的电压，并与标准值相比较，就可以发现故障部位。

b）检查集成电路各引脚的直流电流。用小刀将集成电路引脚与印刷板的铜箔走线刻一个小口，把万用表（直流电流挡）串接在电路中，测量集成电路的各脚供电电流。如果测得的数据与维修资料上的数据相符，则集成电路是好的。

c）测量集成电路各脚与地之间的电阻值。用万用表欧姆挡测量集成块各脚与地之间的电阻值，并与正常值相比较，可以判断出不正常的部位。当然采用这种方法时也必须事先知道集成电路各脚正常时的对地电阻值。

实训二　电子电路读图

一、实训目的

电子电路读图是了解电路功能、分析判断电路故障、对电路进行维修的重要技能，是衡量学生掌握电子技术基本技能的一个重要项目，也是学生参加工作必须掌握的技能。通过本次实训，要求学生基本掌握电子电路读图方法，并结合常用电路图进行读图训练，会对中等复杂程度的电路图进行分析，并能对常见故障做出正确判断。

二、实训要求

（1）掌握各种常用元器件的符号。
（2）掌握基本电路图的种类和基本画法。
（3）掌握电路方框图的功能，会对电路进行方框图的划分。
（4）学习电路读图的基本方法和基本步骤。
（5）学习分析典型电路图（分立件电路图、集成电路图纸）。
（6）对指定的电路进行分析，并能对常见故障进行分析和正确判断。

三、实训步骤

（1）学习各种电子元器件的符号。
（2）掌握各种典型电路图的标准画法。
（3）掌握电子电路的读图方法和基本步骤。
（4）实际进行电子电路图的读图训练。

四、电子电路读图的基本知识和读图方法

1. 电路图的种类

阅读电路图是从事电子技术工作的基本技能之一。只有能看懂电路图，才能了解并掌握电子系统本身的工作原理及工作过程，才能对电路进行测试、维修或改进。

电路图一般分为电路原理图、方框图和接线图。

（1）电路原理图。电路原理图是将该电路所用的各种元器件用规定的符号表

示出来，并用连线画出它们之间的连接情况，在各元器件旁边还要注明其规格、型号和参数。电路原理图主要用于分析电路的工作原理。在数字电路中，电路原理图是用逻辑符号表示各信号之间逻辑关系的逻辑图，应注意的是，在逻辑符号上没有画出电源和接地线，当逻辑符号出现在逻辑图上时，应理解为数字集成电路已经接通了电源。

（2）电路方框图。电路方框图是将电路系统分为若干相对独立的部分，每一部分用一个方框表示；方框内写明其功能和作用，各方框之间用连线表明各部分之间的关系，并附有必要的文字和符号说明。

电路方框图简单、直观，可在宏观上粗略地了解电路系统的工作原理和工作过程，以对系统进行定性分析。先阅读电路方框图，可为进一步读懂电路原理图起到引路的作用。

（3）电路接线图。电路接线图也就是安装图。它是将电路图中的元器件及连接线按照布线规则绘制的图，各元器件所在的位置有元器件的名称和标号。在电子电路中，电路接线图就是印刷线路板图。这种图主要用于电子设备的安装调试及对电路故障的检查和维修。

2．一般的读图方法

对电路原理图的读图一般采用以下步骤：

（1）了解电路的用途和功能。开始读图时首先要大致了解电路的用途和电路的总体功能，这对进一步分析电路各部分的功能将会起到指导作用。电路的用途可以从电路的说明书中找到，或通过分析输入信号和输出信号的特点以及它们的相互关系找出。

（2）查清每块集成电路的功能。集成电路是组成电路系统的基本器件，特别是中大规模集成电路的应用越来越广泛，几乎每一个电子设备中都离不开集成电路。当接触到一个新的集成电路时，必须从集成电路手册或其他资料中查出该器件的功能，以便进一步分析电路的工作原理。

（3）将电路划分为若干个功能块。根据信号的传送和流向，结合已学过的电子知识，将电路分成若干个功能块（用方框图表示）。一般是以晶体管或集成电路为核心进行划分，尤其是以在电子电路中学过的基本电路为一个功能块，粗略地分析出每个功能块的作用，找出该功能块的输入与输出之间的关系。

（4）将各功能块联系起来进行整体分析。按照信号的流向关系，分析整个电路从输入到输出的完整的工作过程，必要时还要画出电路的工作波形图，以搞清楚各部分电路信号的波形以及时间顺序上的相互关系。对于一些在基本电路中没有的元器件，要单独对其进行分析。因为各个电路系统的复杂程度、组成结构、采用的器件集成度各不相同，因此上述的读图步骤不是唯一的，读图时，可根据具体情况灵活运用。

将电子电路的读图方法可总结成口诀：化整为零，找出通路，跟踪信号，分析功能。

3. 电子电路读图示例

（1）SBM-10A 型多用示波器直流电源的电路分析。

SBM-10A 多用示波器的直流电源由三个部分组成：第一部分是 18V 直流稳压电源，它是其他两部分直流电源的供电电源；第二部分是高频高压电源，由单管电流变换器及倍压整流电路组成，供给示波管各电极所需的直流高压；第三部分是低压直流电源，由推挽式电流变换器及多路整流滤波电路组成，供给放大电路和扫描电路所需的直流电压，这部分的输出电压没有稳压环节。这里着重分析 18V 直流稳压电源的工作原理，以熟悉电路识图的方法和技巧。

SBM-10A 多用示波器 18V 直流稳压电源的电路原理图如图 3-2-1 所示。

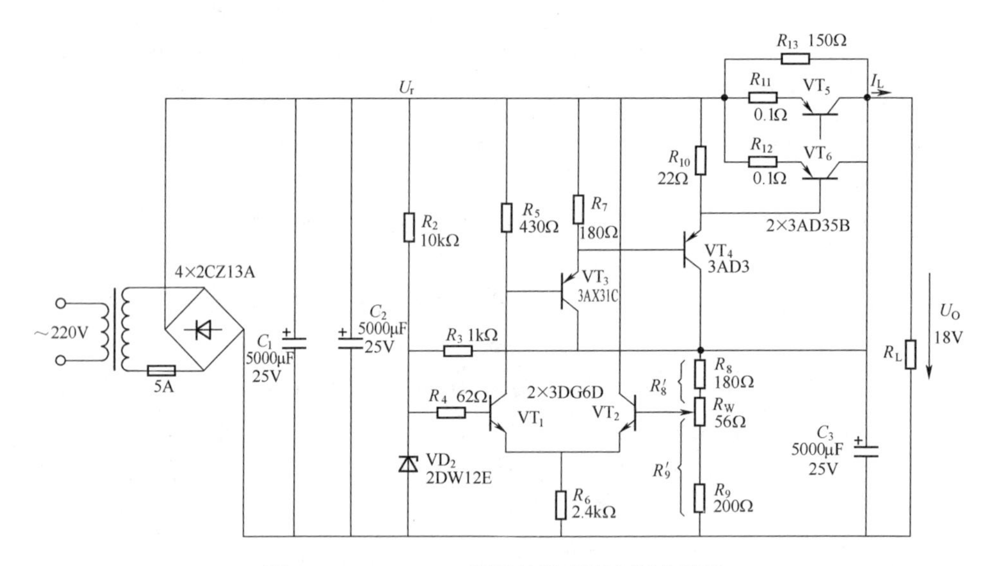

图 3-2-1 SBM-10A 型示波器直流电源电路图

按照化整为零的读图方法，先粗略看一下电路的组成。从电路所用的元件和电路形式可知这是一个串联调整型的稳压电源。按照分析功能的读图方法，可以分析出电路的特点。从电路的要求上看，它的输出是作为其他直流电源的能源，所以需要输出较大的电流（约 2A）；为了保证输出电压的稳定和当负载出现短路情况时，要能对调整管加以保护，所以需要采用保护电路。根据上述分析，可知它应具有变压、整流、滤波、基准电压设置、比较放大、调整、短路保护等环节，和以前学过的串联调整型稳压电路应该是大同小异。而作为读图的目的之一，正是要找出这个电路和典型电路的不同点才行。通过分析该电路的这些特点，才能掌握这个电路的设计思想和高明之处，也可以对稳压电源的结构形式有进一步的深刻理解。

该电路的特点可以从以下方面进行分析：

1）典型串联调整型的稳压电源电路的输出端是接到调整管的发射极，而该电路的输出端是接在调整管的集电极，因此把这个调整管作为射极输出器的概念就不再适用。仔细观察一下机器，发现两个调整管的集电极都直接安装在机器的铁壳上，而不是像典型电路那样安装在散热片上，设计者的用意就是在电路中不必再另加散热片，既保证了大功率输出对调整管散热的要求，又节省了散热片，还可以使电路的尺寸有所减小，可谓匠心独特。

2）由于集电极的输出电阻很大，为了要保证稳压精度使电路具有较低的内阻，必须采用深度电压负反馈才行。电路中的 R_3 正是为解决这个问题而设置的，这也是和典型电路的不同之处。

3）为了适应输出较大电流的需要，调整管采用两只 3AD35B 型大功率管并联，为了保证电流分配的均匀性，在它们的发射极分别串接 0.1Ω电阻使电流分配均匀；还加了两级复合管 VT_4 和 VT_3，以减少比较放大级的负荷。

4）为了防止负载短路损坏调整管，利用 R_3，将输出电压反馈到 VT_1 的基极和稳压管的供电回路，如果输出电压在负载短路时为零，则由 R_2 和 R_3 分压后在稳压管上的电压将很低，不足以使稳压管 VD_2 击穿工作，VT_1 的集电极电流将很小，因此流过复合管 VT_4、VT_3 和调整管 VT_6、VT_5 的电流也都很小，从而保护了调整管。

5）为了保证接通电源后各放大管有合适的静态工作点，在 VT_5、VT_6 的集电极和发射极两端并联起动电阻 R_{13}，这样可以使稳压管 VD_Z 迅速建立起稳压值，保证各管工作在放大状态。根据前面的分析，并通过方块图的形式将电路表示出来，会更容易分析电路的功能。电路中有电压串联负反馈，因此放大电路的输出电阻（即稳压电源的内阻）将比无负反馈时减少 $1+AF$ 倍，从而大大提高了电路的带负载能力，其他指标也有相应的改善。

（2）声光两控延时开关电路的电路分析。

声光两控延时开关电路如图 3-2-2 所示。

先了解声光两控延时开关的功能与基本要求。

声光两控延时开关的功能是：该开关以白炽灯泡作为控制对象，在有光的场合下无论有声无声灯均不亮；只有在无光（夜晚）且有声音的情况下灯才亮；灯亮一段时间（40s 左右可调）后自动熄灭；当再次有声音（满足无光条件）时灯才会再亮。这种开关特别适合在楼道、长时间无人的公共场合使用，可以大大节约电能和延长灯泡的使用寿命。

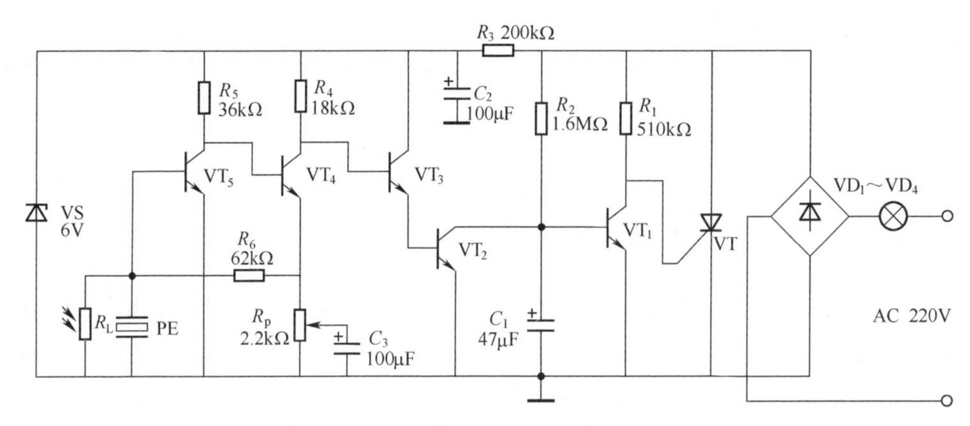

图 3-2-2　声光两控延时开关电路的电路图

按照化整为零的读图方法，将该开关分成主控电路、开关电路、检测及放大电路，灯泡为被控制对象。

按照找出通路的读图方法可以将整流桥、单向晶闸管 VT 组成一个主通路（和灯泡串联）。当单向晶闸管 VT 的栅极有高电平时单向晶闸管 VT 导通致使灯泡发光，所以栅极前面的电路就应该是开关电路。开关电路由开关三极管 VT_1 和充电电路 R_2、C_1 组成，当 VT_1 截止时，将给栅极提供一个高电平，使晶闸管导通，这也是一个通路。放大电路由 VT_2～VT_5 和电阻 R_7～R_7 组成。压电片 PE 和光敏电阻 R_L 构成检测电路。控制电路的电源由稳压管 VD_Z 和电阻 R_3、电容 C_2 构成。

按照跟踪信号的读图方法，可以将信号分成有光、无光无声、无光有声三种情况进行分析。

刚接通电路时，交流电源经过桥式整流和电阻 R_1 加到晶闸管 VT 的控制极，由于电容上的电压不能突变保持为零，所以 VT_1 截止，使 VT 导通。由于灯泡与二极管和 VT 构成通路，则使灯点亮。同时整流后的电源经 R_2 给 C_1 充电，当 C_1 的充电电压达到 VT_1 的开门电压时，VT_1 饱和导通，晶闸管控制极得到低电位，由于整流后的电压波形是全波，含有零电压，则在阳极上出现零电压时 VT 关断，灯熄灭，所以改变充电时间常数的大小就可以改变灯延时的长短。

在无光有声的情况下，光敏电阻的电阻很大，可以认为对电路没有影响。压电片接受声音转换成一个电信号，经放大后使 VT_2 导通，致使电容 C_1 放电，使 VT_1 截止，晶闸管控制极得到高电位，使 VT 导通后灯亮。随着 R_2C_1 充电的进行，灯泡延时后自动熄灭。调节 R_6，改变负反馈的大小，可以改变接收声音信号的大小，从而调节灯对声音和光线的灵敏度。

在有光的情况下，光敏电阻的阻值很小，相当于把压电片短路，所以即使是有声，压电片感应出的电信号也极小，不能被有效放大．也就不能使 VT_3 导通，所以灯不会亮。

以上分析指出了这种电路的工作原理，不难根据电路的故障现象找出电路的故障所在。

实训三　电子元器件焊接基本技术

一、实训目的

电子元器件是组成电子产品的基础，把电子元器件牢固地焊接到印刷电路板上是电子装配的重要环节。掌握焊接的基本知识和基本技能是衡量学生掌握电子技术基本技能的一个重要项目，也是学生参加工作必须掌握的技能。通过本次实训，要求学生基本掌握电子元器件的焊接知识和锡焊工艺。

二、实训要求

（1）掌握焊接的基本知识和工艺。
（2）掌握锡焊的种类和方法。
（3）实际进行焊接训练并进行考核。

三、实训步骤

（1）学习焊接的基本知识。
（2）学习焊接的基本技能。
（3）学习工厂进行大批量焊接的基本方法和工艺知识。
（4）实际进行手工锡焊训练。

四、焊接的基本知识和锡焊工艺

1. 焊接的基本知识

焊接是电子产品装配过程中的一个重要步骤，每一个焊接点的质量都关系着整个电子产品的质量，它要求每一个焊接点都有一定的机械强度和良好的电器性能，所以它是保证产品质量的关键环节。

焊接是将加热熔化的液态锡铅焊料，在助焊剂的作用下，使被焊接物和印制板上的铜箔连接在一起，成为牢固的焊点。要完成一个良好的焊点主要取决于以下几点：

（1）被焊的金属材料应具有良好的可焊性。铜的导电性能良好且易于焊接，所以常用铜制作元件的引脚、导线及印制板上的接点。

（2）被焊的金属表面要保证清洁。在被焊的金属表面上一旦生成氧化物或有污垢，就会严重阻碍焊点的形成。

（3）使用合适的助焊剂。助焊剂是一种略带酸性的易熔物质，它在焊接过程中起清除被焊金属表面上的氧化物和污垢的作用。

（4）焊接过程要有一定的时间和温度。焊接时间一般不要超过 3 秒，时间过长则易损坏被焊元件，但时间过短，则容易形成虚焊和假焊。

焊点的质量检查标准可从焊点外观和焊点的机械强度与电气性能等方面进行检查，主要看焊点的光亮度、被焊接处用锡量的多少、焊点的形状有无毛刺、气泡，焊点有无虚焊，有无两个焊点桥连等。

2. 焊接工具的使用

电烙铁是最常用的手工焊接工具之一，广泛用于各种电子产品的生产与维修。

（1）电烙铁的种类。

常见的电烙铁有内热式、外热式、恒温式、吸锡式等形式。

1）内热式电烙铁。内热式电烙铁主要由发热元件、烙铁头、连接杆以及手柄等组成，它具有发热快、体积小、重量轻、效率高等特点，因而得到普遍应用。

常用的内热式电烙铁的规格有 20W、35W、50W 等，20W 烙铁头的温度可达 350℃左右。电烙铁的功率越大，烙铁头的温度越高。焊接集成电路、一般小型元器件选用 20W 内热式电烙铁即可。使用的电烙铁功率过大，容易烫坏元件（二极管和三极管等半导体元器件当温度超过 200℃就会烧毁）和使印制板上的铜箔线脱落；电烙铁的功率太小，不能使被焊接物充分加热而导致焊点不光滑、不牢固，易产生虚焊。

2）外热式电烙铁。外热式电烙铁由烙铁心、烙铁头、手柄等组成。烙铁心由电热丝绕在薄云母片和绝缘筒上制成。

外热式电烙铁常用的规格有 25W、45W、75W、100W 等，当被焊接物较大时常使用外热式电烙铁。它的烙铁头可以被加工成各种形状以适应不同焊接面的需要。

3）恒温电烙铁。恒温电烙铁是用电烙铁内部的磁控开关控制烙铁的加热电路，使烙铁头保持恒温。磁控开关的软磁铁被加热到一定的温度时，便失去磁性，使触点断开，切断电源。恒温烙铁也有用热敏元件来测温以控制加热电路使烙铁头保持恒温的。

4）吸锡烙铁。吸锡烙铁是拆除焊件的专用工具，可将焊接点上的焊锡吸除，使元件的引脚与焊盘分离。操作时，先将烙铁加热，再将烙铁头放到焊点上，待熔化焊接点上的焊锡后，按动吸锡开关，即可将焊点上的焊锡吸掉，有时这个步骤要进行几次才行。

（2）电烙铁的使用。

1）安全检查。使用前先用万用表检查烙铁的电源线有无短路和开路，烙铁是否漏电。电源线的装接是否牢固，螺丝是否松动，在手柄上的电源线是否被螺丝顶紧，电源线的套管有无破损。

2）新烙铁头的处理。新买的烙铁一般不能直接使用，要先将烙铁头进行“上锡”后方能使用。“上锡”的具体操作方法是：将电烙铁通电加热，用锉刀将烙铁头上的氧化层挫掉，当烙铁头能熔化焊锡时，在其表面熔化带有松香的焊锡，直至烙铁头表面薄薄地镀上一层锡为止。

3）使用注意事项。旋转烙铁柄盖时不可使电线随着柄盖扭转，以免将电源线接头部位造成短路。烙铁在使用过程中不要敲击，烙铁头上过多的焊锡不得随意乱甩，要在松香或软布上擦除。烙铁在使用一段时间后，应当将烙铁头取出，除去外表氧化层，取烙铁头时切勿用力扭动，以免损坏烙铁心。

（3）其他焊接工具。

1）尖嘴钳。它的主要作用是在连接点上夹持导线、元件引线和对元件引脚成形。使用时要注意：不允许用尖嘴钳装卸螺母、夹较粗的硬金属导线及其他硬物。尖嘴钳的塑料手柄破损后严禁带电操作。尖嘴钳头部是经过淬火处理的，不要在锡锅或高温地方使用。

2）偏口钳。又称斜口钳、剪线钳，主要用于切断导线，剪掉元器件过长的引线。不要用偏口钳剪切螺钉和较粗的钢丝，以免损坏钳口。

3）镊子。主要用途是摄取微小器件；在焊接时夹持被焊件以防止其移动和帮助散热；有的元件引脚上套的塑料管在焊接时会遇热收缩，也可用镊子将套管向外推动使之恢复到原来位置；它还可用来在装配件上网绕较细的线材，以及用来夹持蘸有汽油或酒精的小团棉纱以清洗焊点上的污物。

4）旋具。又称改锥或螺丝刀，分为十字旋具和一字旋具。主要用于拧动螺钉及调整元器件的可调部分。

5）小刀。主要用来刮去导线和元件引线上的绝缘物和氧化物，使之易于上锡。

3. 焊料和焊剂

（1）焊料。

焊料是指易熔金属及其合金，它能使元器件引线与印制电路板的连接点连接在一起。焊料的选择对焊接质量有很大的影响。在锡（Sn）中加入一定比例的铅（Pb）和少量其他金属可制成熔点低、抗腐蚀性好、对元件和导线的附着力强、机械强度高、导电性好、不易氧化、抗腐蚀性好、焊点光亮美观的焊料，故焊料常称做焊锡。

1）焊锡的种类及选用。焊锡按其组成的成分可分为锡铅焊料、银焊料、铜焊料等，熔点在450℃以上的称为硬焊料，450℃以下的称为软焊料。锡铅焊料的材料配比不同，性能也不同。常用的锡铅焊料及其用途如表3-3-1所示。

表 3-3-1　常用的锡铅焊料及其用途

名称	牌号	熔点温度/℃	用途
10#锡铅焊料	HlSnPb10	220	焊接食品器具及医疗方面物品
39#锡铅焊料	HlSnPb39	183	焊接电子电气制品
50#锡铅焊料	HlSnPb50	210	焊接计算机、散热器、黄铜制品
58-2#锡铅焊料	HlSnPb58-2	235	焊接工业及物理仪表
68-2#锡铅焊料	HlSnPb68-2	256	焊接电缆铅护套、铅管等
80-2#锡铅焊料	HlSnPb80-2	277	焊接油壶、容器、大散热器等
90-6#锡铅焊料	HlSnPb90-6	265	焊接铜件
73-2#锡铅焊料	HlSnPb73-2	265	焊接铅管件

市场上出售的焊锡，由于生产厂家不同，配制比有很大的差别，但熔点基本在 140℃～180℃之间。在电子产品的焊接中一般采用 Sn 62.7%+Pb 37.3%配比的焊料，其优点是熔点低、结晶时间短、流动性好、机械强度高。

2）焊锡的形状。常用的焊锡有五种形状：①块状（符号：I)；②棒状（符号：B）③带状（符号：*R*)；④丝状（符号：W)；焊锡丝的直径（单位为 mm）有 0.5、0.8、0.9、1.0、1.2、1.5、2.0、2.3、2.5、3.0、4.0、5.0 等；⑤粉末状（符号：P)。块状及棒状焊锡用于浸焊、波峰焊等自动焊接机。丝状焊锡主要用于手工焊接。

（2）焊剂。

根据焊剂的作用不同可分为助焊剂和阻焊剂两大类。

1）助焊剂。在锡铅焊接中助焊剂是一种不可缺少的材料，它有助于清洁被焊面，防止焊面氧化，增加焊料的流动性，使焊点易于成型。常用助焊剂分为无机助焊剂、有机助焊剂和树脂助焊剂。焊料中常用的助焊剂是松香，在较高的要求场合下使用新型助焊剂——氧化松香。

①对焊接中的助焊剂要求。常温下必须稳定，其熔点要低于焊料，在焊接过程中焊剂要具有较高的活化性、较低的表面张力，受热后能迅速而均匀地流动。

不产生有刺激性的气体和有害气体，不导电，无腐蚀性，残留物无副作用，施焊后的残留物易于清洗。

②使用助焊剂时应注意。当助焊剂存放时间过长时，会使助焊剂活性变坏而不宜于适用。常用的松香助焊剂在温度超过 60℃时，绝缘性会下降，焊接后的残渣对发热元件有较大的危害，故在焊接后要清除助焊剂残留物。

③几种助焊剂简介。

- 松香酒精助焊剂：这种助焊剂是将松香融于酒精之中，重量比为 1:3。

- 消光助焊剂：这种助焊剂具有一定的浸润性，可使焊点丰满，防止搭焊、拉尖，还具有较好的消光作用。
- 中性助焊剂：这种助焊剂适用于锡铅料对镍及镍合金、铜及铜合金、银和白金等的焊接。
- 波峰焊防氧化剂：它具有较高的稳定性和还原能力，在常温下呈固态，在 80℃以上呈液态。

2）阻焊剂。阻焊剂是一种耐高温的涂料，可使焊接只在所需要焊接的焊点上进行，而将不需要焊接的部分保护起来，以防止焊接过程中的桥连，减少返修，节约焊料，使焊接时印制板受到的热冲击小，板面不易起泡和分层。阻焊剂的种类有热固化型阻焊剂、光敏阻焊剂及电子束辐射固化型等几种，目前常用的是光敏阻焊剂。

4. 焊接方法

（1）手工焊接技术。

1）焊接的手法。

①焊锡丝的拿法：经常使用烙铁进行锡焊的人，一般把成卷的焊锡丝拉直，然后截成一尺长左右的一段。在连续进行焊接时，锡丝的拿法应用左手的拇指、食指和小指夹住锡丝，用另外两个手指配合就能把锡丝连续向前送进。若不是连续焊接，锡丝的拿法也可采用其他形式。

②电烙铁的握法：根据电烙铁的大小、形状和被焊件要求的不同，电烙铁的握法一般有三种形式：正握法、反握法和握笔法。握笔法适合于使用小功率的电烙铁和进行热容量小的被焊件的焊接。

2）手工焊接的基本步骤。手工焊接时，常采用五步操作法。

①准备：把被焊件、锡丝和烙铁准备好，处于随时可焊的状态。

②加热被焊件：把烙铁头放在接线端子和引线上进行加热。

③放上焊锡丝：被焊件经加热达到一定温度后，立即将手中的锡丝触到被焊件上使之熔化适量的焊料。注意焊锡应加到被焊件上与烙铁头对称的一侧，而不是直接加到烙铁头上。

④移开焊锡丝：当锡丝熔化一定量后（焊料不能太多），迅速移开锡丝。

⑤移开电烙铁：当焊料的扩散范围达到要求后移开电烙铁。撤离烙铁的方向和速度的快慢与焊接质量密切有关，操作时应特别留心仔细体会。

（3）焊接注意事项。在焊接过程中除应严格按照以上步骤操作外，还应特别注意以下几个方面：

①烙铁的温度要适当。可将烙铁头放到松香上去检验，一般以松香熔化较快又不冒大烟的温度为适宜。

②焊接的时间要适当。从加热焊料到焊料熔化并流满焊接点，一般应在三秒钟之内完成。若时间过长，助焊剂完全挥发，就失去了助焊的作用，会造成焊点表面粗糙，且易使焊点氧化。但焊接时间也不宜过短，时间过短则达不到焊接所需的温度，焊料不能充分融化，易造成虚焊。

③焊料与焊剂的使用要适量。若使用焊料过多，则多余的会流入管座的底部，降低引脚之间的绝缘性；若使用的焊剂过多，则易在引脚周围形成绝缘层，造成引脚与管座之间的接触不良。反之，焊料和焊剂过少易造成虚焊。

④焊接过程中不要触动焊接点。在焊接点上的焊料未完全冷却凝固时，不应移动被焊元件及导线，否则焊点易变形，也可能发生虚焊现象。焊接过程中注意不要烫伤周围的元器件及导线。

（2）工业焊接技术简介。

电子产品的工业焊接技术主要是指大批量生产的自动焊接技术，如浸焊、波峰焊、软焊等。这些焊接一般是用自动焊接机完成焊接，而不是用手工操作。

1）浸焊与浸焊设备。浸焊是将安装好元器件的印制电路板，在装有已熔化焊锡的锡锅内浸一下，一次即可完成印制板上全部元件的焊接方法。此法有人工浸焊和机器浸焊两种方法，常用的是机器浸焊。浸焊可提高生产率，消除漏焊。

浸焊设备包括普通浸焊设备和超声波浸焊设备两种，普通浸焊设备又可分为人工浸焊设备和机器浸焊设备两种。人工浸焊设备由锡锅、加热器和夹具等组成；机器浸焊设备由锡锅、振动头、传动装置、加热电炉等组成。超声波浸焊设备由超声波发生器、换能器、水箱、换料槽、加温设备等几部分组成，适用于一般锡锅较难焊接的元器件，利用超声波增加焊锡的渗透性。

2）波峰焊与波峰焊机。

① 波峰焊接的基础知识。波峰焊接是让安装好元件的印制电路板与熔融焊料的波峰相接触，以实现焊接的一种方法。这种方法适于工业大批量焊接，焊接质量好，如与自动插件机器配合，可实现半自动化生产。

②波峰焊接的流水工艺。工艺过程为：将印制板（插好元件的）装上夹具→喷涂助焊剂→预热→波峰焊接→冷却→切除焊点上的元件引线头→残脚处理→出线，如图 3-3-1 所示。

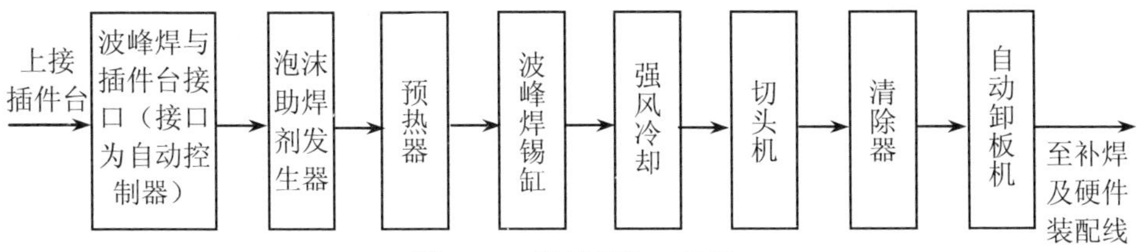

图 3-3-1 波峰焊接工艺图

印制板的预热温度为60℃～80℃左右，波峰焊的温度为240℃～245℃，并要求锡峰高于铜箔面1.5～2mm，焊接时间为3s左右。切头工艺是用切头机对元器件焊点上的引线加以切除，残脚处理是用清除器的毛刷对焊点上残留的多余焊锡进行清除，最后通过自动卸板机把印制电路板送往硬件装配线。

③波峰焊机简介。波峰焊接机在构造上有圆周型和直线型两种，二者的构造都是由涂助焊剂装置、预热装置、焊料槽、冷却风扇和传动机构等组成。

工作过程为：将已插好元器件的印制板放在能控制速度的传送导轨上；导轨下面有温度能自动控制的熔锡缸，锡缸内装有机械泵和具有特殊结构的喷口。机械泵根据要求不断压出平稳的液态锡波，焊锡以波峰的形式源源不断地溢出，进行波峰焊接。

（3）拆焊。

在电子产品的焊接和维修过程中，经常需要拆换已焊好的元器件，这即为拆焊，也叫解焊。在实际操作中拆焊比焊接要困难得多，若拆焊不得法，很容易损坏元件或电路板上的焊盘及焊点。

1）拆焊的适用范围。误装误接的元器件和导线；在维修或检修过程中需更换的元器件；在调试结束后需拆除临时安装的元器件或导线等。

2）拆焊的原则与要求。不能损坏需拆除的元器件及导线；拆焊时不可损坏焊点和印制板；在拆焊过程中不要乱拆和移动其他元器件，若确实需要移动其他元件，在拆焊结束后应做好复原工作。

3）拆焊所用的工具。

①一般工具。拆焊可用一般电烙铁进行，烙铁头不需要蘸锡，用烙铁使焊点的焊锡熔化时迅速用镊子拔下元件引脚，再对原焊点进行清理，使焊盘孔露出，以便安装元件用。用一般电烙铁拆焊时可配合其他辅助工具进行，如吸锡器、排焊管、划针等。

②专用工具。拆焊的专用工具是带有一个吸锡器的吸锡电烙铁。拆焊时先用它加热焊点，当焊点熔化时按下吸锡开关，焊锡就会被吸入烙铁内的吸管内。此过程往往要进行几次才能将焊点的焊锡吸干净。专用工具适用于集成电路、中频变压器等多引脚元件的拆焊。

③在业余条件下，也可使用多股细铜线（如用做电源线的软导线），将其沾上松香水，然后用烙铁将其压在焊点上使其吸附焊锡，将吸足焊锡的导线夹掉，再重复以上工作也可将多引脚元件拆下。

4）拆焊的操作要求。

①严格控制加热的时间和温度。因拆焊过程较麻烦，需加热的时间较长，元

件的温度比焊接时要高，所以要严格掌握好这一尺度，以免烫坏元器件或焊盘。

②仔细掌握用力尺度。因元器件的引脚封装都不是非常坚固的，拆焊时一定要注意用力的大小，不可过分用力拉扯元器件，以免损坏焊盘或元器件。

实训四　电子元器件安装工艺

一、实训目的

电子元器件是组成电子产品的基础，了解电子元器件的安装工艺是衡量学生掌握电子技术基本技能的一个重要项目，也是学生参加工作必须掌握的技能。通过本次实训，要求学生基本掌握常用电子元器件的安装工艺。

二、实训要求

（1）掌握电阻器的安装方法。
（2）掌握电容器的安装方法。
（3）掌握电感器的安装方法。
（4）掌握二极管、三极管的安装方法。
（5）掌握集成电路的安装方法。

三、实训步骤

（1）学习电子元器件的安装工艺基本知识。
（2）学习电子元器件的安装方法。
（3）实际进行电子元器件的安装。

四、电子元器件安装的基本知识和工艺

1. 电子元件的引线整形

电子元件在安装到电路板上时，必须事先对元件的引脚进行整形，以适应电路安装的需要。

电子元器件的引线成形主要是为了使元器件的安装尺寸满足印制电路板上元件安装孔尺寸的要求。

由机器自动组装元器件时元器件的引线形状需要单独进行加工。

集成电路的引线有单列直插式和双列直插式。

2. 电子元器件引线成形的方法

元器件的引线成形一般采用模具手工成形。成形模具依元件形状的不同而不同。在模具的垂直方向开有供插入元件引线的条形孔隙，将引线从上方插入孔隙后，再插入插杆，即可将引线弯成所需的形状。用模具成形的元件引线形状的一

致性较好。

对个别元器件的引线成形不便于使用模具时，也可用尖嘴钳加工引线。

当印制电路板上的焊点孔距不合适时，元件引线一般采用加弯曲半径的方法解决。

3. 电子元器件的插装方法

电子元器件的插装是指将已经加工成形的元器件的引线垂直插入印制电路板的焊孔。

（1）手工插装。手工插装多用于小批量生产或电路实验。手工插装有两种形式：一人插装和多人插装，即流水线作业。

（2）自动插装。自动插装用于工厂的大批量生产。自动插装是采用先进的元件自动插装机安装元器件，设计者要根据元器件在印制板图上的位置编出相应的程序来控制自动插装机的插装工作。它具有以下优点：

1）将插入的元器件引线自动打弯，牢固地固定在印制板上。

2）消除了手工的误插、漏插，提高了产品质量和生产效率。

3）对于特殊薄小的新型集成电路，可采用更先进的贴装技术进行安装，即用元件贴装机将元器件粘贴在电路板上。

4. 电子元器件插装的原则

（1）插装的顺序：先低后高，先小后大，先轻后重。

（2）元器件的标识：电子元器件的标记和色码部位应朝上，以便于辩认；横向插件的数值读法应从左至右，而竖向插件的数值读法则应从下至上。

（3）元器件的间距：在印制板上的元器件之间的距离不能小于 1mm；引线间距要大于 2mm（必要时，引线要套上绝缘套管）。一般元器件应紧密安装，使元器件贴在印制板上，紧贴的容限在 0.5mm 左右。

符合以下情况的元器件不宜紧密贴装而需浮装：

1）轴向引线需要垂直插装的，一般元器件距印制板 3～7mm。

2）发热量大的元器件（大功率电阻、功率管等）。

3）受热后性能易变坏的器件（如集成块等）。

（4）大型元器件的插装方法：形状较大、重量较重的元器件如变压器、大电解电容、磁棒等，在插装时一定要用金属固定件或塑料固定架加以固定。采用金属固定件固定时，应在元件与固定件间加垫聚氯乙烯或黄腊绸，最好用塑料套管防止损坏元器件和增加绝缘，金属固定件与印制板之间要用螺钉连接，并需加弹簧垫圈以防因振动使螺母松脱。采用塑料支架固定元件时，先将塑料固定支架插装到印制板上，再从板的反面对其加热，使支架熔化而固定在印制板上，最后再装上元器件。

实训五　电子电路常见故障检测与维修

一、实训目的

电子电路的维修是衡量学生掌握电子技术基本技能的重要项目，也是学生参加工作必须掌握的技能。通过本次实训，要求学生基本掌握电子电路常见故障的种类和检测方法，并能对常见故障进行排除。

二、实训要求

（1）掌握电子电路常见故障的种类。
（2）掌握电子电路的基本维修方法。
（3）掌握电子电路常见故障的排除方法。
（4）实际对电路进行维修。

三、实训步骤

（1）学习电子电路常见故障的种类。
（2）学习电子电路的基本维修方法。
（3）学习电子电路常见故障的检测方法。
（4）实际进行电子电路的检测和维修。

四、电子电路维修方法和常见故障的检测方法

1. 电子电路调试前的检查

（1）检查印刷电路板的质量。主要是从外观上看铜箔有否断裂、板面有否腐蚀。

（2）根据电路装配图焊接的元器件，焊接前应对元器件进行检测，其参数值应符合设计要求。焊接电阻、电容等元件时，元件的标志要朝上或面朝一个方向，以便于检查；焊接三极管、二极管等半导体器件时，尽量使焊点到管壳间具有良好的散热条件。

（3）检查电路元器件的焊接是否正确。核对三极管、集成电路等器件的型号、引脚；检查电解电容器的极性是否正确以及变压器、整流电路的输出、稳压电源的输出有无短路现象等。

（4）检查并测量电源电压是否符合要求，整机电流是否符合要求，集成器件的正、负电源极性是否正确，器件有否发热、冒烟等。

2. 模拟电路的调试步骤与工艺要点

调试的步骤是先静态、后动态，其工艺要点如下：

（1）测量各级静态工作点。将负载开路，接通电源，测量各级晶体管的静态工作点。先用万用表直流电压档测量电源电压是否正常，然后逐级测量各管的 U_{BE} 和 U_{CE}。在一般情况下，若测得 U_{BE}=0，表示该管处于截止状态；若 U_{CE}=0，表示该管处于饱和状态。此两种现象均为不正常，需立即排除故障。

最后检测输出端的直流状态，很多电路在静态时输出端的直流电压为零伏，若偏离零伏，则需调节有关元件使之达到零伏。

（2）动态测试。接上信号源、负载和有关测试仪器，在输入端加上信号，各级电路的输出端应有相应的信号输出。调试时，可由前级开始逐级向后检测，这样容易找出故障点，以便及时排除。

（3）动态指标测试。电路基本正常工作后，即可进行技术指标的测试。根据设计要求，逐一测试各项指标。凡未能达到要求的，需分析原因，并加以改进。

3. 电子电路的故障、检测与处理

无论电子电路的故障复杂程度如何，一般都可以采用以下方法进行检测：

（1）常用的检测方法。

1）直流电压测量法。用直流电压表测量电路中的重要检测点和某些关键元件上的电压值，将其测量结果与正常值比较，从而判断出电路是否存在故障。

此法的特点是不必切断电源和焊下元件，检查速度快，而且电路和元器件均处于实际工作状态。但如电路发生冒烟或跳火等现象时，应立即关掉电源，不能再用此法进行测量。

2）欧姆表测量法。此法分为通断法和电阻法两种。

通断法用来检查电路中的连线、焊点和熔断器是否有断路故障；电阻法用来检查元件的电阻值是否有开路和短路故障，也可用来检查电容是否开路、短路和漏电等。

此法的缺点是必须在设备停电状态下进行，而且应预先断开和被测量元件并联的支路。

3）示波器法。此法通常与信号源配合使用，是一种动态测试方法。测试时在待查电路的输入端加上信号，用示波器测试电路中各点的波形看其是否正常，从而判断故障所在。

4）元件替代法。用完好的元器件代替可疑的元器件，以判断和确定故障点，这是在实际检查中经常用到的方法。

（2）逐步接近检测法。对于一个具体的电子设备，怎样运用以上的检测方法来查找它的故障点呢？对大多数电路可采用逐步接近法。其检测步骤如下：

1）初步检查。把电子设备接上电源，置于工作状态下，以确认故障的存在并观察故障的现象。

外观检查包括看电路有无冒烟、跳火、接头是否松脱及元件破损现象，还要闻是否有烧焦味。如发现异常情况，应立即切断电源。

2）了解被检测设备。应准备好被检测设备的电路原理图和电路装配图。此外，还应了解各级电路正常的输入、输出电压值和波形，并在实际电路板上找出各个测试点的部位。

3）找出故障级。根据电路框图逐级分析，判断故障可能发生在哪一级。对于复杂的电子电路，这一点尤其重要，以便把故障范围从整机缩小到某一级。其具体方法是：在被检测设备的电路输入端注入信号，逐级观察各级电路的输入与输出。当检查出某级的输入正常而输出不正常时，该级即为故障嫌疑级。将此级与下一级脱开，重新进行测量，若输出仍不正常，则表示故障确实就在这一级；若输出正常了，则表示故障在下一级。

4）找出故障元件。故障级找出后，继续采用逐步接近法检测，进一步检测故障级各元件和各节点的电压，直到找出故障元件时为止。

5）更换故障元件。找出故障元件后，不应马上更换，还需注意以下几点：

①分析故障产生原因，并加以排除，还应对可能危及的相邻元件进行检查。

②查清损坏元件的规格，应采用规格相当的元件来代替。

③新元件在安装之前，必须经过测试，以确保其质量。

在查清损坏原因并确认无其他故障后，方可更换元件。更换新元件后，应对整机的工作情况再进行检查和观察。若一切正常，检修工作才告结束。

实训六　简易数控直流稳压电源设计

一、设计任务和要求

设计并制作有一定输出电压调节范围和功能的数控直流稳压电源。基本要求如下：

（1）输出直流电压调节范围为 5～15V，纹波小于 10mV。

（2）输出电流为 500mA。

（3）稳压系数小于 0.2。

（4）直流电源内阻小于 0.5Ω。

（5）输出直流电压能步进调节，步进值为 1V。

（6）由“+”“−”两键分别控制输出电压步进增和步进减。

二、设计方案

根据设计任务要求，数控直流稳压电源的工作原理框图如图 3-6-1 所示。主要包括三大部分：数字控制部分、模拟/数字转换部分（D/A 变换器）及可调稳压电源。数字控制部分用+、−按键控制一可逆二进制计数器，二进制计数器的输出输入到 D/A 变换器，经 D/A 变换器转换成相应的电压，此电压经过放大到合适的电压值后，控制稳压电源的输出，使稳压电源的输出电压以 1V 的步进值增或减。

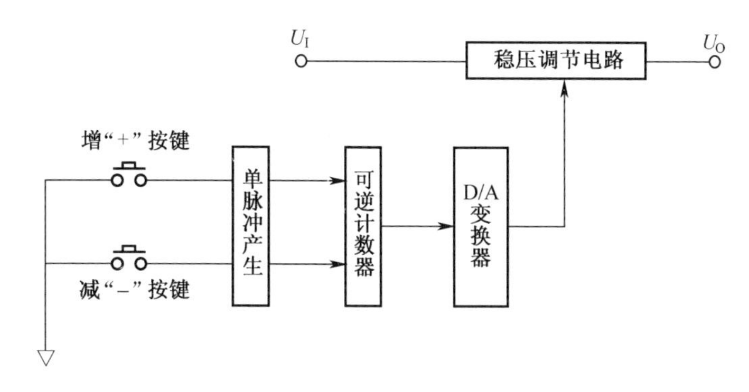

图 3-6-1　简易数控直流稳压电源框图

三、电路设计

1. 整流、滤波电路设计

首先确定整流电路结构为桥式电路；滤波选用电容滤波。电路如图 3-6-2 所示。

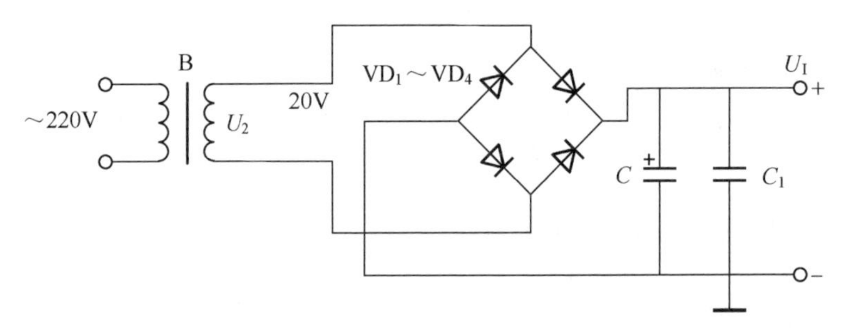

图 3-6-2　整流滤波电路

为了使稳压电源能正常工作，滤波电路的输出电压 U_I 应满足下式：

$$U_I \geqslant U_{Omax} + (U_I - U_O)_{min} + \triangle U_I$$

式中　U_{Omax}——稳压电源输出最大值；

$(U_I-U_O)_{min}$——集成稳压器输入输出最小电压差；

U_{RIP}——滤波器输出电压的纹波电压值（一般取 U_O、$(U_I-U_O)_{min}$ 之和的 10%）；

ΔU_I——电网波动引起的输入电压的变化（一般取 U_O、$(U_I-U_O)_{min}$、U_{RIP} 之和的 10%）。

对于集成三端稳压器，当$(U_I-U_O)_{min}$=2～10V 时，具有较好的稳压特性。故滤波器输出电压值 $U_I \geqslant 15+3+1.8+1.98 \geqslant 22$（V），取 U_I=22V。根据 U_I 可确定变压器次级电压 U_2。

$$U_2 = U_I/1.1 \sim 1.2 \approx 20\text{V}$$

在桥式整流电路中，变压器次级电流与滤波器输出电流的关系为：$I_2=(1.5\sim 2)I_I \approx (1.5\sim 2)I_O = 1.5\times 0.5 = 0.75$（A）。取变压器的效率 η=0.8，则变压器的容量为 $P=U_2I_2/\eta=20\times 0.75/0.8=18.75$（W）。选择容量为 20W 的变压器。

因为流过桥式电路中每只整流三极管的电流为 $I_D=1/2I_{max}=1/2I_{Omax}=1/2\times 0.5=0.25$（A）。每只整流二极管承受的最大反向电压为

$$U_{RM} = \sqrt{2}U_{max} = \sqrt{2}\times 20\times(1+10\%) \approx 31 \text{（V）}$$

选用三极管 IN4001，其参数为：I_D=1A，U_{RM}=100V。可见能满足要求。

一般滤波电容的设计原则是，取其放电时间常数 R_LC 是其充电周期的 2～5

倍。对于桥式整流电路，滤波电容 C 的充电周期等于交流周期的一半，即 $R_LC \geqslant (2\sim5)T/2=2\sim5/2f$，由于 $\omega=2\pi f$，故 $\omega R_LC \geqslant (2\sim5)\pi$，取 $\omega R_LC=3\pi$，则 $C=3\pi/\omega R_L$，其中 $R_L=U_I/I_I$，所以滤波电容容量为 $C=3\pi I_I/2\pi f U_I=(3\pi\times0.5)/2\pi\times50\times22=0.681\times10^3$（μF），取 C=1000μF。电容耐压值应考虑电网电压最高、负载电流最小时的情况。

$$U_{Cmax}=1.1\times\sqrt{2}\,U_{2max}=1.1\times\sqrt{2}\times20\approx31.1\ (\text{V})$$

综合考虑波电容可选择 C=1000μF、50V 的电解电容。另外为了滤除高频干扰和改善电源的动态特性，一般在滤波电容两端并联一个 0.01～0.1μF 的高频瓷片电容。

2. 可调稳压电路设计

为了满足稳压电源最大输出电流 500mA 的要求，可调稳压电路选用三端集成稳压器 CW7805，该稳压器的最大输出电流可达 1.5A，稳压系数、输出电阻、纹波大小等性能指标均能满足设计要求。要使稳压电源能在 5～15V 之间调节，可采用如图 3-6-3 所示电路。

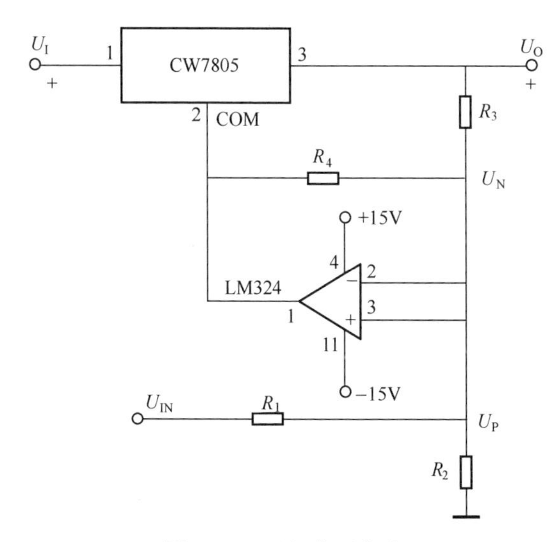

图 3-6-3 可调稳压电路

设运算放大器为理想器件，所以 $U_N \approx U_P$。又因为 $U_P=(R_2/R_1+R_2)U_{IN}$，$U_N=(U_0-R_3/R_3+R_4)\times5$，所以，输出电压满足关系式 $U_O=U_{IN}\cdot(R_2/R_1+R_2)+(R_3/R_3+R_4)\times5$，令 $R_1=R_4=0$，$R_2=R_3=1\text{k}\Omega$，则 $U_0=U_{IN}+5$。

由此可见，U_O 与 U_{IN} 之间成线性关系，当 U_{IN} 变化时，输出电压也相应改变。若要求输出电压步进增或减，使 U_{IN} 步进增或减即可。

3. D/A 变换器设计

若要使 U_{IN} 步进变化，则需要一数字/模拟转换器完成。电路如图 3-6-4 所示。

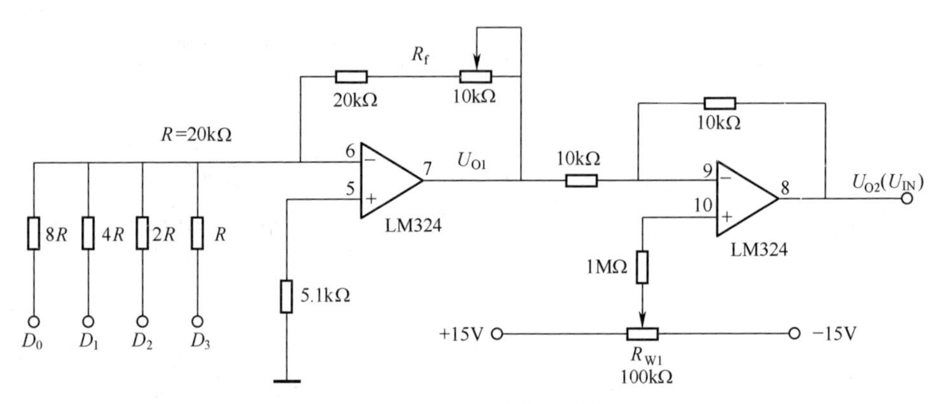

图 3-6-4 D/A 转换器电路

该电路的输入信号接四位二进制计数器的输出端，设计数器输出高电平为 U_H ≈+5V，输出低电平 U_L≈0V。则输出电压表达式为

$$U_{O1}=-R_f(U_H/8R\cdot D_0+U_H/4R\cdot D_1+U_H/2R\cdot D_2+U_H/R\cdot D_3)$$
$$=-R_fU_H/2^3R(2^3D_3+2^2D_2+2^1D_1+2^0D_0)$$

设 $U_{O2}=-U_{O1}$（U_{IN}）。当 $D_3D_2D_1D_0$（$Q_3Q_2Q_1Q_0$）=1111 时，要求 U_{IN}=10V，即：$10=R_fU_H/2^3R\times15$，所以当 U_H=5V 时，$R_f=1.067R$。取 R=20kΩ，R_f 由 20kΩ固定电阻和电阻 10kΩ电位器串联组成。

4. 数字控制电路设计

数字控制电路的核心是可逆二进制计数器。74LS193 就是双时钟 4 位二进制同步可逆计数器。计数器数字输出的加/减控制是由“+”、“−”两按键组成，按下“+”或“−”按键，产生的输入脉冲输入到 74LS193 的 CP_+或 CP_-端，以便控制 74LS193 的输出是作加计数还是作减计数。为了消除按键的抖动脉冲，引起输出的误动作，分别在“+”、“−”控制口接入了由双集成单稳态触发器 CD4538 组成的单脉冲发生器。每当按一次按键时，输出一个 100ms 左右的单脉冲。电路如图 3-6-5 所示。74LS193 及 CD4538 的功能表请查阅有关资料。

5. 辅助电源设计

要完成 D/A 转换及可调稳压器的正常工作，运算放大器 LM324 必须要求正、负双电源供电。现选择±15V 供电电源。数字控制电路要求 5V 电源，可选择 CW7805 集成三端稳压器组成的电源实现。辅助电源原理图如图 3-6-6 所示。

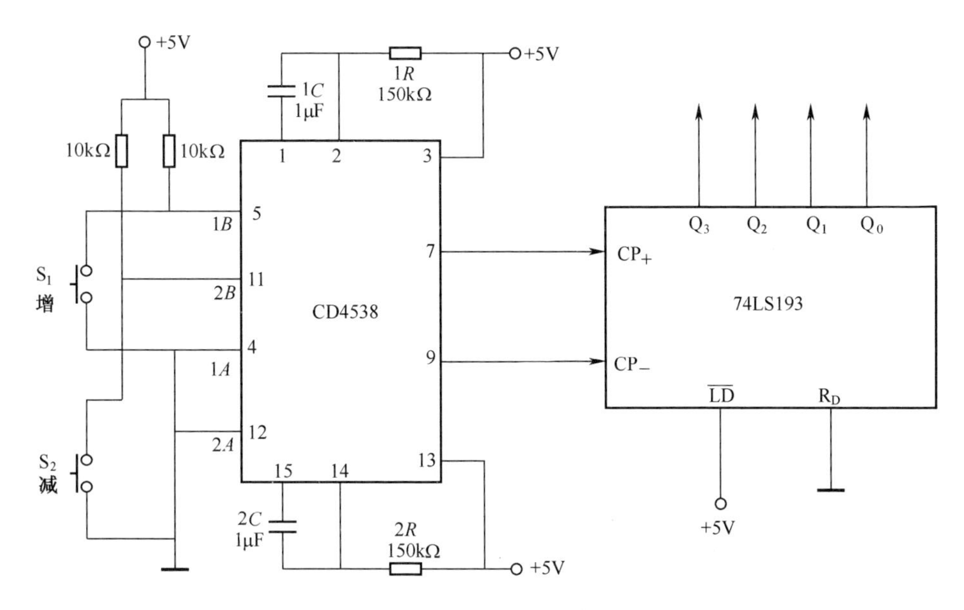

图 3-6-5 可逆二进制计数器

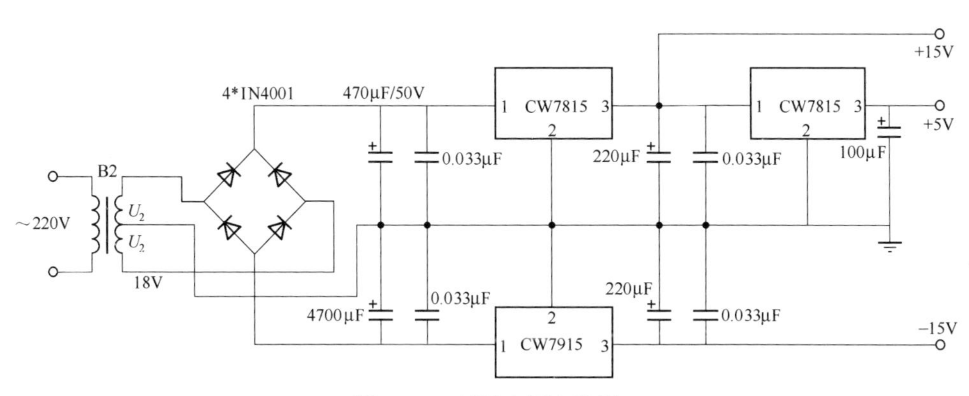

图 3-6-6 辅助电源电路图

四、调试要点

1. 辅助电源的安装调试

在安装元件之前，尤其要注意电容元件的极性，注意三端稳压器的各端子的功能及电路的连接。检查正确无误后，加入交流电源，测量各输出端的直流电压值。

2. 单脉冲及计数器调试

加入 5V 电源，用万用表测量计数器输出端子，分别按动“+”键和“−”键，观察计数器的状态变化。

3. D/A 变换器电路调试

将计数器的输出端 Q_3～Q_0 分别接到 D/A 转换器的数字输入端 D_3～D_0，当 Q_3～Q_0=0000 时，调节 R_{W1}，使运算放大器输出 U_{O2}=0V；当 Q_3～Q_0=1111 时，调节 10kΩ电位器，使 U_{O2}=10V。

4. 可调稳压电源部分调试

将电路连接好，在运算放大器同相输入端加入 0～10V 的直流电压，观察输出稳定电压值的变化情况。

将上述各部分电路调试好后，将整个系统连接起来进行通调。

实训七　频率计数器的制作

频率计数器可以用直接读的数字表示 *RC* 振荡器或者石英振荡器的振荡频率，是一种非常方便使用的频率测定器。用数字 IC 制作的测定器容易进行调整，很实用。

一、频率计数器电路的设计

1. 频率计数器

测定频率的常用方法之一是利用示波器读取波形的周期，然后计算出它的频率。由于这种方法是利用目测读取周期，所以误差非常大（见图 3-7-1）。

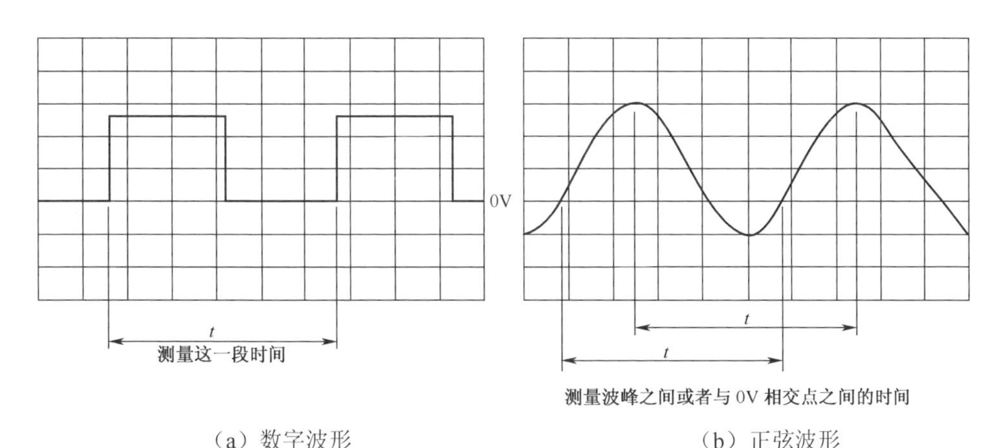

（a）数字波形　（b）正弦波形

图 3-7-1　利用示波器求频率的方法

在使用石英振子或者陶瓷振子的场合，它的频率已经是确定的，除了需要准确知道振荡频率的情况之外，通常没有进行测定的必要。但是在使用 RC 的振荡电路中，鉴于使用的电容器和电阻的精度（通常实际值并不恰好就是标称值）的因素，实际的振荡频率并不一定就是理论计算所得到的振荡频率。所以，在改变元器件调整振荡频率使它达到设定频率时就需要测定频率，这时利用频率计数器进行测定就非常方便。

2. 使用的部件

应该考虑尽量不使用特殊的部件，但为了减少部件数目可以使用专用的计数器 IC。图 3-7-2 是 4 位频率计数器的总电路图。专用计数器 IC 使用十进制 4 位计数器 TC505IP。作为专用 IC，还使用了七段译码器 TC5022BP 和驱动 IC TD62004P。

其他的 IC 都是 74HC 系列的产品。至于显示部分的 LED 只要是共阴极七段 LED，哪种型号都可以。这里使用小型化产品 TLR312，可以直接装在基板上。

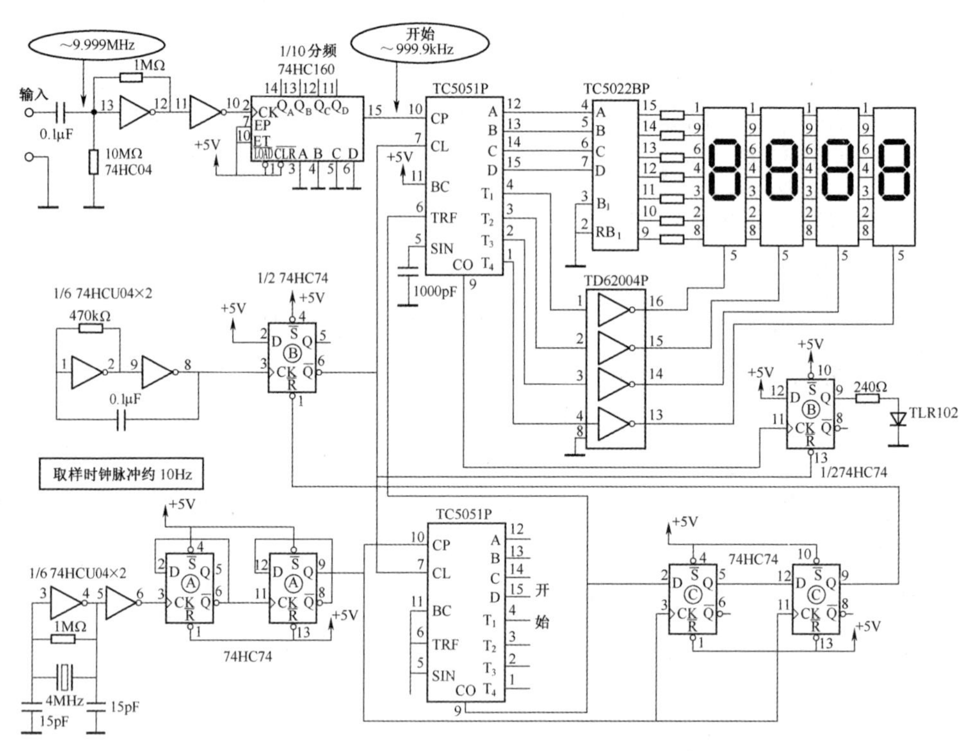

图 3-7-2　4 位频率计数器的总电路图（能够测定到 9.999MHz）

使用 4MHz 的石英振子产生基准信号，也可以使用 1MHz 的振子。

3. 频率计数器的电路结构

图 3-7-3 是频率计数器的框图。下面通过这个框图来说明频率计数器的工作原理。

频率计数器的基本工作就是能够对 1s 内被测定的信号的时钟脉冲数目进行计数。如果把测定频率的基本规则原封不动地应用于电路，即将 1s 内进入 1 个脉冲信号的频率设定为 1Hz。那么频率为 1MHz 的信号就是在 1s 内计数到 1000000 个脉冲。

经常使用的信号频率大多在几十千赫兹至几兆赫兹的范围内。假设最大可以测定到 10MHz，就要求必须具有每秒钟计数到 10000000 个脉冲的 8 位计数器。不过尽管频率的定义明确指出测定的频率是指 1s 时间内数得的脉冲数，但是并不意味着时机构成的频率计数器一定要计数 1s。

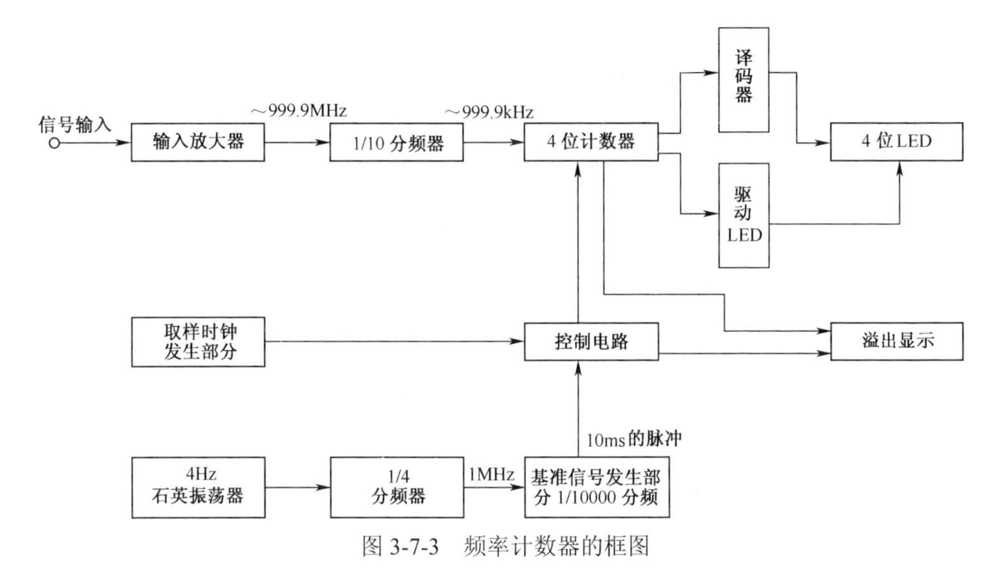

图 3-7-3　频率计数器的框图

例如，可以不对 1s 内的脉冲计数，而只对其 1/10 的时间即对 0.1s 内的脉冲进行计数也是可以的。测定同样的频率只用 1/10 的时间，计数器显示的也是 1/10 的数据。这就是说，使用少 1 位的计数器也可以得到同样的测定结果（移动小数点的位置）。

如果只在 1/10s 的时间内进行计数，那么计数器的最小位就表示 10Hz。

在测定几十千赫兹至几兆赫兹频率的场合很小有要求频率精确到 1Hz 的，所以这里设计最小位值为 1kHz 的电路。在这种情况下就可以利用 4 位计数器对频率测定到 9999kHz。也就是 9.999MHz。因此，只需要具有 1ms 的基准信号和能够计数到 9.999MHz 的计数器就可以了。

但是图 3-7-3 中的情况与上面的说明稍微有一些不同。为了减少部件数目而使用了 TC505IP，它的最大计数频率约为 1.5MHz。如果 TC505IP 能够工作到 10MHz 的话，还可以进一步减少部件数目。

使用计数器 IC74HC160，设定测定的频率是原来的 1/10，而且使用 10ms 的基准脉冲和 4 位计数器，这样一来最小位能够测定到 100Hz。

所谓溢出是指在测定频率高于计数器最大值的场合，表明所显示的频率数出现了错误的符号。

二、频率计数器各框图的工作

1. 取样时钟脉冲发生部分

取样时钟脉冲发生部分应该具有发生约 10Hz 的时钟脉冲，1s 内进行约 10 次计数器测定的功能。当计数器的基准脉冲约为 10ms 时，这样原封不动制作的频率计数器由于 1s 内要进行 100 次测定，测定的信号在快速变化，会导致闪烁太快而很难看清楚。为了避免这种情况出现，采用取样时钟脉冲。

2. 计数器部分

计数器部分用 4 位十进制计数器 IC TC505IP。这种 IC 是 16 引脚的 DIP，内藏有 4 个十进制计数器和 4 个锁存器，还有能够用分时操作输出 BCD 的多路转换器和 OSC（振荡）电路。它不是 74 系列的产品，不过设计用 CMOS IC 在 5V 电压下工作。图 3-7-4 是 TC505IP 的引脚连接和内部逻辑图。

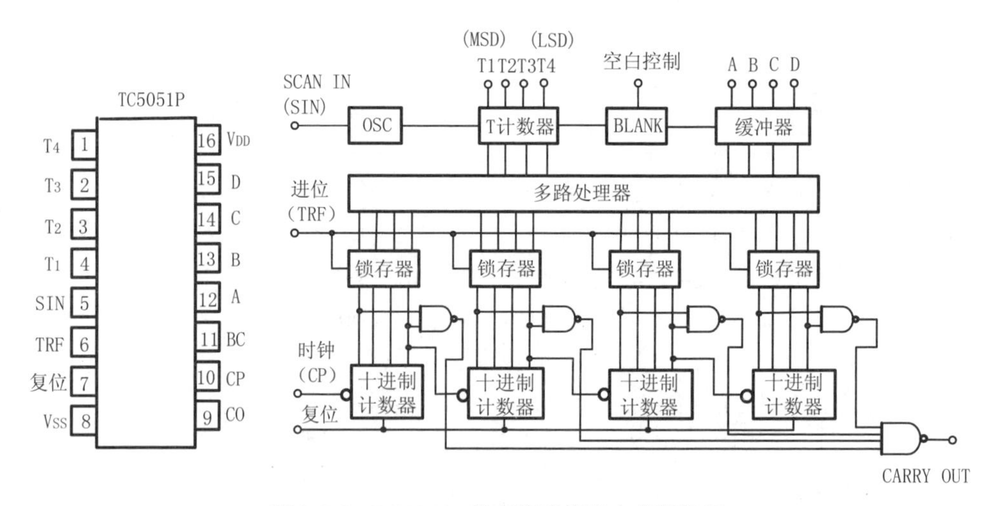

图 3-7-4 TC5051P 的引脚连接和内部逻辑图

由于端子数目少（16 引脚），所以不能同时取出多位的 BCD 输出，但它与动态发光用的 LED 等组合使用，可以减少布线，同时可以减少所占据的空间。

动态扫描用的振荡电路只连接 1 个电容器进行振荡。在使用 1000pF 电容器的场合振荡频率约为 25kHz，而且各位的 BCD 输出是在输出 6 个时钟脉冲（240μs）的期间，2 个时钟脉冲（80μs）是消隐期间。

3. LED 显示部分

计数器 TC505IP 的输出是 BCD 式，所以不能直接驱动七段 LED。这里使用的 IC 是将七段译码器和驱动集成在一个管壳内的 TC5022BP。图 3-7-5 是 TC 5022BP 的引脚连接以及内部连接电路。

74 系列产品中也有七段译码器（如 7447 等），但它的使用比较麻烦，所以还是采用 TC5022BP。

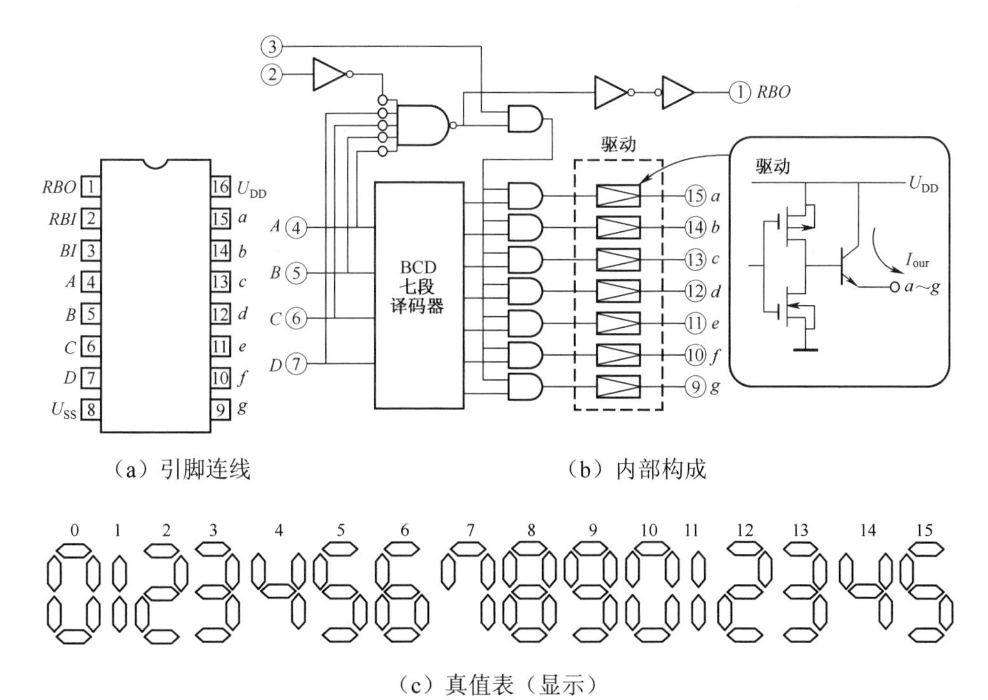

（a）引脚连线

（b）内部构成

（c）真值表（显示）

图 3-7-5　TC5022BP 的引脚连接以及内部连接电路

位驱动用的驱动 IC 使用 TD62004P。这部分也可以用晶体管制作，但由于纳入 16 引脚的 DIP，还内藏有基极电阻，美观而且容易制作，所以还是使用专用的驱动 IC。

另外，LED 使用 4 个分立的七段显示器 TLR312，也可以使用动态发光专用的 TLR4145 等产品。标称 270Ω的限流电阻可以根据所使用的 LED 选择最合适的电阻值，大约在 220～470Ω的范围内。如果发现动态发光亮度不足，可以稍微增大电流。

4. 基准信号发生部分

基准信号发生部分是决定频率计数器精度非常重要的部分，因此振荡电路采用石英振子以确保稳定性和振荡频率的准确性。

作为基准信号应该准确地产生 10ms 的脉冲宽度，如果有 100Hz 的振子就不需要分频电路。但是能够产生 100Hz 振荡频率的石英振子是具有特定形状的大体积振子。所以，在这里经常使用 HC18U 型振荡频率为 4MHz 的小型石英振子。

振荡电路是利用倒相器 IC 的最基本电路。频率为 4MHz 时 1 个周期就是 0.25μs。对于 10ms，只能计数到 1/40000。

因此在基准信号发生部分也用 TC505IP 灵巧地制作 1/40000 的电路。TC505IP 有 4 个十进制计数器，计数器为了能够计数到 9999，就需要 10000 个脉冲。就是说，TC505IP 的时钟（*CP*）与计数器进位输出（*CA*）之间的关系为 1/10000。

由于都不使用 BCD 输出或位输出，所以是开路的。

现在考虑使用的是 4MHz 的石英振子。如果要使用 1MHz 的石英振子，就只用 TC505IP 进行分频。图 3-7-6 是使用 1MHz 的石英振子时的电路。

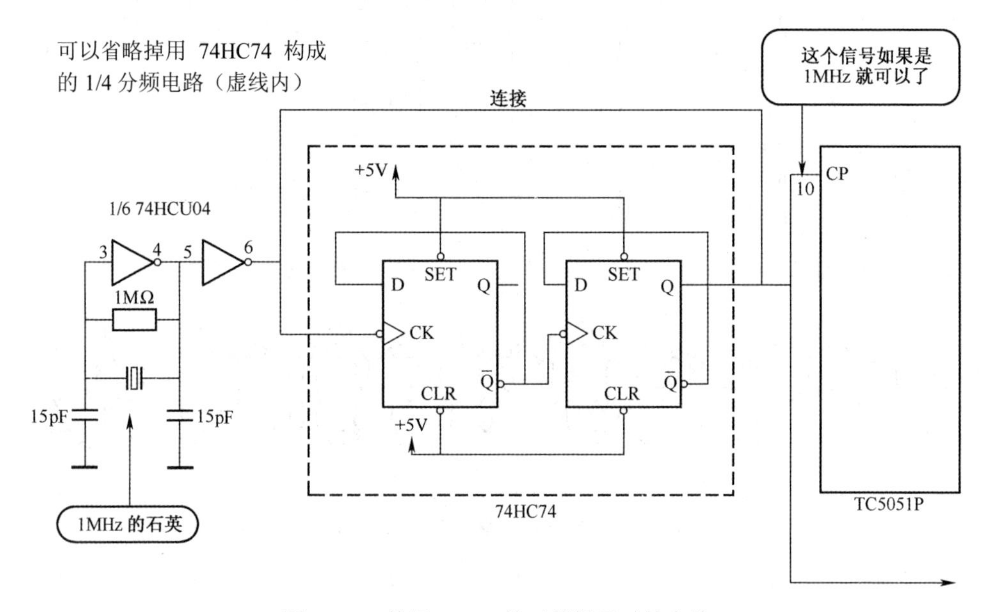

图 3-7-6 使用 1MHz 的石英振子时的电路

在 4MHz 的场合使用 2 个触发器，1/2×1/2=1/4，4MHz 被分频成 1MHz，作为 TC505IP 的时钟脉冲。

5. 输入放大器的构成

进入频率计数器的信号不限于数字波形，因此真正的频率计数器的输入部分是由宽带放大器和比较器构成的。这里为简单起见，尽量不使用特殊部件，所以利用倒相器 IC 作为放大器。

给 CMOS 倒相器的输入、输出分别连接适当的电阻就可以作为放大器工作。这里利用 74HCU04 作为放大器。作为比较器同样原封不动地使用 74HCU04 倒相器。

6. 频率计数器的动作

图 3-7-7 是图 3-7-2 电路工作的工作波形。

频率计数器实际的计数工作只是在从计数开始到计数结束的 10ms 期间。工作波形中所示余下的约 100ms 内没有什么动作，只是处于等待下一次计数的状态。计数器的输出是在计数中徐徐进行的，难以观察到。使用 TC505IP 时，它的内部具有锁存器，可以在计数结束的同时锁存计数器的值（利用 *TRF* 信号）。

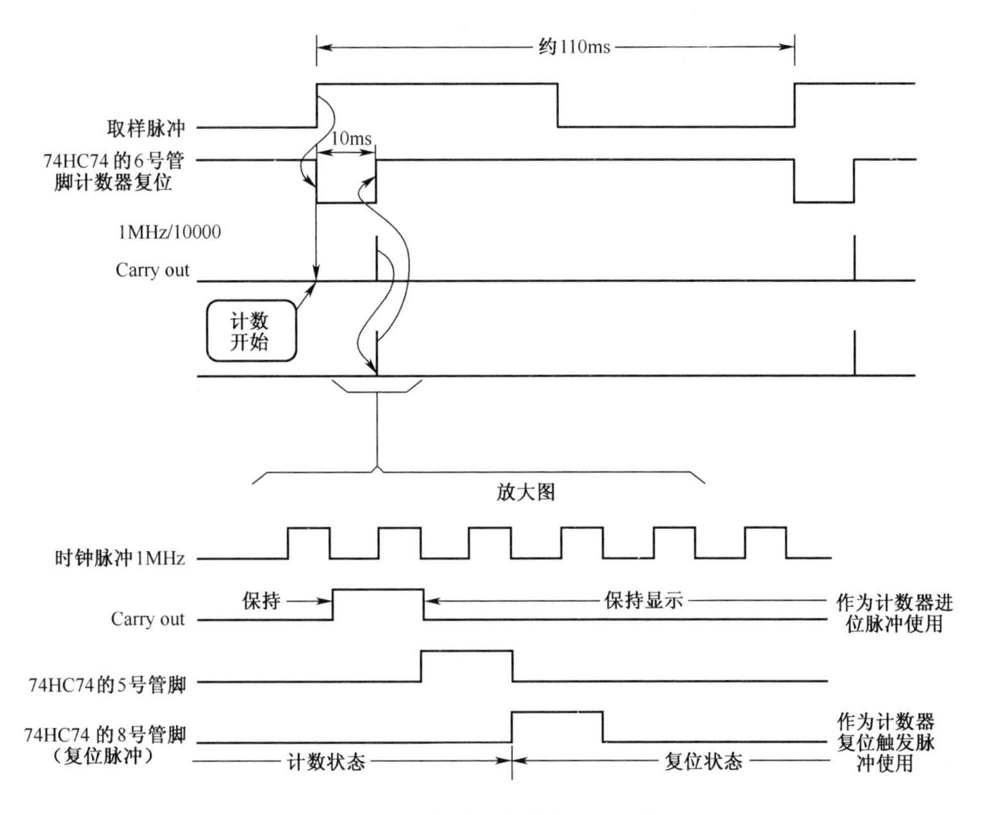

图 3-7-7 频率计数器的工作波形

计数器转移（*TRF*）信号处于保持状态后对计数器复位，并取准备下一次测定的方式。计数器的复位是由取样脉冲解除的，所以取样脉冲就成为计数器开始计数的信号。

使用 1MHz 的时钟脉冲与使用基准信号发生部分 TC505IP 的进位输出（*CA*）的 D 触发器（74HC74）的时间要错开一点，以形成复位脉冲。

溢出表示利用计数器部分 TC505IP 的进位输出，如果进位输出为“H”，锁存信号就会使 LED 发光。复位脉冲到来时锁存的信号被解除，所以在每次的测定中可以判断是否溢出。

三、频率计数器性能的提高

1．可变的测定周期

实验电路中取样脉冲是一定的，1s 内大约 10 次。不过，这个取样周期（测定周期）可以利用 VR 等进行调整。最简单的方法见图 3-7-8。把 RC 振荡器的电阻分为固定电阻+可变电阻两部分。采用图 3-7-8 中的数值可以使 1s 内的测定周期在 5～100 次的范围内变化。另外需要注意，测定周期不能够小于 10ms。因为计数器部分是对 10ms 的时间脉冲计数的，如果在计数尚未结束时又有计数起动脉冲进入，那就搞不清楚测定的究竟是什么值了。

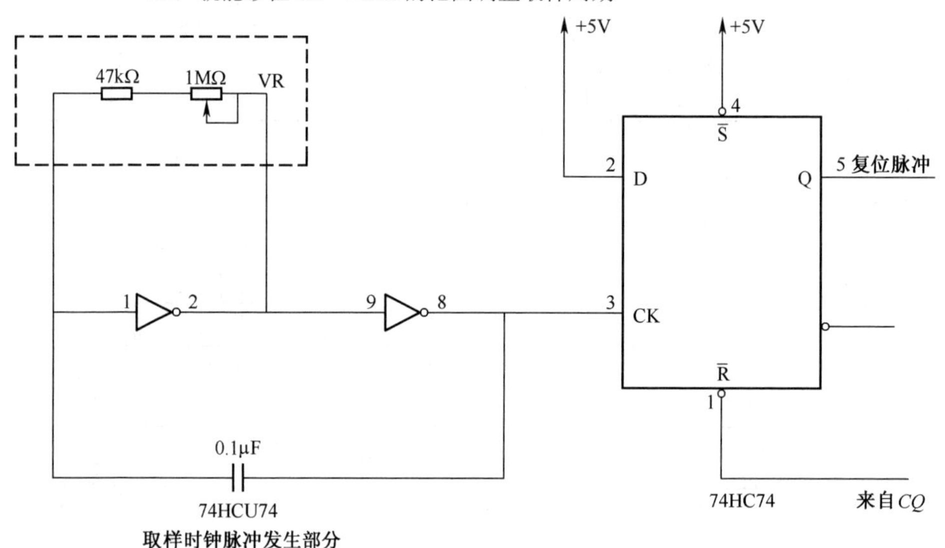

图 3-7-8　改变取样周期

2. 改变最高计数频率

该实验电路最高可以测定到 9.999MHz，分辨率（最小频率）是 1kHz，可以方便地改变最高计数频率值。当希望降低最高计数频率或者希望提高精度时，只要去掉进行 1/10 分频的 74HC160 就可以了。图 3-7-9（a）给出这种方法。经过这样的改造，最高计数频率变为 999.9MHz，分辨率提高到 100Hz。

相反，如果希望提高最高计数频率，可以在 74HC160 前面追加一个分频器。例如，图 3-7-9（b）就是追加 74HC160 的连线图。这种情况下，最高计数频率应该达到 99.99MHz，而分频率只有 10kHz。但是对于 74HC160 来说，最高计数频率只有约 30MHz，所以计数频率不可能再提高。74HC 系列中也有在常温下计数频率达到 50MHz 的产品，但使用时需要用示波器确认计数器的测定值是否准确。

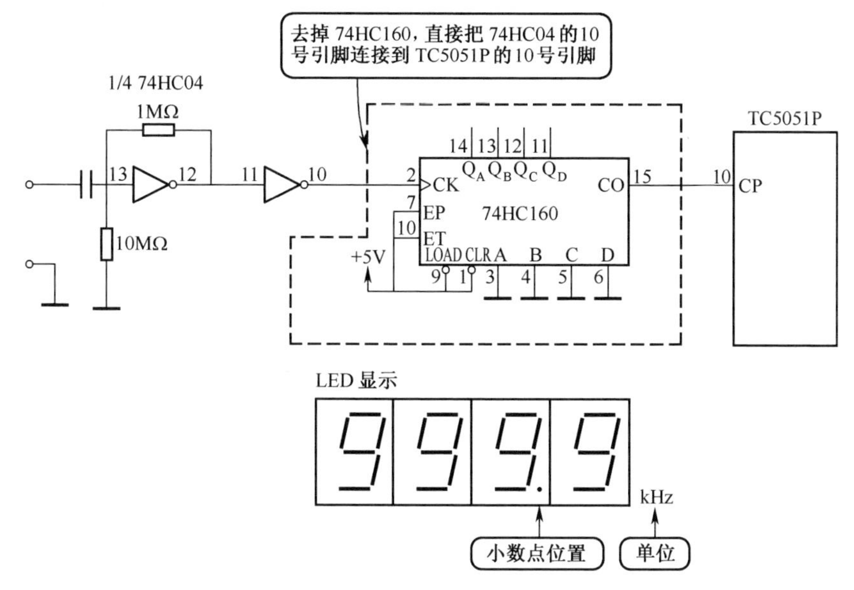

（a）最高频率为 999.9kHz 时

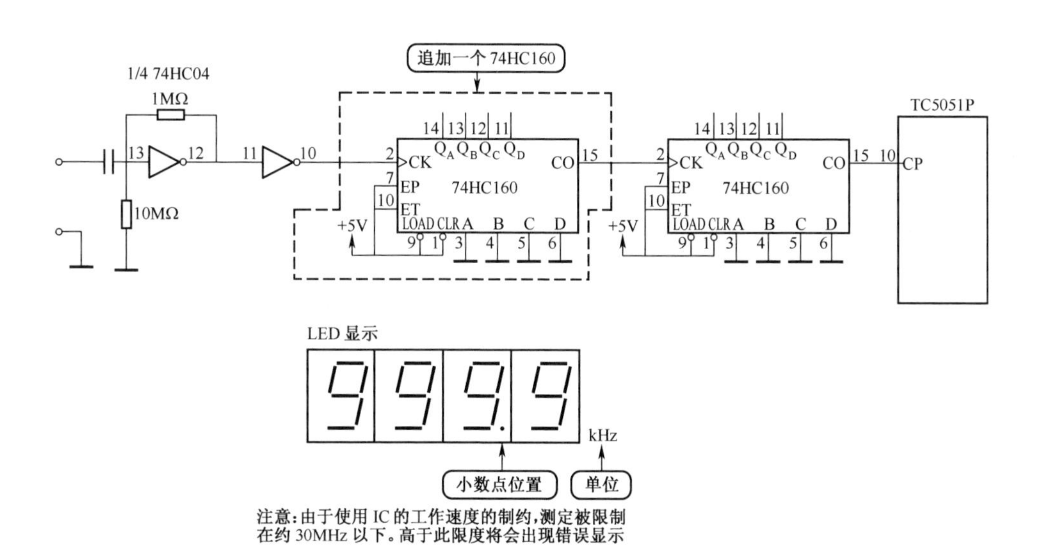

（b）最高频率为 99.99kHz 时

图 3-7-9　改变最高技术频率的方法

如果非常希望能够计数到 99.99MHz，可以使用 TTL 的 74F160 或者 74AS160。这时，这些高速工作的 IC 必须追加在 74HC160 的前面。如果倒置了分频的先后，即使使用速度再快的 IC 也是毫无意义的。当使用 74F 型或者 74AS 型器件时，使用 74HCU04 作为输入放大器就不能满足要求，应该使用专用的放大器。

如果只是测定数字信号，可以把被测信号直接加在 74F160 或者 74AS160 的时钟脉冲输入上。这时不需要放大器。

附　　录

附录一　国产半导体集成电路型号命名（GB3430-1989）

本标准适用于半导体集成电路系列和品种的国家标准所产生的半导体集成电路（以下简称器件）。

一、型号的组成

器件的型号由五部分组成，其五个组成部分的符号及意义如下：

第零部分		第一部分		第二部分	第三部分		第四部分	
用字母表示器件的符号和国家标准		用字母表示器件的类型		用阿拉伯数字和字母表示器件的系列和品种代号	用字母表示器件的工作温度范围		用字母表示器件的封装形式	
符号	意义	符号	意义		符号	意义	符号	意义
C	中国制造	T	TTL		C	0℃～70℃		
		H	HTL		E	-40℃～85℃		
		E	ECL		R	-55℃～85℃	W	陶瓷扁平
		C	CMOS		M	-55℃～125℃	B	塑料扁平
		F	线性放大器				F	全封装扁平
		D	音响、电视电路				D	陶瓷直插
		W	稳压器				P	塑料直插
		J	接口电路				J	黑陶瓷扁平
		B	非线性电路				K	金属菱形
		M	存储器				T	金属圆形
		μ	微型电路			⋮	⋮	⋮
		⋮	⋮					

二、示例

例 1：肖特基 TTL 双 4 输入与非门。

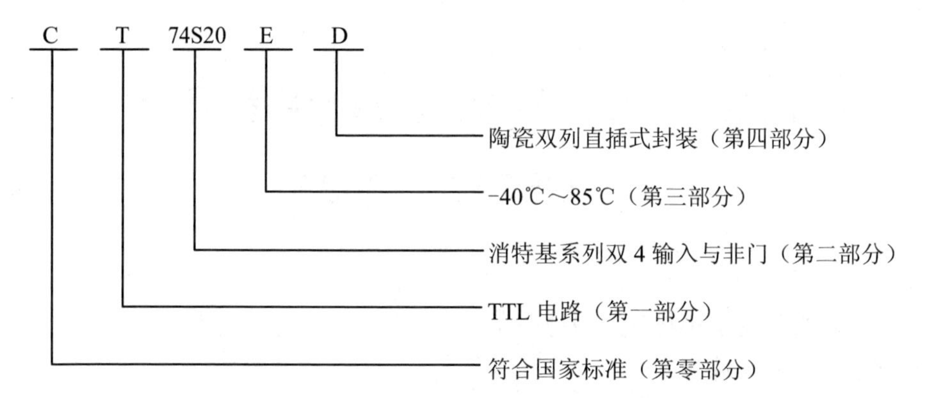

例 2：CMOS8 选 1 数据选择器（三态输入）。

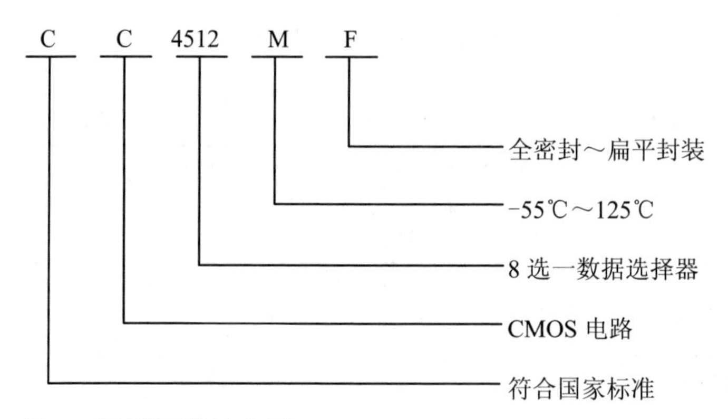

例 3：通用运算放大器。

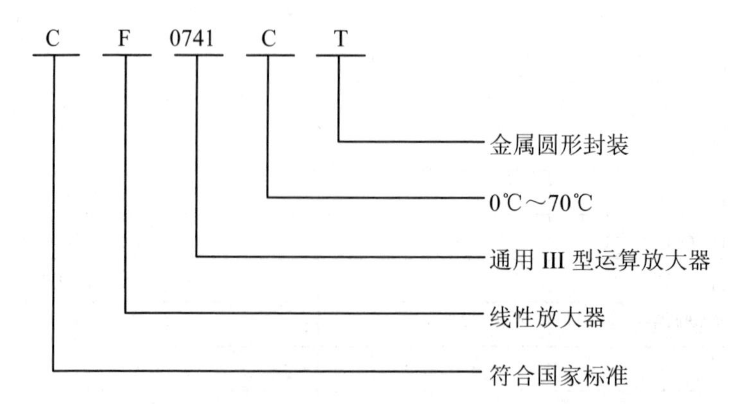

附录二　常用数字集成电路一览表

目前国家标准是参照国际通用标准制定的，主要的系列见附表 2.1。

以上品种系列虽然很多，但对于一般的应用场合，使用最多的 TTL 系列是低功耗肖特基系列，即 CT54/74LS。它的品种齐全、价格便宜、技术指标也比较高。对于 CMOS 系列使用最多的是标准 CMOS 系列和高速 CMOS 系列，即 CC4000 系列和 54/74HC 系列。CC4000 系列还有与 MOTOROLA 公司产品 MC14000 系列对应的 CC14000 系列。一般情况下 CC4000 与 CC14000 系列，最后三位数如果是一样的，产品的类型和规格也是一样的。

54/57 系列是已经标准化、商品化的数字电路器件系列产品，54 为军用系列（工作温度-55℃～-125℃）、74 系列为民用系列（工作温度 0℃～70℃）。日常广泛使用的是 74 系列。该系列包括以下几类产品：

（1）**标准**系列电路。符号为 74××，品种齐全，为中速产品。

（2）**高速**系列电路。符号为 74H××。

（3）**肖特基**系列电路，符号为 74S××，电路内部广泛使用肖特基二极管、三极管。

（4）**低功耗**系列电路。符号为 74L××。

（5）**低功耗肖特**系列电路。符号为 74LS××。该系列产品是 TTL 数字集成电路中主要的应用产品系列，符号齐全，是广大用户选择 TTL 器件时的首选。

（6）**先进肖特**系列电路。符号为 74ALS××。

（7）**先进低功耗肖特**系列电路。符号为 74ALS××。

附表 2.1 是集成电路国际与国际通用系列产品的对照表。其中国际指国家标准，部标指部颁标准。

附表 2.1　TTL 电路国际与国际通用系列产品对照表

国际	CT1000 系列	CT2000 系列	CT3000 系列	CT4000 系列
国际通用系列	SN54/74 系列	SN54/74 系列	SN54/74 系列	SN54/74LS 系列
特点	标准结构 平均功耗 10mW 最高工作频率 35MHz	高速结构 平均功耗 22mW 最高工作频率 50MHz	肖特基结构 平均功耗 19mW 最高工作频率 125MHz	低功耗肖特基结构 平均功耗 2mW 最高工作效率 45MHz
部标	T1000 系列 中速	T1000 系列 中速	T1000 系列 中速	T1000 系列 高速

附表 2.2 列出了常用的数字集成电路。

附表 2.2　常用数字集成电路一览表

类型	功能	型号举例
与非门	四 2 输入与非门	74LS00，74HC00
	四 2 输入与非门（OC/OD）	74LS03，74HC03
	四 2 输入与非门（带施密特触发）	74LS132，74HC132
与非门	三 3 输入与非门	74LS10，74HC10
	三 3 输入与非门（OC）	74LS12，74ALS12
	双 4 输入与非门	74LS20，74HC20
	双 4 输入与非门（OC）	74LS22，74ALS22
	8 输入与非门	74KS30，74HC30
或非门	四 2 输入或非门	74LS02，74HC02
	双 5 输入或非门	74S260
	双 4 或非门（带选通端）	7425
非门	六反相器	74LS04，74HC04
	六反相器（OC/OD）	74LS05，74HC05
与门	四 2 输入与门	74LS08，74HC08
	四 2 输入与门（OC/OD）	74LS0974HC09
	三 3 输入与门	74LS11，74HC11
	三 3 输入与门（OC）	74LS15，74ALS15
	双 4 输入与门	74LS21，74HC21
或门	四 2 输入或门	74LS32，74HC32
与或非门	双 2 路 2-2 输入与或非门	74LS51，74HC51
	四路 2-3-3-2 输入与或非门	74LS54
	双路 4-4 输入与或非门	74LS55
异或门	四 2 输入异或门	74LS86，74HC86
	四 2　输入异或门（OC）	74LS136，74ALS136
缓冲器	六反相缓冲/驱动器（OC）	7406
	六反相缓冲/驱动器（OC/OD）	7407，74HC07
	四 2　输入或非缓冲器	74LS28，74ALS28
	四 2　输入或非缓冲器（OC）	74LS33，74ALS33

续表

类型	功能	型号举例
缓冲器	四 2 输入与非缓冲器	74LS37，74ALS37
	双 2 与缓冲器（OC）	74LS38，74ALS38
	双 4 输入与非缓冲器	74LS40，74ALS40
驱动器	四总线缓冲器（三态输出，低电平有效）	74LS125，74HC125
	四总线缓冲器（三态输出，高电平有效）	74LS126，74HC126
	六总线缓冲器/驱动器（三态，反相）	74LS366，74HC366
	六总线缓冲器/驱动器（三态，同相）	74LS367，74HC367
	八缓冲器/驱动器/线接收器（三态，反相，两组控制）	74LS240，74HC240
	八缓冲器/驱动器/线接收器（三态，两组控制）	74LS244，74HC244
	八双总线发送器/接受器（三态）	74LS245，74HC245
编码器	8-3 线优先编码器	74LS148，74HC148
	10-4 线优先编码器（BCD 输出）	74LS147，74HC147
	8-3 线优先编码器	74LS348
译码器	4-10 线译码器（余 3 码输入）	7443，74L43
	4-10 线译码器（余 3 格雷码输入）	7444，74L44
	4-16 线译码器/多路转换器	74LS154，74HCI54
	双 2-4 线译码器/多路分配器	74LS139，74HC139
	双 2-4 线译码器/多路分配器（三态输出）	74ALS539
	BCD-十进制译码器/驱动器	74LS145
	4 线-七段译码器/高压驱动器（BCD 输入，OC）	74LS247
	4 线-七段译码器/高压驱动器（BCD 输入，开路输出）	74LS47
	4 线-七段译码器/高压驱动器（BCD 输入，上拉电阻）	74LS48，74LS248
	3-8 线译码器/多路分配器（带地址锁存）	74LS137，74ALS137
	3-8 线译码器/多路分配器	74LS138，74HC138
数据选择器	16 选 1 数据选择器/多路转换器（反码输出）	74AS150
	8 选 1 数据选择器/多路转换器（原/反码输出）	74LS151，74HC151
	8 选 1 数据选择器/多路转换器（反码输出）	74LS152，74HC152
	双 4 选 1 数据转换器/多路转换器	74LS153，74HC153

续表

类型	功能	型号举例
数据选择器	双 2 选 1 数据选择器/多路转换器（原码输出）	74LS157，74HC157
	双 2 选 1 数据选择器/多路转换器（反码输出）	74LS158，74HC158
	8 选 1 数据选择器/多路转换器	74LA251，74HC251
代码转换器	BCD-二进制代码转换器/译码器	74184
	二进制-BCD 代码转换器/译码器	74185
运算器	4 位二进制超前进位全加器	74LS283，74HC283
触发器	双上升沿 D 触发器（带预置，清零）	74LS74，74HC74
	四 D 触发器（带清零）	74LS171
	四上升沿 D 触发器（互补输出，公共清零）	74LS175，74HC175
	八 D 触发器	74LS273，74HC273
	双 JK 触发器（带预置，清零）	74LS112，74LS76，74HC76
	与门输入上升沿 JK 触发器（带预置，清零）	7470
	四 JK 触发器	74276
施密特触发器	双施密特触发器	4583
	六施密特触发器	4584
	九施密特触发器	9014
计数器	十进制计数器	74LS90
	4 位二进制同步计数器（异步清零）	74LS161，74HC161
	4 位十进制同步计数器（同步清零）	74LS162，74HC162，74160
	4 位二进制同步计数器（同步清零）	74LS163，74HC163
	4 位二进制同步加/减计数器	74LS190，74HC190
	4 位十进制同步加/减计数器（双时钟，带清零）	74LS192，74HC192
寄存器	4 位通用移位寄存器（并入，并出，双向）	74LS194，74HC194
	8 位移位寄存器（串入，串出）	74LS91
	5 位移位寄存器（并入，并出）	74LS96
	16 位移位寄存器（串入，串/并出，三态）	74LS673，74HC673
	8 位移位寄存器（锁存输入，并行三态输入/输出）	74LS598，74HC598
	4D 寄存器（三态输出）	4076
	4 位双向移位寄存器（三态输出）	40104，74HC40104

续表

类型	功能	型号举例
锁存器	8D 型锁存器（三态输入、公共控制）	74LS373，74HC373
	4 位双稳态锁存器	74LS75，74HC75
	四 RS 锁存器	74LS279，74HC279
多谐振荡器	可重触发单稳多谐振荡器（清零）	74LS122
	双重发单稳多谐振荡器（清零）	74LS123
	双重发单稳多谐振荡器（施密特触发）	74LS221，74HC221

附录三　常用集成电路元件接线图

74LS00 四 2 输入与非门

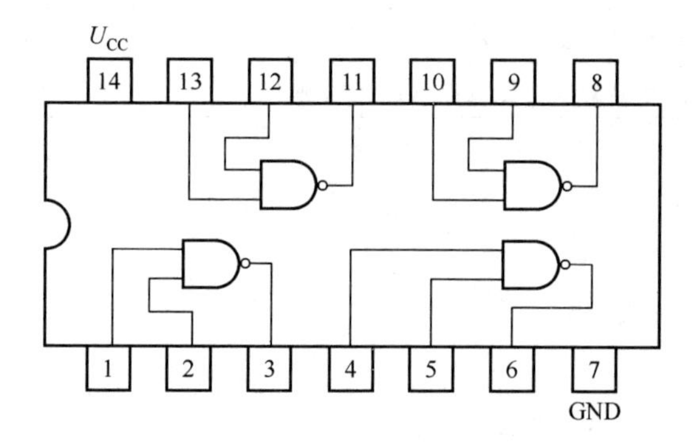

74LS08 四 2 输入与门

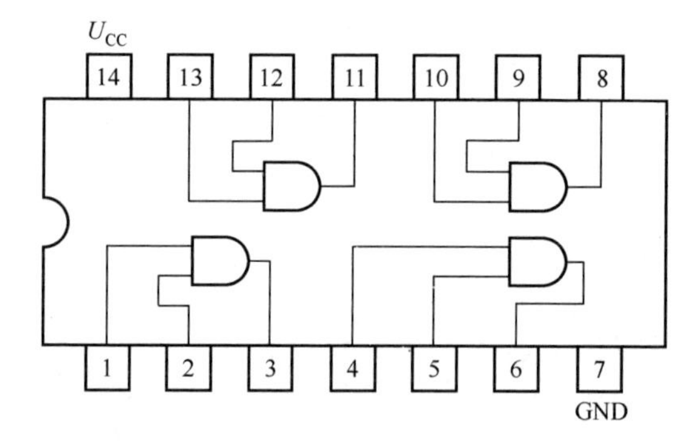

74LS20 双 4 输入与非门

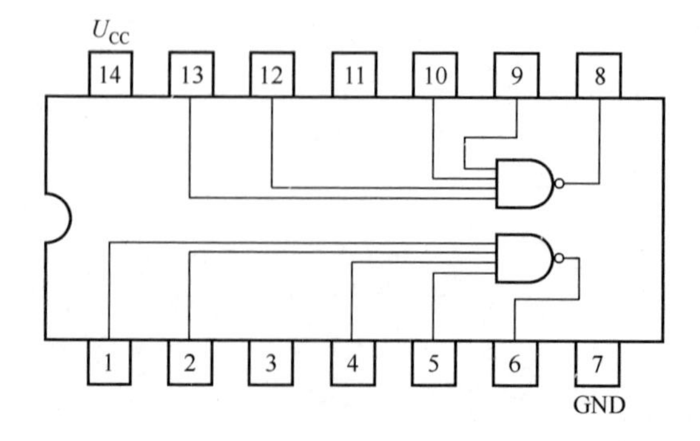

74LS86 四 2 输入异或门

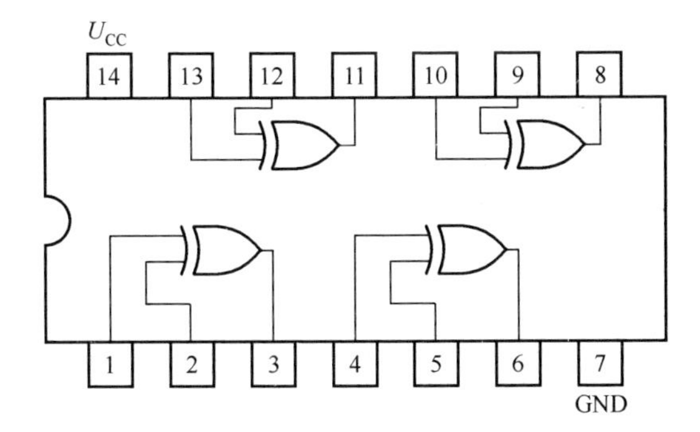

74LS90 非同步十进制计数器

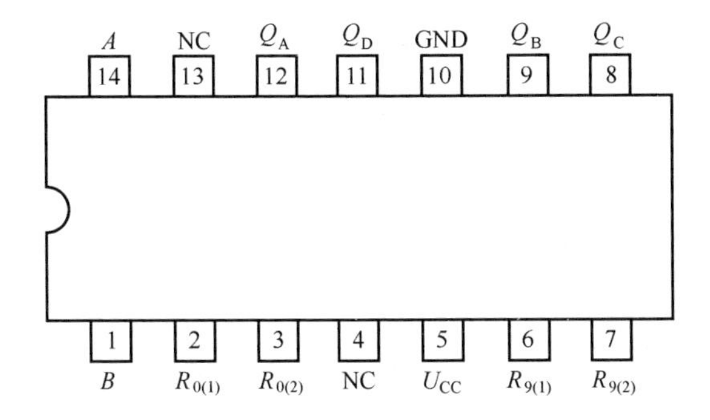

74LS112 双 JK 触发器

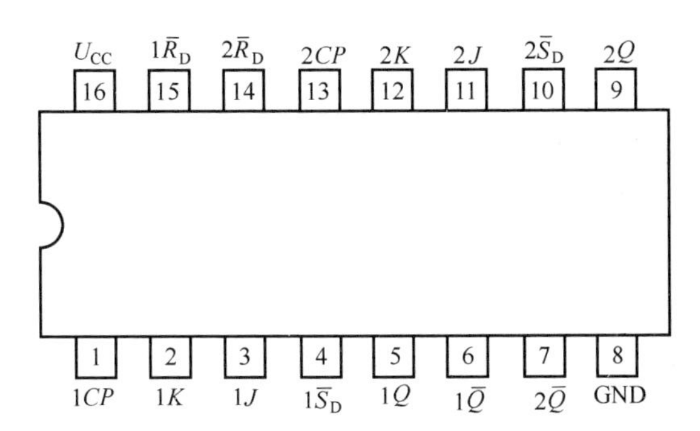

74LS74 双 D 触发器

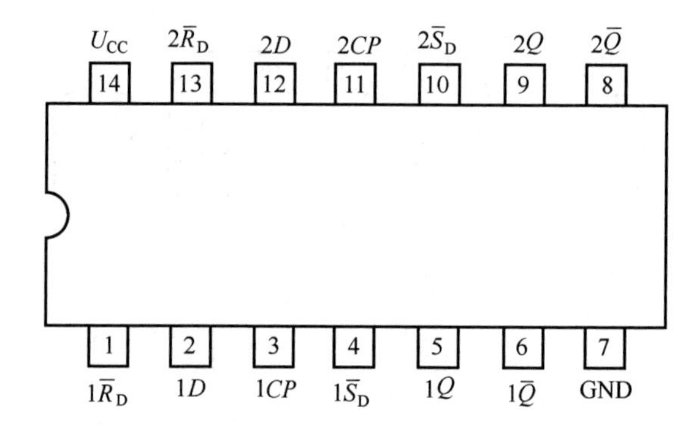

74LS138 3/8 线译码器

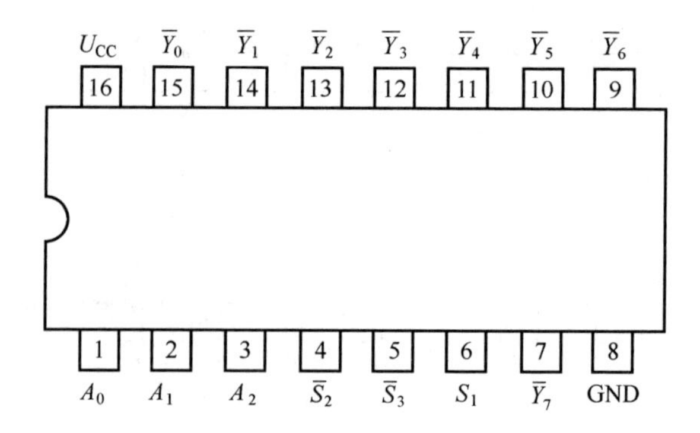

74LS151 八选一数据选择器

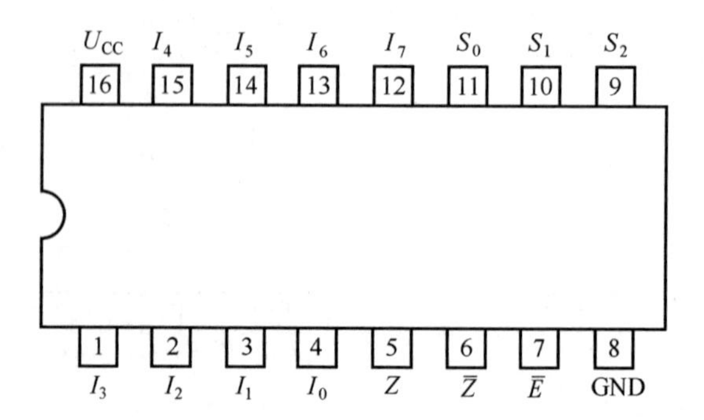

74LS04 六反相器

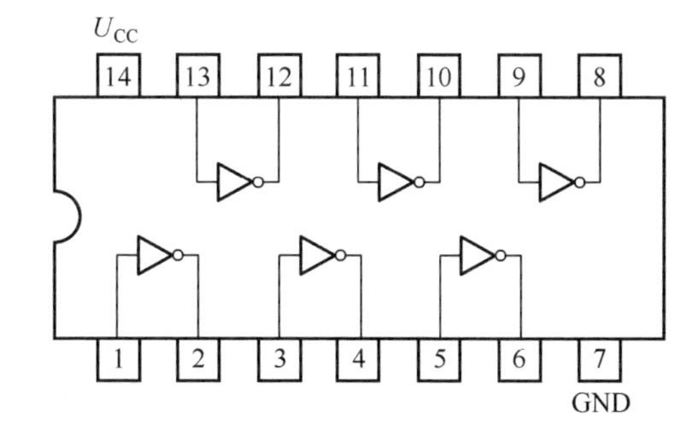

74LS153 双四选一数据选择器

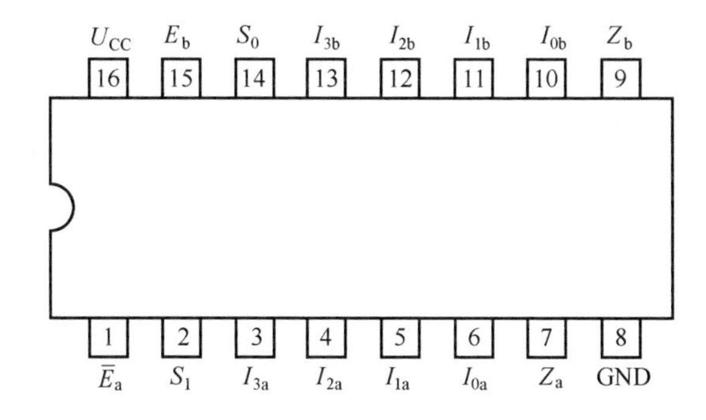

74LS125 三态输出四总线缓冲器

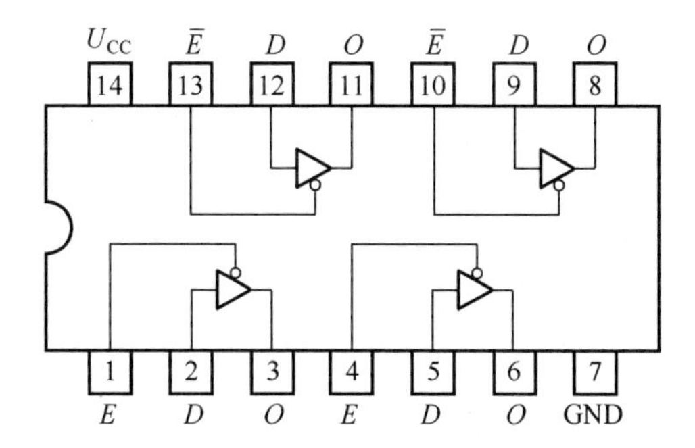

74LS194 四位双向移位寄存器

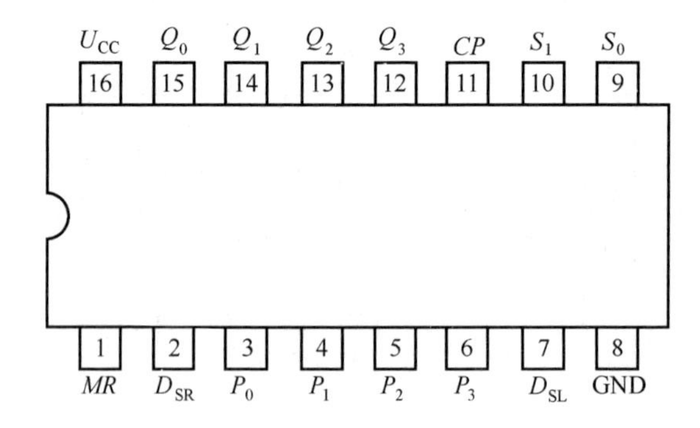

74LS193 二进制可预置加/减计数器

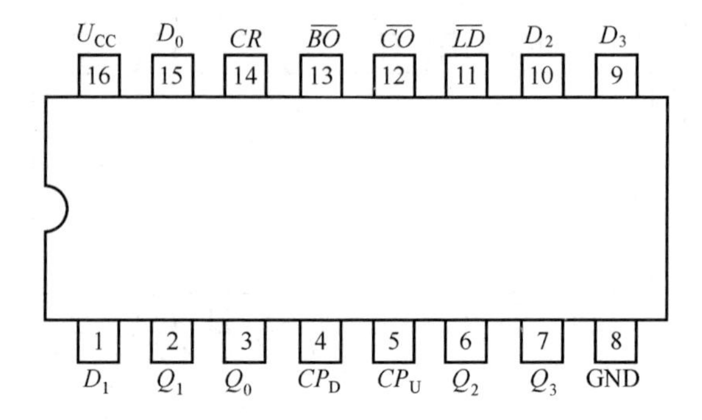

74LS32 四 2 输入或门

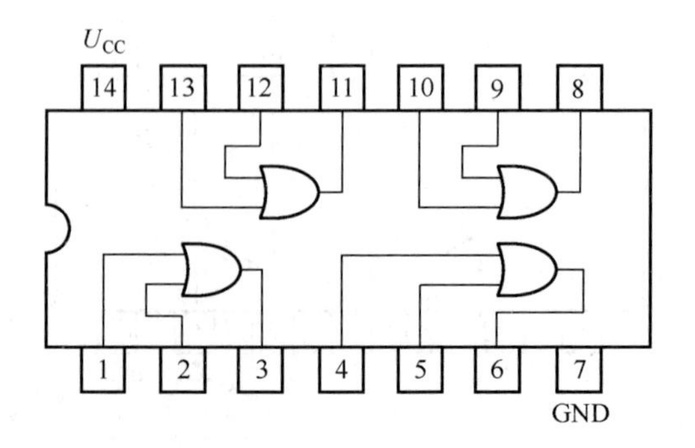

74LS192 同步十进制双时钟可逆计数器

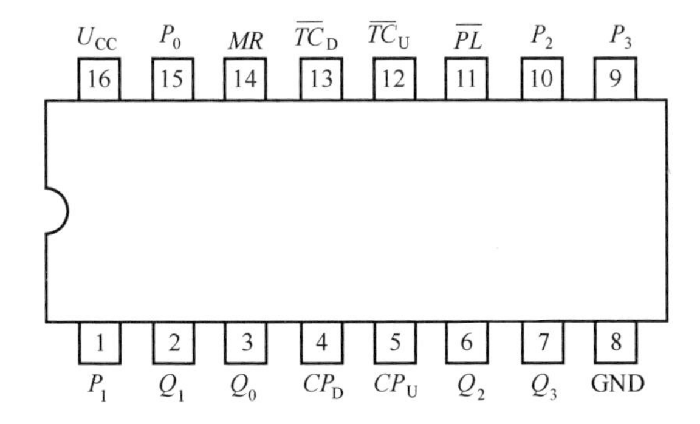

74LS183 双全加器

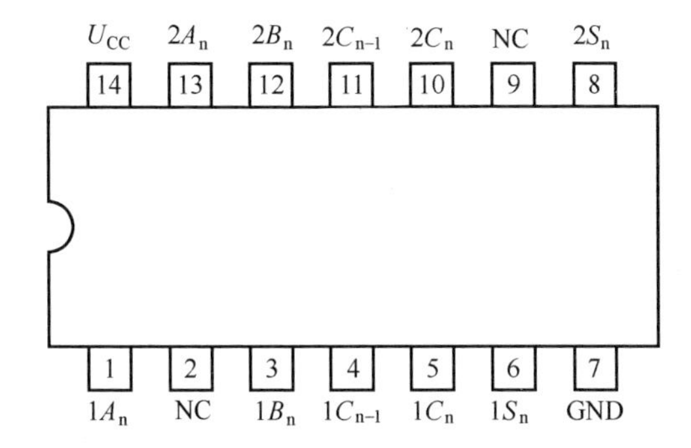

74LS196 二一五一十进制加计数器

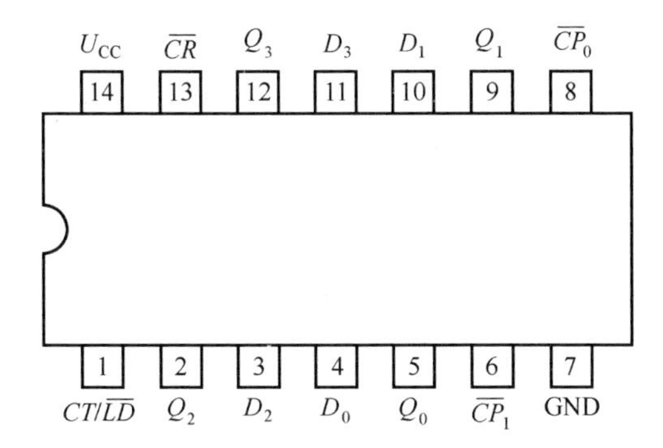

DAC0832 八位数/模转换器

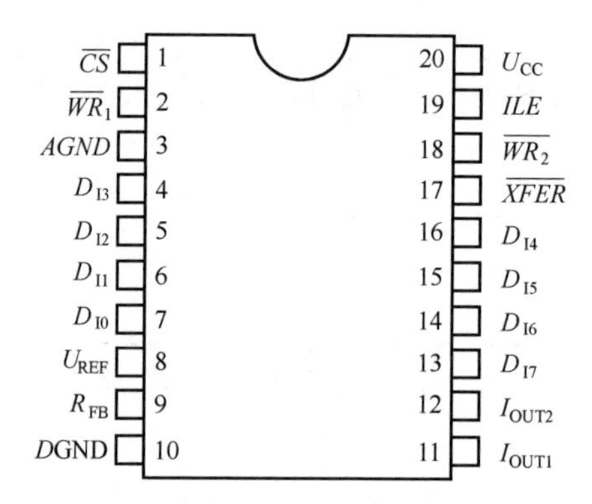

74LS55 二路 4 输入与或非门

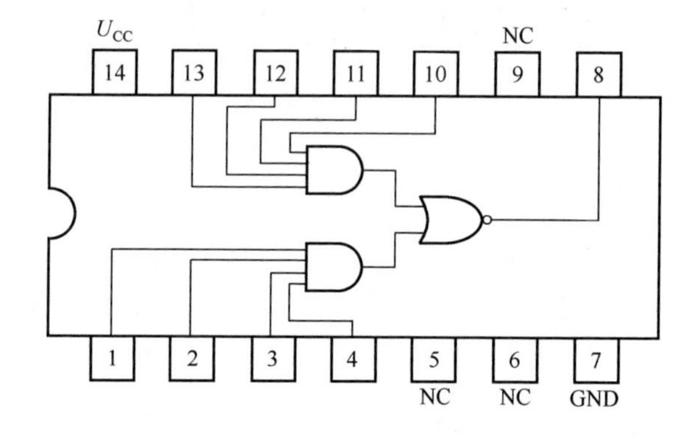

uA741 运算放大器

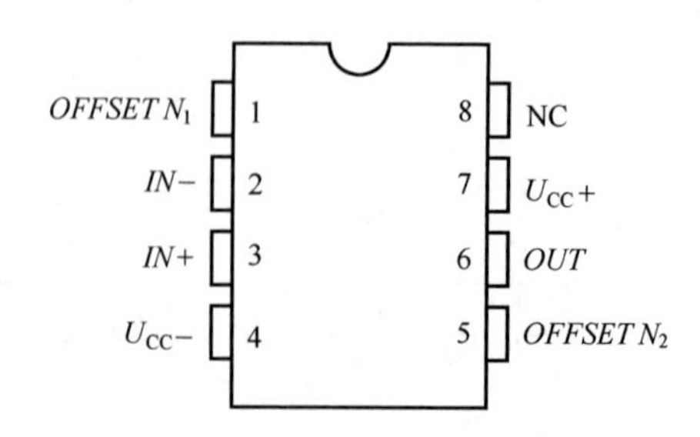

555 时基电路

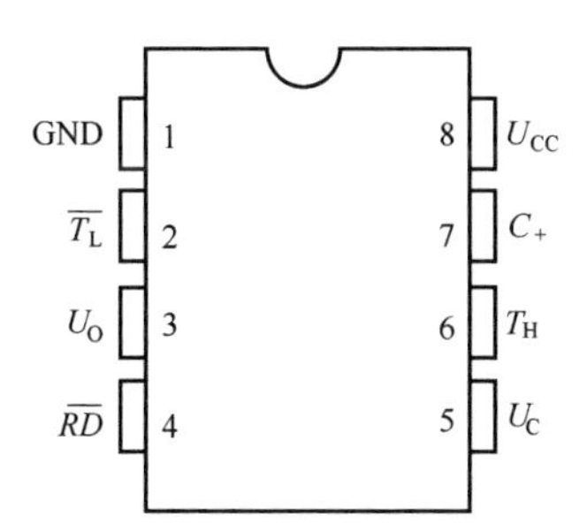

DAC0809 八路八位模/数转换器

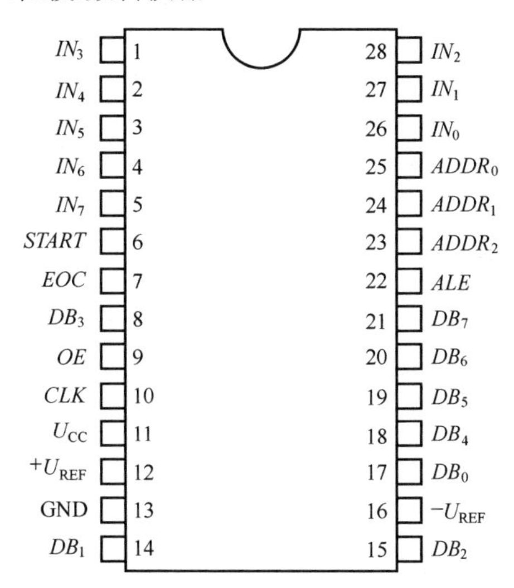

MC1413 七路 NPN 达林顿列阵

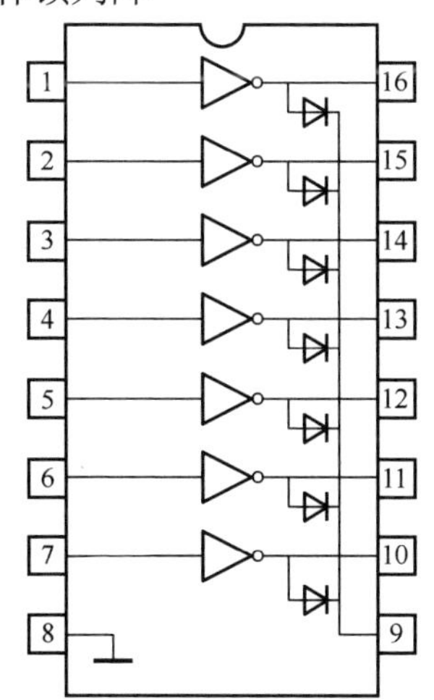

CC4001 四 2 输入或非门

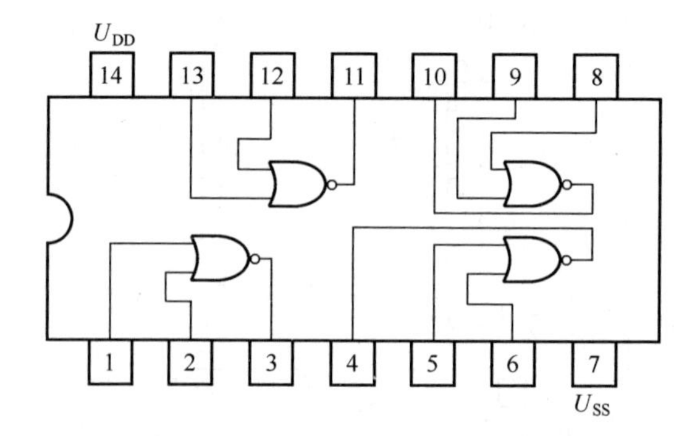

CC4071 四 2 输入或门

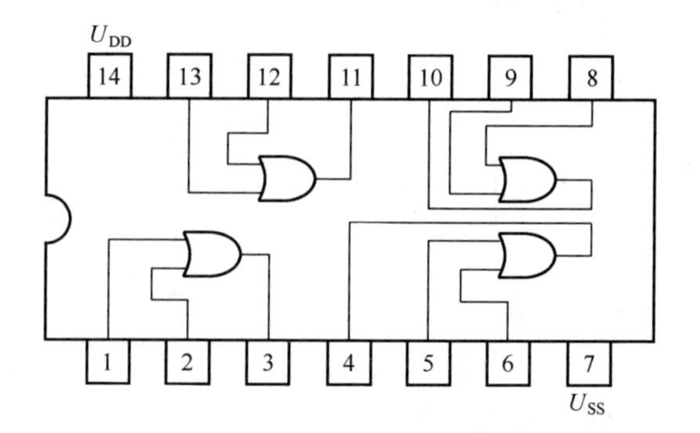

CC4011 四 2 输入与非门

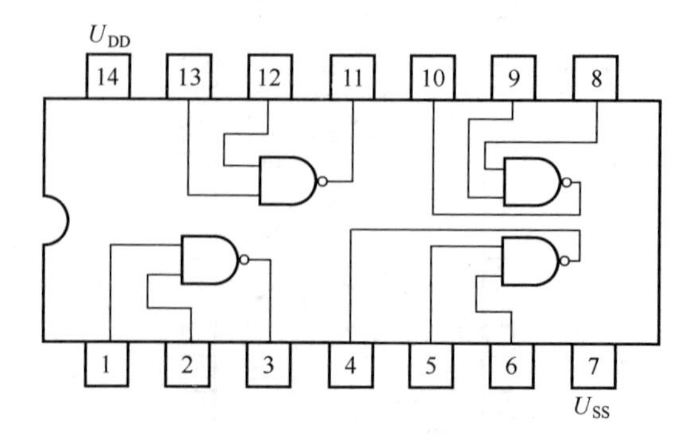

CC4082 四 2 输入与门

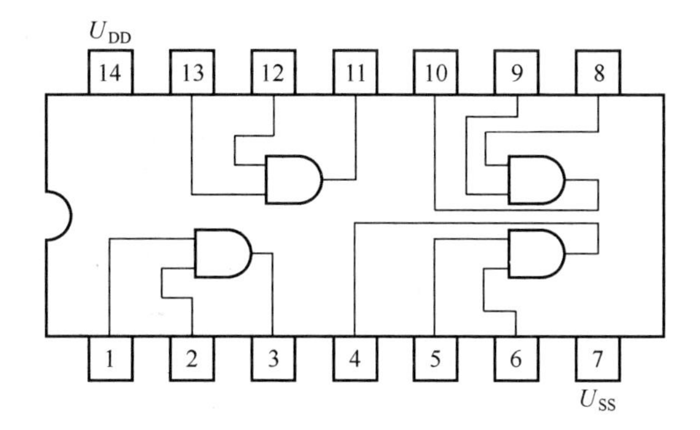

CC4012 双 4 输入与非门

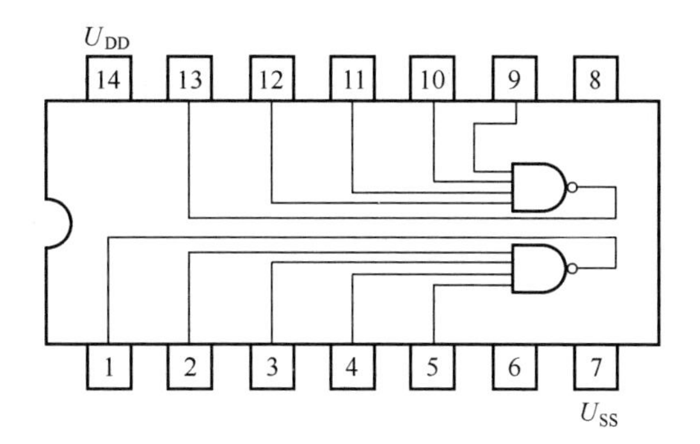

CC4013 双 D 触发器

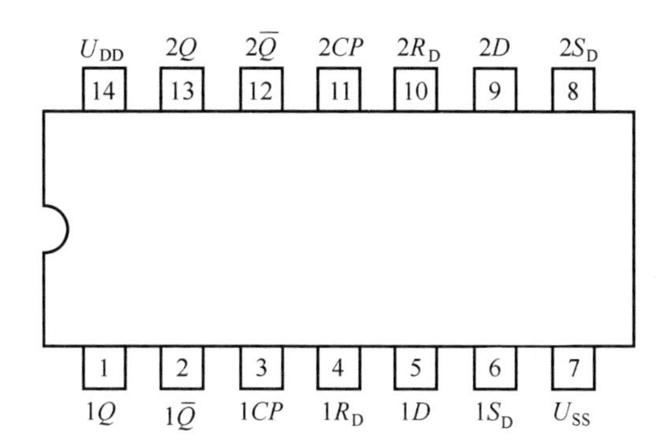

CC4030 四 2 输入异或门

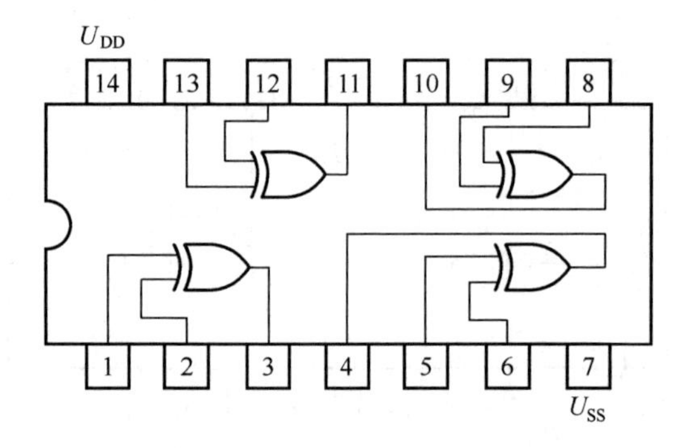

CC4069 六反相器

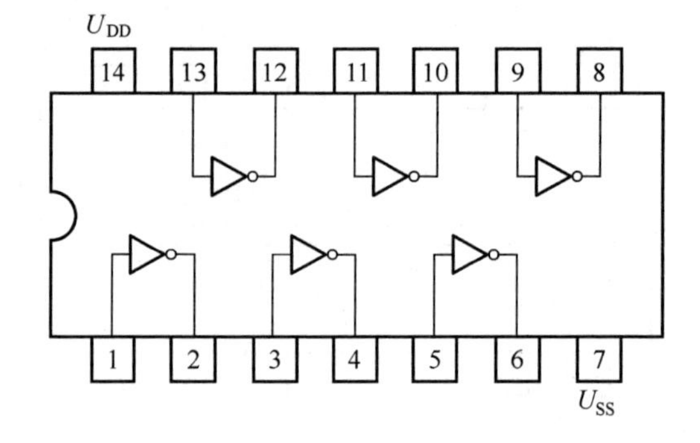

CC4017 BCD 计数器/时序译码器

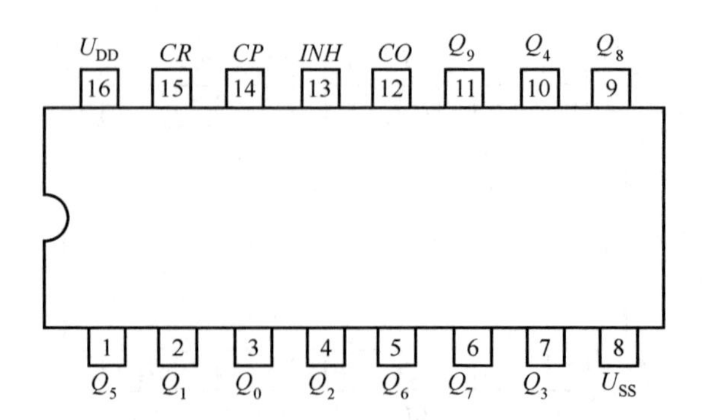

CC4022 八进制计数/时序译码器

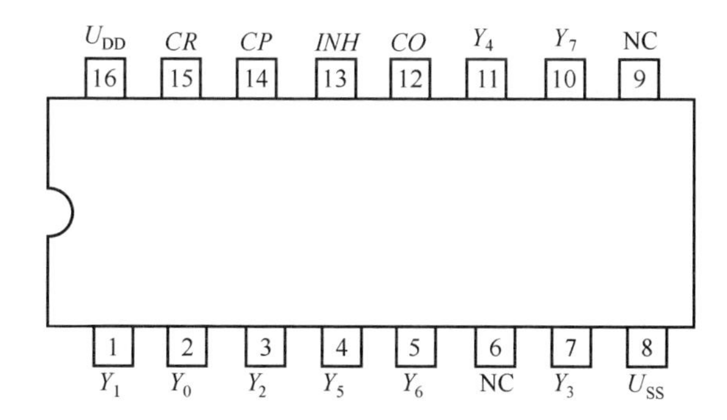

CC4024 7 级二进制计数器/分频器

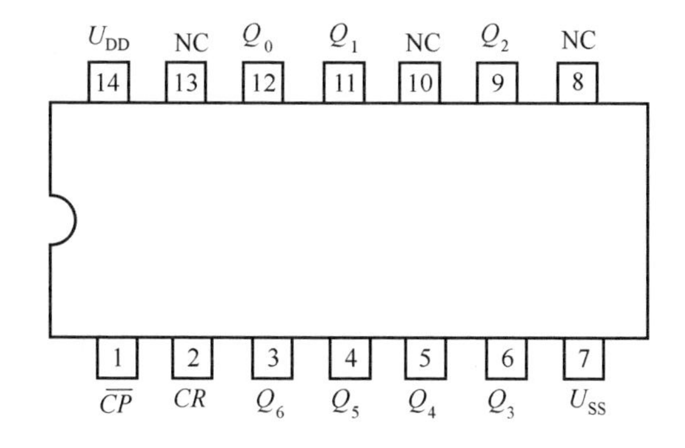

CC4020 14 级二进制计数器

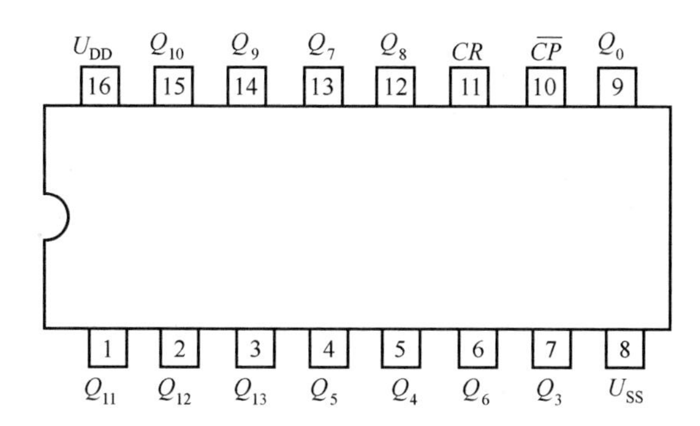

CC4027 双 JK 触发器

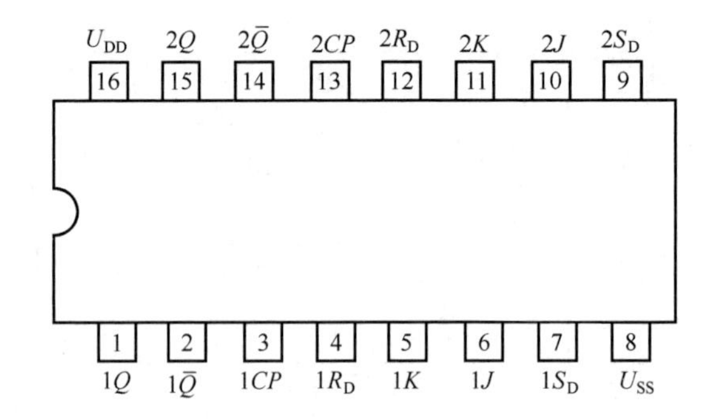

CC4028 BCD 十进制译码器

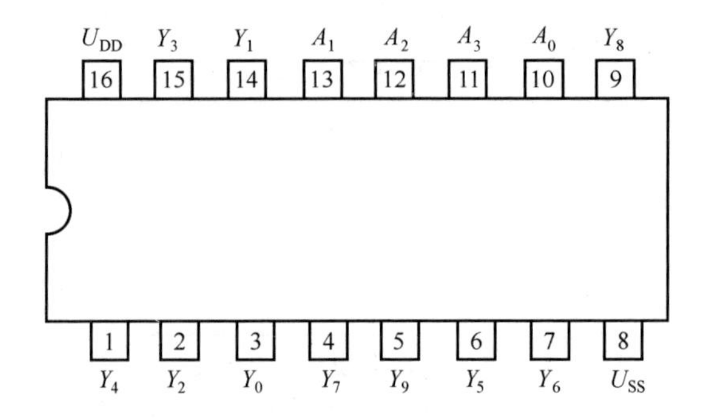

CC40192 双时钟 BCD 可预置加/减计数器

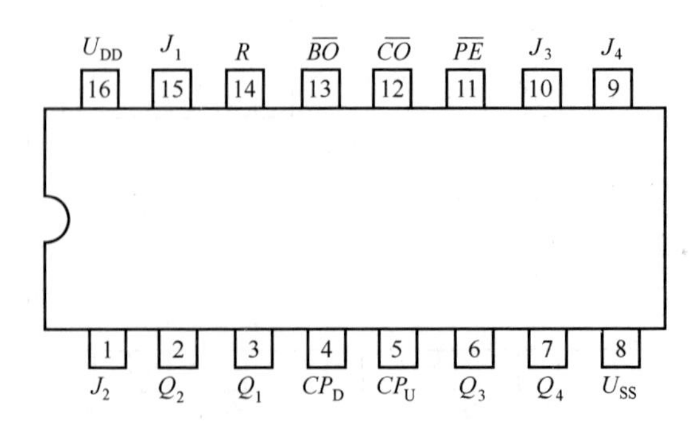

CC4093 施密特触发器

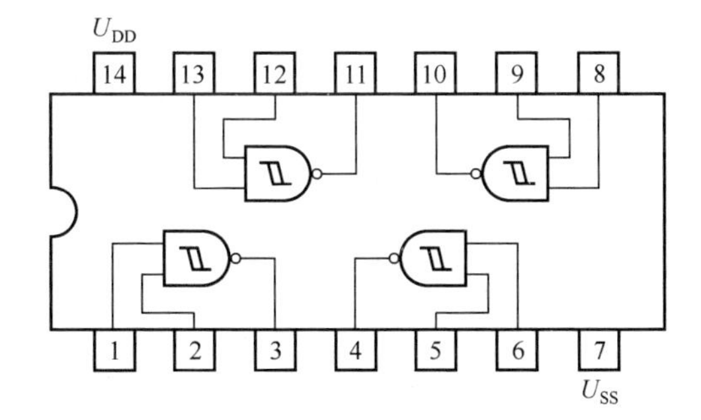

MC14433 三位半双积分模/数转换器

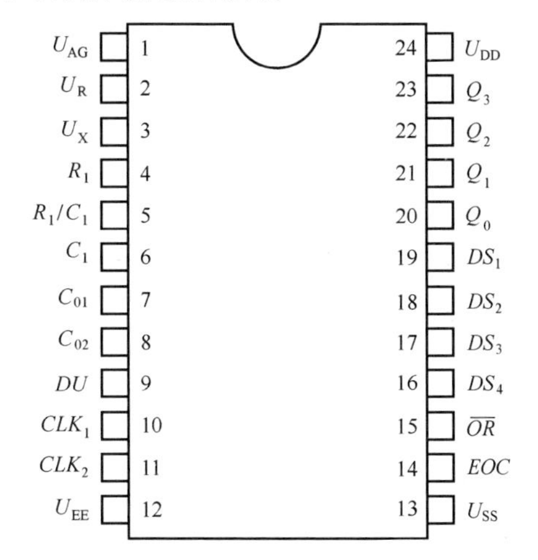

CC4514 四位锁存 4/16 线译码器

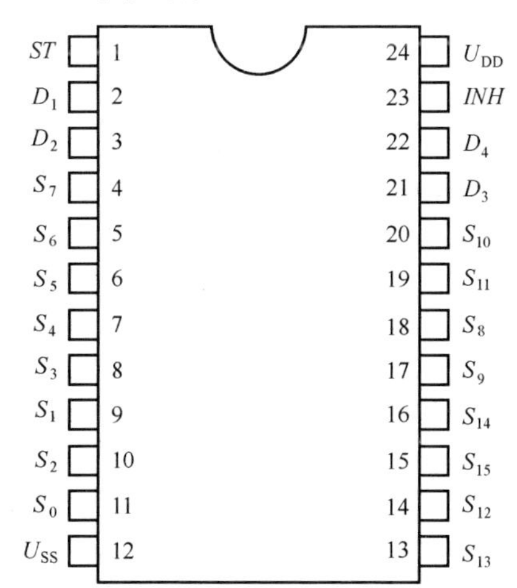

CC40106 六施密特触发器

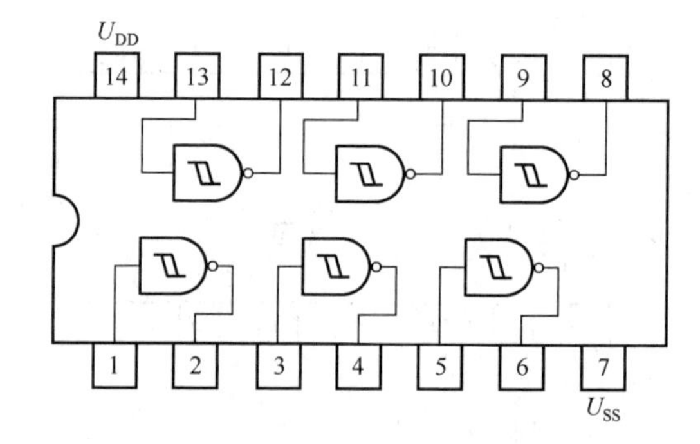

CC14528 双单稳态触发器

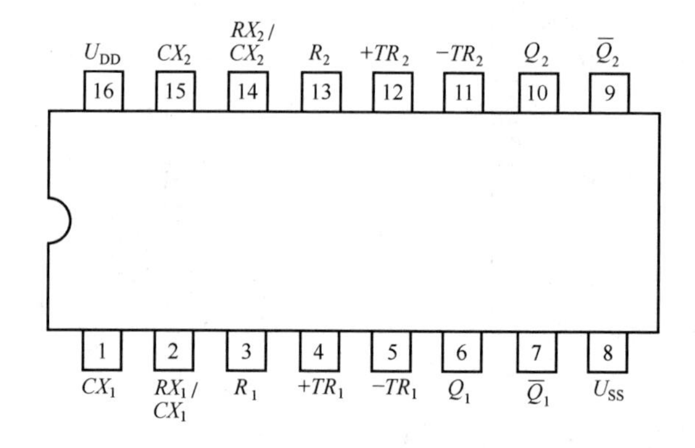

CC4510 十进制可预置同步加/减计数器

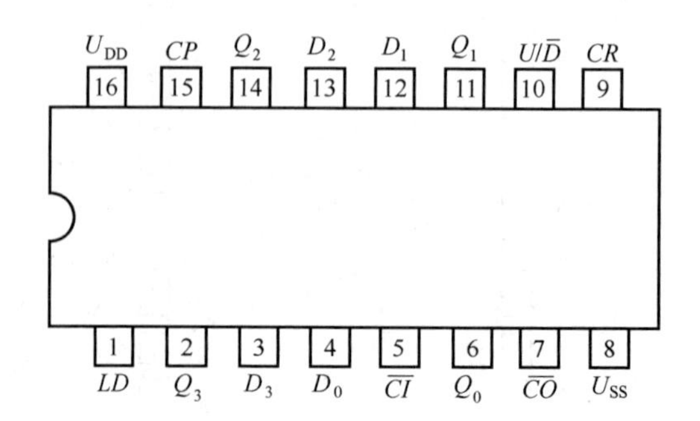

CC4511 BCD 码锁存 7 段译码器

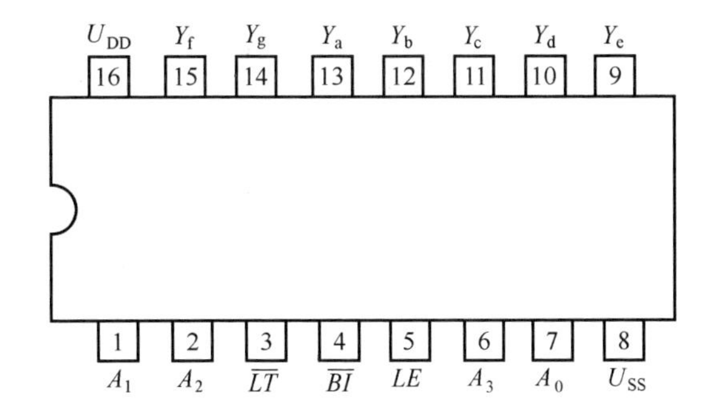

CC4518 双 BCD 码同步加计数器

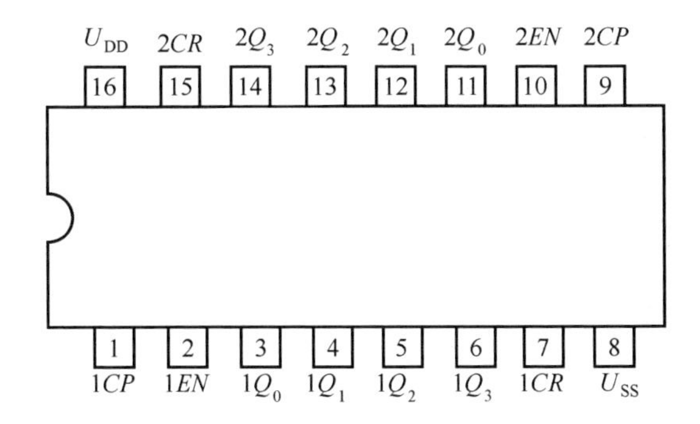

CC4516 4 位二进制可预置加/减计数器

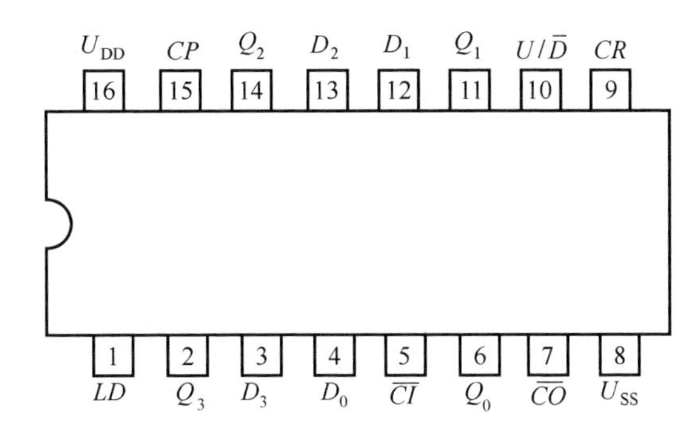

CC4553 三位十进制计数器

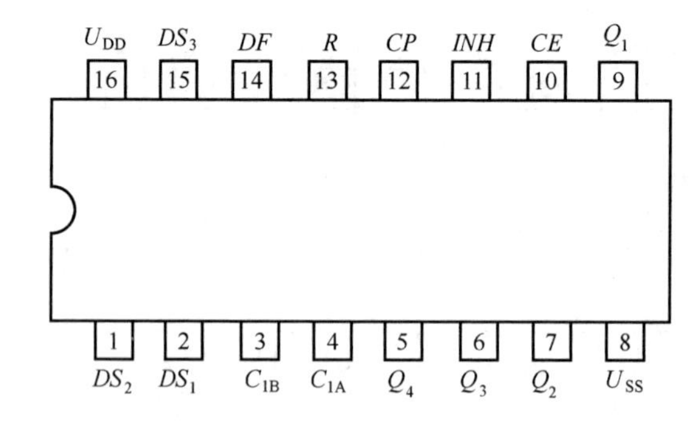

CC4512 八通道数据选择器

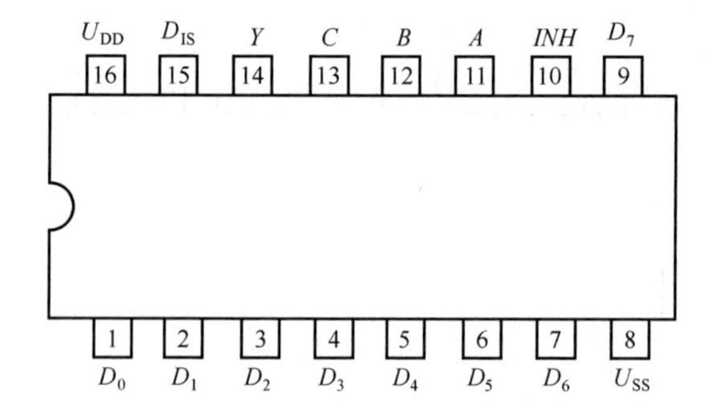

CC40160 十进制可预置同步计数器

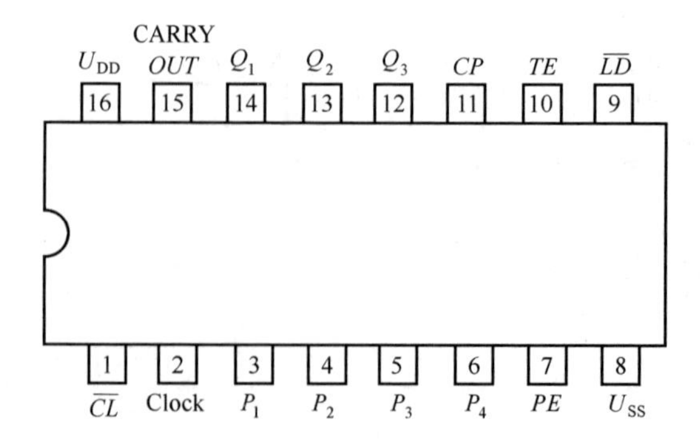

参考文献

[1] 康华光．电子技术基础（第四版）．北京：高等教育出版社，1998．

[2] 秦曾煌．电工学（上、下册）（第五版）．北京：高等教育出版社，1999．

[3] 胡宴如．电子实习．北京：中国电力工业出版社，1996．

[4] 周政新．电子设计自动化实践与训练．北京：中国民航出版社，1998．

[5] 叶致诚等．电子技术基础实验．北京：高等教育出版社，1995．

[6] 章忠全．电子技术基础：实验与课程设计．北京：中国电力工业出版社，1999．

[7] 谢自美．电子线路设计、实验、测试．武汉：华中理工大学出版社，1994．

[8] 电子工程手册编委会，集成电路手册分委会．标准集成电路数据手册——TTL 电路．北京：电子工业出版社，1989．

[9] 中国集成电路大全编委会．中国集成电路大全：TTL 集成电路．北京：国防工业出版社，1985．

[10] 集成电路手册编委会．标准集成电路数据手册——CMOS4000 系列电路．北京：电子工业出版社，1995．